Lumières d'étoiles

Les couleurs de l'invisible

André Brahic
Isabelle Grenier

LUMIÈRES D'ÉTOILES

Les couleurs de l'invisible

Odile Jacob

Conception graphique
et traitement d'images :
Frédéric Durillon

Mise en pages et photogravure :
Nord Compo, Villeneuve-d'Ascq

15, rue Soufflot, 75005 Paris

www.odilejacob.fr

ISBN : 978-2-7381-1343-6

Avant propos

« Croyez-le, si voulez; si vous ne voulez, allez-y voir ! »

François Rabelais

Pour suivre le conseil de François Rabelais à son époque et explorer le Monde, il fallait se jucher sur les épaules de Gargantua et sauter par-dessus les mers et les montagnes. Aujourd'hui, s'élancer de planète en planète est devenu possible et les sondes spatiales nous font découvrir une multitude de paysages étonnants où la variété le dispute à la beauté. Mais sauter d'étoile en étoile est encore un rêve et elles restent des points de lumière perdus dans la nuit. On ne peut y aller voir mais leur lumière vient à nous, encore faut-il savoir la capter et la décrypter. « Rien ne vient à nous que falsifié et altéré par nos sens », disait Michel de Montaigne. Notre vision directe du ciel n'est en effet qu'une pâle image de la réalité. Nos sens se sont affinés pour échapper aux prédateurs, exploiter le monde environnant et apprécier pleinement la vie chère à Rabelais mais ils sont insuffisants pour saisir directement toute la complexité de l'Univers.

Nombre de signaux nous échappent. Les animaux sont souvent capables de capter des sons et des images auxquels nous ne sommes pas sensibles. Un chien répond aux ultrasons d'un sifflet et un serpent repère ses proies en infrarouge. Dans notre vie quotidienne, nous utilisons de nombreuses lumières invisibles comme des ondes radio pour communiquer, des micro-ondes pour réchauffer les plats des lampes infrarouges pour nous chauffer, des rayons X pour sonder les bagages ou des rayons γ pour soigner des cancers, mais nous ne pouvons pas percevoir directement ces rayonnements. Il faut des instruments spécifiques pour les déceler. Certains sont nocifs, une exposition trop longue aux rayons ultraviolets, X ou γ est mortelle. Heureusement, l'atmosphère terrestre est un bouclier très efficace pour nous protéger des lumières les plus énergétiques en provenance du ciel. À l'inverse, elle nous empêche de voir tout ce qui se passe au-delà. Il a fallu attendre l'ère spatiale pour s'en extraire et avoir enfin accès à la large palette d'informations que nous envoient les astres.

Pendant des millénaires, nous avons dû nous contenter du ciel vu à l'œil nu ou à travers des lunettes. De cette vision très partielle, les philosophes ont construit différentes conceptions du Monde en essayant de répondre aux questions fondamentales telles que : « Quelle est notre place dans l'Univers ? D'où viennent le Soleil et la Terre ? D'où venons-nous ? Où allons-nous ? Sommes-nous seuls ? Le Monde est-il éternel ? » Nous pouvons désormais capter toutes les lumières des astres, des plus énergétiques comme les rayons γ aux plus douces ondes radio, et ces images nous révèlent un spectacle différent et animé. L'Univers que nous découvrons depuis quarante ans est très varié, hétéroclite et souvent inattendu. Rien n'y persiste, tout change, tout bouge et se transforme. À la vision d'un Monde éternel, immuable et d'une grande sérénité, succède l'image d'un Univers en pleine évolution, parfois même exubérant et violent. Si nos yeux pouvaient saisir toutes les informations qui arrivent au-dessus de l'atmosphère, nous assisterions de temps en temps à un véritable spectacle de feux d'artifice du 14 juillet. Nous nous serions depuis longtemps habitués à l'idée que l'Univers évolue à long terme au même titre que les êtres vivants, les espèces, les paysages et les climats.

Ce choc culturel est un moment important de notre histoire. La révolution des connaissances en astronomie que nous vivons actuellement devrait marquer un tournant dans l'évolution des idées et profondément bouleverser notre conception du Monde et de notre petit coin d'Univers. Le philosophe trouvera là matière à repenser les relations de l'homme avec la Nature et peut-être inventer d'autres systèmes. Le métaphysicien pourra se poser de nouvelles questions. L'artiste ne manquera pas de puiser dans la splendeur de ces images une inspiration nouvelle. Le scientifique y trouvera un généreux laboratoire où des situations irréalisables sur Terre peuvent être étudiées. L'homme politique et l'économiste s'appuieront sur le développement des technologies de pointe indispensables à cette exploration pour donner un formidable coup de fouet à l'industrie d'un pays, préparer l'avenir et lutter contre le chômage. Le sociologue verra dans cette avancée des connaissances un bon moyen pour lutter contre l'obscurantisme et les pulsions irrationnelles. L'enseignant y trouvera matière à passionner les élèves et étudiants et à illustrer comment progresse la science. Les exemples pourraient être multipliés à l'envi. Au-delà des bénéfices de ses applications technologiques, la science en marche contribue profondément à la formation des esprits et à la culture.

Les images qui suivent sont belles, mais que signifient-elles ? Comment les commenter en quelques pages ? Notre choix a porté sur une lecture à plusieurs niveaux. L'esthète pourra se limiter à la contemplation des photographies que toutes les lumières du ciel nous offrent. L'homme pressé se contentera de lire les résumés qui précèdent les chapitres. L'amoureux du ciel préférera les chapitres trois à six dans lesquels l'évolution des étoiles et des galaxies apparaît dans toutes les couleurs. Le second chapitre est un peu plus austère, mais il nous a semblé essentiel de l'inclure pour expliquer ce qu'apporte la lumière et comment on la manipule. Afin d'apprécier la portée de ces découvertes, les premières conceptions du Monde sont rappelées au tout début du livre.

« Le secret d'ennuyer est celui de tout dire », prévenait fort justement Voltaire. Nous avons délibérément omis de nombreux aspects importants, mais si, à la fin de ce volume, le lecteur a envie d'en savoir plus, notre but aura été atteint.

« Et quand vient le soir
Pour qu'un ciel flamboie
Le rouge et le noir
Ne s'épousent-ils pas. »

Jacques Brel

« Il a répandu sur cet Univers une profusion de variétés,
avec une espèce d'uniformité admirable. »

Voltaire

« Je tâte dans la nuit ce mur, l'éternité. »

Victor Hugo

Depuis des millénaires, la contemplation du ciel étoilé a conduit les hommes à se poser les questions les plus fondamentales sur leur place dans l'Univers, sur leur origine et sur le sens de la vie. En observant le ciel, les civilisations anciennes ont posé les bases de la philosophie et de notre compréhension du monde. Or l'Univers dévoilé par les astronomes au cours des dernières années est bien différent de celui de notre perception visuelle. Loin des mythes primitifs ou des croyances irrationnelles, nous découvrons un ciel riche de surprises qui devrait profondément modifier notre avenir et nous apprendre à mieux connaître notre propre Terre.

Ce nouveau monde d'étoiles et de galaxies est beaucoup plus vaste et animé qu'on ne l'avait imaginé auparavant. Il est riche, varié, bouillonnant, en perpétuelle évolution, bien loin de l'image en apparence immuable de constellations tournant sans fin au-dessus de nos têtes.

« C'est à celui qui connaît l'Univers, non à ceux qui le défigurent, que nous devons nos respects. »

Voltaire (1694-1778),
Lettres philosophiques

Chapitre premier

LUMIÈRES DU CIEL

Immensité et métamorphoses

« La couleur est la gloire de la lumière. »

Jean Guitton,
Mon testament philosophique

Allongé par une nuit sans Lune dans un repli des grandes dunes du Ténéré, la voûte étoilée s'offre dans toute sa splendeur... On en oublie sa condition d'humain, l'œil vagabonde d'une étoile à l'autre, s'attarde sur quelques nébulosités et reconnaît deux ou trois planètes avant d'admirer l'étendue et toutes les subtilités de la Voie Lactée. L'émotion le dispute à la raison. Des bouffées de questions assaillent l'esprit sur le temps, l'espace, l'homme, le ciel, nos origines, notre destinée. Doit-on se contenter d'admirer le spectacle sans se poser de questions ? Pourrons-nous un jour comprendre ce que nous faisons là et quelle est notre place dans l'Univers ? Cette question a-t-elle même un sens ?

Comme une horloge, le ciel tourne inexorablement au-dessus des dunes, toujours dans le même sens, à la même allure. Sommes-nous au centre d'un monde entouré d'une coquille protectrice sur laquelle sont peintes de jolies étoiles ? Sommes-nous au contraire assis sur un caillou parcourant sans cesse des immensités sans bornes ? Sommes-nous le jouet de dieux tout-puissants ? Sommes-nous au contraire libres et capables à nous seuls de comprendre le Monde ? Par quels enchaînements de hasards les immensités d'un espace proche du vide ont-elles engendré les étoiles, les planètes et les êtres humains que nous sommes ? Cette belle histoire a-t-elle un but ou une fin ?

Oubliant la Terre, l'imagination vogue entre les étoiles à la découverte de nouveaux paysages. Il est si facile dans cet instant de complicité avec le ciel de sentir fondre la barrière des siècles et des générations et de se rapprocher de nos ancêtres qui, depuis des millénaires, ont contemplé le même spectacle les nuits de beau temps. Comment ne pas admirer tous ceux qui ont tenté, à force de curiosité, de doutes et de questions, de comprendre et d'expliquer le monde en utilisant leur intelligence plutôt que de se laisser aller à la facilité et à l'irrationnel ?

LE CIEL À L'ŒIL NU

Nos villes éclairées *a giorno* du soir au matin, nos routes inondées de lumière et nos maisons illuminées à toute heure nous empêchent de profiter du ciel la nuit. Cette pollution lumineuse permanente a coupé notre contact physique avec le ciel. À peine percevons-nous quelques points palots sur fond gris. Nous croyons découvrir le monde à travers des écrans artificiels et nous oublions que rien ne remplace l'émotion d'une vision directe.

Que ceux qui n'ont jamais connu les joies d'une nuit parfaitement noire à la belle étoile se livrent à ce plaisir unique ! Qu'ils soient sur le pont d'un voilier, dans un haut pâturage, au bout d'un cap ou sur une plage déserte, ils n'oublieront jamais ce moment de plénitude avec le ciel. La sensation est encore plus inoubliable lorsque la nuit s'abat pour quelques instants en plein jour lors d'une éclipse de Soleil. Chacune offre une expérience unique. Certains n'hésitent pas à parcourir les continents pour vivre ces minutes d'exception en jouant à cache-cache avec les nuages qui viendraient gâcher le spectacle.

Les anciens avaient patiemment noté tous les mouvements réguliers qui rythment le ciel. C'est ainsi qu'ils ont établi des calendriers pour organiser leurs activités agricoles et leur vie sociale. L'alternance régulière des jours, des nuits et des saisons a conduit nombre d'entre eux à imaginer un monde éternel gouverné par des êtres supérieurs. L'inaccessibilité des espaces célestes a enflammé leur imagination. Tribus primitives et civilisations anciennes ont peuplé le ciel de divinités, de génies et d'êtres surnaturels aux pouvoirs immenses, seuls capables d'entraîner et d'animer le monde, mais qui ressemblaient étrangement aux humains. Elles ont inventé une multitude de mythologies, d'histoires et de combats qui rappelaient l'histoire des hommes.

Pourtant, quelques événements inopinés, disparaissant aussi vite qu'ils étaient apparus, venaient troubler le bel agencement du métronome céleste, laissant deviner la vivacité sous-jacente du monde des étoiles et des planètes. Certains astres, les comètes, apparaissaient dotés d'une longue chevelure. Leur aspect changeant, leur éclat variable et leur mouvement rapide parmi les étoiles surprenaient ou effrayaient les observateurs pendant les quelques nuits où ils leur rendaient visite. L'imagination populaire a longtemps interprété ces astres comme des messagers des dieux, porteurs de bons ou de mauvais présages, souvent même les deux à la fois suivant l'endroit ! D'autres événements plus rares apparaissaient soudainement sous la forme d'étoiles nouvelles très brillantes, visibles pendant plusieurs dizaines de nuits, voire en plein jour. Nous savons maintenant qu'il s'agit d'explosions d'étoiles en fin de vie. Cette différence entre le monde régulier et les phénomènes inattendus a conduit les Chinois

La voûte étoilée

La Voie Lactée barre majestueusement le ciel austral. Cette immense galette d'étoiles et de gaz dans laquelle nous habitons apparaît comme une traînée laiteuse, d'où son nom de Galaxie. Nous la voyons de l'intérieur, par la tranche. Les deux nuages blancs décrits par Magellan (en haut à droite) n'annoncent pas le retour du mauvais temps. Il s'agit de deux petites galaxies satellites de la nôtre, à 160 000 années-lumière de distance. La longue queue de la comète Mac Naught vient compléter le tableau.

La Lune et Vénus ornent un coucher de Soleil. De telles conjonctions d'astres attirent depuis toujours les regards romantiques.

Au cours de la nuit, la rotation de la Terre semble entraîner les étoiles sur de grands cercles autour du pôle. Il a fallu des millénaires pour comprendre que nous n'étions pas immobiles au centre du monde, le ciel tournant autour de nous, mais bien que la Terre tournait sur elle-même dans un paysage d'étoiles.

Ange et comètes

Avant d'essayer de comprendre la nature du ciel, les hommes l'ont peuplé de dieux et d'êtres surnaturels. C'est ainsi qu'un ange musicien donne un concert au Soleil, à la Lune et aux étoiles au-dessus d'une Terre fertile. Les anges avaient pour mission de mouvoir les astres dans le ciel. À toutes les époques, les événements inopinés comme l'apparition des comètes ont été scrupuleusement notés (représentation aztèque du XVIe siècle). Leur arrivée a souvent effrayé les populations antiques. Nous savons maintenant qu'il s'agit de petits résidus de la nébuleuse primitive qui a formé les planètes, en quelque sorte des briques glacées qui n'ont pas servi. Tel Icare se brûlant les ailes, elles fondent en s'approchant du Soleil et perdent une longue queue de gaz et de poussières qui miroite dans les rayons du Soleil sur des millions de kilomètres.

de l'époque impériale à développer deux disciplines distinctes : le *lifa*, étude et mesure des régularités célestes et le *tianwen*, observation des phénomènes transitoires ou imprévisibles. La première correspondait à la bonne marche de l'Empire et à l'harmonie recherchée, tandis que la seconde correspondait à la mauvaise humeur du ciel au vu des errements terrestres. Ces humeurs pouvaient perturber le monde naturel et provoquer des catastrophes telles qu'inondations, épidémies ou famines. Les erreurs de gouvernance pouvaient ainsi perturber la marche de la Lune. « Quand un prince sage occupe le trône, la Lune suit le bon chemin. Quand le prince n'est pas sage et que les ministres exercent le pouvoir, la Lune perd son chemin. Quand les hauts dignitaires privilégient leurs intérêts à l'intérêt public, la Lune se déroute vers le nord ou le sud. Quand la Lune va vite, c'est parce que le prince est lent à la punition ; quand la Lune est lente, c'est parce que le prince est prompt à la punition » (Shih-shen, - 450). Pauvre Lune ! Heureusement que les pouvoirs publics actuels ne peuvent plus affecter son orbite !

Très tôt, une petite minorité d'humains a refusé, souvent au péril de sa vie, l'idée que nous n'étions que les esclaves de dieux omnipotents. Ils sont les précurseurs de la science contemporaine. Il y a près de vingt siècles déjà, Sénèque, dans ses questions naturelles, opposait la logique aux superstitions de ses contemporains à propos des comètes : « Si l'un de ces feux rares et insolites de forme apparaît dans le ciel, [...] il ne manque pas de gens qui jettent l'alarme et affirment la signification redoutable du phénomène... Les comètes se meuvent régulièrement dans des routes prescrites par la Nature... Pourquoi s'étonner que les comètes, dont le monde a si rarement le spectacle, ne soient pas encore pour nous astreintes à des lois fixes et qu'on ne connaisse ni d'où elles viennent ni où s'arrêtent ces corps dont les retours n'ont lieu qu'à d'immenses intervalles ?... Un jour viendra où ce qui est mystère pour nous sera mis au jour par le temps et les études accumulées des siècles... Il naîtra un jour un homme qui démontrera dans quelle partie du ciel errent les comètes, pourquoi elles marchent si fort à l'écart des autres planètes, quelle est leur grandeur, leur nature... » Ces quelques lignes n'ont pas pris une ride.

Les études accumulées ces dernières années nous révèlent un ciel bien différent de celui imaginé autrefois. Non seulement il déborde d'informations sur notre environnement, mais il peut rivaliser avec les créations de nos plus grands peintres. La Nature a toujours eu beaucoup plus d'imagination que les hommes et nous ne sommes certainement pas au bout de nos surprises.

Un musée imaginaire : les cieux de Van Gogh

Vincent Van Gogh a peint la nuit étoilée au bord du Rhône à Arles en 1886 alors qu'il était en bonne santé. La Grande Ourse et les constellations sont telles que les hommes les ont toujours vues. Le second tableau, réalisé pendant une période de profonde dépression, était en fait prémonitoire, car il est beaucoup plus proche de la réalité animée et spectaculaire qu'on observe aujourd'hui dans d'autres lumières que de celle de nos yeux.

L'ASTRONOMIE, LA PLUS ANCIENNE ET LA PLUS MODERNE DES SCIENCES

L'astronomie peut être considérée comme la plus ancienne des sciences. Pourtant, les motivations premières qui ont poussé les hommes à observer le ciel n'avaient rien de scientifique. Elles avaient un but pratique ou métaphysique. Dès que l'homme, lassé d'être chasseur, est devenu agriculteur, il a eu besoin d'un calendrier pour organiser les semailles et les récoltes. Le ciel lui fournit trois horloges avec les déplacements apparents du Soleil, de la Lune et des étoiles. C'est ainsi que la journée, le mois et l'année ont été mesurés et définis. Malheureusement, le fait qu'il n'y a pas un nombre entier de jours dans un mois, ni un nombre entier de mois dans une année, a posé un énorme casse-tête aux concepteurs de calendriers. S'ils se sont rapidement accordés sur 12 mois de 30 jours, caser les cinq petits jours et quelques heures restants a fait l'objet de nombreuses tentatives plus ou moins sophistiquées au fil des millénaires. Beaucoup ont simplement nié le problème, ce qui conduisit à une dérive rapide des dates qui gênent tant les historiens d'aujourd'hui ; les Mayas ont, au contraire, judicieusement imbriqué trois calendriers en parallèle pour suivre le fil des jours sans ambiguïté.

Soleil de pierre

Le Soleil jouait un rôle majeur dans les civilisations précolombiennes. Le calendrier aztèque de Tenochtitlan, construit au XVe siècle, illustre les principes mayas de mesure du temps s'appuyant sur plusieurs calendriers en parallèle : l'un, usuel, de 365 jours (18 « lunes » ou mois de 20 jours et 5 jours d'appoint pour finir l'année), un second de 260 jours tournant sur 13 fois 20 jours « tzolkin » et un « long compte » de 144 000 jours. Les deux premiers cycles se bouclaient tous les 52 ans avec la fête du feu nouveau. Le dieu solaire apparaît entouré de carrés illustrant la fin des cycles de 52 ans précédents et du cercle des 20 jours tzolkin.

Quant aux raisons métaphysiques qui ont poussé les hommes à s'intéresser très tôt au ciel, c'est qu'ils étaient à l'affût de signaux venus du monde des dieux. Nombreux étaient les souverains de l'Antiquité qui s'attachaient les services d'un astrologue chargé de leur dire si le ciel était favorable ou non à telle ou telle décision politique ou militaire, ou de se prononcer sur la clémence du climat pour les récoltes. Cette source d'informations sur le futur s'est démocratisée chez les Grecs en s'étendant du destin des sociétés à celui de chacun. De ces croyances primitives subsiste aujourd'hui l'exploitation de la crédulité humaine par des commerçants sans scrupules qui proposent des horoscopes futiles à des esprits inquiets : on est passé « du destin de l'Empire à l'industrie des tireuses de cartes », disait l'astronome Paul Couderc, malgré les mises en garde de grandes plumes de la littérature comme Voltaire ou La Fontaine qui racontait : « Un astrologue un jour se laissa choir/Au fond d'un puits. On lui dit : "Pauvre bête,/Tandis qu'à peine à tes pieds tu peux voir,/Penses-tu lire au-dessus de ta tête ?" »

Observations anciennes

Une borne frontière mésopotamienne, datant d'environ –1100, montre Vénus, la Lune, le Soleil et les constellations du Lion et du Scorpion. La carte chinoise de la Grande Ourse (en bas, horizontale) a été tracée en 940. Les Chinois se sont surtout attachés à mesurer et comprendre les mouvements réguliers dans le ciel. L'étoile Polaire, seule étoile apparemment immobile, symbolisait le centre de l'Univers, siège de l'empereur céleste. La rotation de la Grande Ourse et de ses sept ministres (étoiles), représentant le Soleil (Yang), la Lune (Yin) et les cinq éléments, entraînait le monde avec elle.

Toutes les civilisations, de la Chine à l'Amérique précolombienne, des Indes à l'Europe occidentale, ou encore de la Mésopotamie aux empires arabes et africains, ont régulièrement noté les mouvements des étoiles et des planètes, le passage des comètes et la date des éclipses. Ces écrits nous renseignent non seulement sur le degré d'avancement de ces civilisations, mais aussi sur les phénomènes astronomiques du passé. On ne peut que rendre hommage aux Chinois qui connaissaient la durée de l'année à 11 minutes près, la période de la Lune à 23 secondes près et celle des planètes à quelques heures près, il y a deux mille ans. Un siècle et demi plus tôt encore, Hipparque remarquait que la Lune passait 4 612 fois au même point dans le ciel en 126 007 jours... et une heure. Il fallait avoir de solides acquis en calcul et en géométrie, et de la rigueur dans les mesures. Inversement, la connaissance actuelle que nous avons des mouvements de la Lune, du Soleil et des planètes permet de dater des événements historiques qui ont coïncidé avec des dispositions d'astres remarquables (éclipses, conjonctions, etc.) et de lever les incertitudes qui pèsent sur les anciens calendriers.

De la nuit des temps jusqu'en 1610, les hommes ont observé le ciel à l'œil nu en effectuant des visées et en mesurant des angles à l'aide de bâtons. Puis, en quatre siècles seulement, leurs successeurs ont conçu des lunettes et des télescopes capables d'explorer l'Univers sur des milliards d'années-lumière. L'observation du ciel a permis de comprendre, au XVIIe siècle, la première grande loi de physique, la gravitation universelle, principale cause des mouvements des corps célestes. Puis la découverte en laboratoire d'autres lois de la matière et du monde microscopique au XIXe et au XXe siècle a révélé la nature et l'évolution des astres. Contrairement à Aristote qui assujettissait les mondes sub- et supra-lunaires à des lois différentes, l'étude du ciel a montré que les lois de la physique étaient universelles, s'appliquant aussi bien sur Terre qu'aux confins de l'Univers. Newton nous a appris qu'une pomme tombe de l'arbre pour la même raison que la Lune tourne autour de la Terre. Nous savons maintenant que cette force de gravitation cimente les galaxies, conduit certaines étoiles à s'effondrer en trous noirs et précipite la galaxie d'Andromède sur la nôtre. Les lois de la mécanique quantique permettent de compter et d'étudier des atomes situés à des millions d'années-lumière de la Terre et de mesurer l'expansion de l'Univers. Le clignotement d'étoiles compactes distantes de milliers d'années-lumière permet de vérifier précisément l'élasticité de l'espace et du temps prédite par la relativité générale d'Einstein.

Mais la lumière visible à nos yeux n'est pas la seule messagère de cet univers insolite. Voici cinquante ans, une petite boule de métal nommée Spoutnik fut lancée au-delà de l'atmosphère pour envoyer quelques bips aux hommes fascinés par l'exploit technique. Elle ouvrait ainsi une nouvelle fenêtre sur l'Univers en donnant la possibilité d'aller regarder par-delà l'atmosphère, écran protecteur essentiel pour la vie mais opaque pour observer le ciel. Nos yeux ne détectent pas la lumière hors du tout petit domaine visible. Il serait en effet parfaitement inutile de capter les rayons infrarouges ou gamma pour survivre à la surface d'une Terre inondée par la lumière jaune du Soleil. Mais les astres émettent des lumières de toutes sortes qui contiennent de précieuses informations sur leur nature et leur fonctionnement. Beaucoup sont nocives pour la vie et heureusement interceptées par l'atmosphère. Il est donc nécessaire d'en sortir et de mettre au point des instruments spatiaux pour « voir » les astres sans voile. C'est ce que les astronomes ont commencé à faire depuis une trentaine d'années… en s'émerveillant du résultat. Chacun sait que retirer un voile a toujours été un signe de progrès et d'intelligence !

C'est donc armés de nouveaux moyens d'observation et de compréhension que les hommes se sont lancés à la découverte de l'Univers. L'histoire des astronomes fait penser à celle d'une cordée d'alpinistes partis à la conquête de sommets inaccessibles. L'ascension est difficile, elle demande parfois des efforts surhumains, il y a même des victimes en route, mais quel bonheur à chaque hauteur atteinte et dépassée. Quelle vue sur les environs… et sur les prochains sommets ! Nous vous proposons de vous asseoir au sommet de quelques-unes des collines récemment franchies et de contempler les panoramas qu'on y découvre, que nos ancêtres auraient rêvé d'apercevoir et qui, pour l'instant, sont l'exclusivité de notre génération. Ces images du ciel se savourent pour leur beauté et parce qu'elles nous renseignent sur la place de l'homme dans l'Univers, son passé et le futur auquel il sera confronté.

Le Soleil de Delphes

Tous les matins à la même heure, le Soleil se trouve en un point différent du ciel qui décrit une grande boucle en une année. L'image illustre deux attitudes face aux manifestations de la Nature : croire en un monde « magique », gouverné par des dieux inaccessibles et consulter l'oracle pour connaître l'avenir, ou tenter de comprendre ce mouvement en utilisant la raison, la géométrie et la physique.

EST-IL RAISONNABLE D'ESPÉRER COMPRENDRE NOTRE UNIVERS ?

Dans un aphorisme désormais célèbre, Einstein disait en souriant que « la chose la plus incompréhensible, c'est que l'Univers soit compréhensible » ! L'Univers n'est pas à l'échelle de l'homme. La partie observable est vingt milliards de milliards de fois plus vaste que la Terre, mais il est gouverné par les mêmes lois physiques que celles qui régissent notre vie quotidienne. Nous sommes un sous-produit de cet Univers : les atomes qui composent notre corps ont été formés au sein d'étoiles qui sont mortes bien avant la naissance du Soleil et de la Terre et les grains de poussières, de glaces et de roches qui ont formé les planètes se sont en grande partie agrégés dans de belles nébuleuses planétaires.

La science est un moyen puissant, efficace et esthétique de voir le monde, au même titre que l'art, la littérature, la musique, la peinture ou encore la sculpture. Au fur et à mesure de l'avancée de nos connaissances, des questions, longtemps considérées comme appartenant au domaine de la philosophie et de la métaphysique, font maintenant l'objet d'investigations scientifiques rigoureuses. C'est le cas de l'origine et du devenir de l'Univers, de la nature de l'espace et du temps, de l'origine de la vie et de la place de l'homme dans le cosmos. Les réponses sont beaucoup plus extraordinaires que les explications de nos ancêtres. Elles changent non seulement notre vision du monde, mais aussi notre regard sur nous-mêmes.

La démarche scientifique qui nous permet de progresser aujourd'hui est le fruit d'une longue histoire. Les Grecs, eux-mêmes héritiers des observations et des réflexions des civilisations précédentes, nous ont apporté le raisonnement déductif et rationnel, c'est-à-dire que tout effet a une cause et toute cause un effet. Thalès, vers – 600, s'appliquait à rechercher des explications logiques aux phénomènes naturels plutôt que des causes surnaturelles ou religieuses. Mais les apparences peuvent aussi être trompeuses. Beaucoup, en suivant les Éléates vers –500 puis Platon (–428, –348), ont privilégié le raisonnement sur l'observation du monde matériel car ils avaient conscience des limites de nos sens qui pouvaient aisément déformer la réalité. Ils avaient raison de se méfier de l'observation sans le garde-fou de la rigueur des mesures, mais l'histoire a montré que l'imagination de la Nature est bien plus débridée que celle des hommes, et que seule l'observation permet de progresser. « Bon sang mais c'est bien sûr ! » est une expression courante des scientifiques face à de nouvelles données. La science progresse grâce à un perpétuel aller-retour entre observation et raisonnement grâce à une synthèse des deux approches réalisée par la Renaissance aux XVIe et XVIIe siècles. La démarche scientifique repose sur un petit nombre de règles intangibles. Toute théorie doit être vérifiée par l'observation sous peine d'être une simple spéculation, et doit susciter un ensemble d'observations afin de tester sa validité. Toute observation doit être reproductible. Les observations doivent être expliquées par une théorie, ce qui n'est pas toujours aisé. Si une seule observation est incompatible avec une théorie, le couperet tombe : cette dernière doit être instantanément abandonnée, aussi belle et ancienne soit-elle. C'est ce qui distingue la démarche scientifique de l'acte de foi.

Le récit des découvertes et des étapes qui ont lentement jalonné le chemin de la compréhension des astres est une superbe histoire qui illustre parfaitement la puissance de l'intelligence humaine et la victoire de la raison sur la superstition. Prenons l'exemple des étoiles. Il fallut d'abord en mesurer les distances. Le principe en est simple, il repose sur l'expérience quotidienne. Comment un enfant s'y prend-il pour attraper au vol une balle qui se déplace à plusieurs kilomètres par heure ? Il doit pour cela apprécier non seulement la direction de son mouvement mais aussi sa distance, ce qu'il peut faire car ses yeux, écartés d'environ 6 cm, voient le monde sous des perspectives très légèrement différentes, en stéréo. Il suffit de cligner des yeux pour s'en rendre compte. Placez un doigt devant votre visage et observez sa position par rapport aux objets du fond de la pièce en fermant un œil puis l'autre : il n'apparaît pas au même endroit. Cette différence de perspective est instantanément interprétée par le cerveau pour estimer la distance du doigt. L'évolution nous a équipés d'yeux assez écartés pour apprécier les distances d'objets sur quelques centaines de mètres, pour attraper ce que nous pouvons manger et échapper à ce qui peut nous manger. Avec un écartement de plusieurs mètres, nous aurions pu estimer des distances sur plusieurs kilomètres. C'est cette différence de perspective qui fait bouger les arbres au premier plan sur un fond de lointaines collines immobiles lorsqu'on tourne la tête ou si l'on regarde par la fenêtre d'une voiture ; c'est la même qu'on exploite pour mesurer la hauteur de l'Everest sans y grimper, mais en le regardant depuis deux régions différentes.

L'application de ce principe aux étoiles permet de mesurer leur éloignement sans être obligé de dérouler une chaîne d'arpenteur. Il est évidemment hors de question d'envoyer un de nos yeux sur Saturne et de laisser l'autre sur Terre pour estimer les distances astronomiques, mais on peut facilement utiliser le déplacement de la Terre autour du Soleil qui nous entraîne sur 300 millions de kilomètres en six mois. Les étoiles les plus proches nous paraissent alors avoir bougé par rapport aux plus distantes. La première mesure a été faite en 1838 par Bessel en observant l'étoile 61 de la constellation du Cygne qu'il trouva située à 10,4 années-lumière, soit 660 000 fois plus loin que le Soleil. Cette seule mesure agrandissait l'Univers connu à l'époque par un facteur 10 000 ! Cette méthode est applicable aux étoiles situées à moins de quelques milliers d'années-lumière. Au-delà, il faut faire appel à d'autres techniques que les astronomes ont développées avec succès.

Les étoiles brillent avec des éclats différents dans le ciel suivant qu'elles sont plus ou moins éloignées, mais aussi intrinsèquement plus ou moins lumineuses. Mesurer leur luminosité propre est aisé quand on connaît leur distance. En conduisant la nuit, on estime rapidement si on a le temps de doubler une voiture grâce à l'éclat apparent des phares du véhicule qui vient en sens inverse, d'autant moins brillants qu'ils sont loin. De la même manière, la connaissance de la distance d'une étoile associée à la mesure de la quantité de lumière reçue sur Terre permet d'estimer la quantité d'énergie émise. Les astronomes ont ainsi découvert des étoiles un million de fois plus lumineuses que le Soleil, tandis que d'autres brillaient dix mille fois moins. Le

Œil de géant
Si petit face au télescope géant de l'Observatoire européen austral, l'astronome (en bas, à droite) cherche à capter des lumières de plus en plus faibles et des détails toujours plus fins.

Soleil est en fait une étoile assez banale, même si la grande majorité d'entre elles sont plutôt moins lumineuses que la nôtre.

À partir de la luminosité propre d'une étoile, les lois du rayonnement, découvertes au cours des XIXe et XXe siècles, fournissent sa température, sa taille et sa composition. De plus, quand deux étoiles forment un système double, ce qui est le cas de la majorité d'entre elles, nous pouvons estimer leur masse en utilisant les lois découvertes par Kepler en 1610 en étudiant le mouvement des planètes. L'invention de la photographie, de la spectroscopie et de la photométrie au XIXe siècle a fourni aux astronomes des outils fiables pour quantifier les propriétés des astres. Au XXe siècle, le développement des détecteurs et des télescopes, au sol aussi bien que dans l'espace, accompagné d'ordinateurs toujours plus performants, nous a fait vivre une véritable révolution scientifique. Les progrès ont été fulgurants : alors que les hommes ignoraient presque tout des planètes, des étoiles et des galaxies au début du XXe siècle, ils faisaient un grand bond hors de la Voie Lactée dans l'immensité du cosmos en découvrant la distance et la nature des galaxies dans les années 1930 ; ils comprenaient pourquoi les étoiles brillaient dans les années 1940 et ils visitaient les planètes du système solaire dans les années 1970 et 1980 !

En ce début de XXIᵉ siècle, les progrès ont été si rapides et les perspectives ouvertes si vertigineuses que certains, scientifiques, journalistes ou tout simplement hommes trop pressés, ont la tentation d'aller plus vite que la musique et de tirer des conséquences prématurées. D'autres retombent dans les errements métaphysiques des premiers balbutiements de la science. Ils se livrent aux spéculations les plus hasardeuses et répandent la confusion dans le public en mélangeant les connaissances fermement acquises et les hypothèses douteuses ou encore simplement en cours d'exploration. Ils oublient que toute théorie scientifique doit être étayée par des observations non ambiguës, qu'elle doit être compatible avec toutes les observations et que tout modèle n'est qu'un outil de travail et non une description du monde réel. Le modèle antique de Ptolémée plaçant la Terre au centre de l'Univers et faisant tourner les planètes sur des épicycles autour d'elle a vécu quinze siècles avant d'être rejeté. Il était capable de prédire avec précision la position des planètes dans le ciel, mais il n'était pas compatible avec les lois de Kepler. Il est atterrant d'entendre ceux qui se posent déjà des questions sur l'histoire ultime de l'Univers ou sur sa finalité avant même d'avoir digéré les dernières connaissances qui révèlent un monde pour le moins troublant. N'avoir aucune idée de la nature de 95 % de l'énergie qu'il renferme devrait les inciter à plus de circonspection. Même les objets les plus familiers comme les planètes, les étoiles ou les galaxies surprennent par leur diversité et les innombrables facettes de leurs activités. Nous vous proposons d'aller les visiter grâce à toutes les lumières visibles ou invisibles qu'ils nous envoient. Il sera temps, à la fin de cet ouvrage, de souligner que la science est toujours en marche, que de très nombreuses questions restent posées et que leur nombre croît au lieu de se tarir.

Il faut enfin noter que les avancées scientifiques et la bonne santé économique vont de pair, chaque domaine enrichissant l'autre. Bien que les conflits soient souvent moteurs de progrès technologique et que la science en ait tristement profité, le progrès scientifique nécessite une grande liberté intellectuelle des chercheurs et s'accommode mal des régimes les plus oppresseurs ou des périodes de grande incertitude sociale. Il est intéressant de constater que des décisions politiques opportunes ont quelquefois permis de considérables avancées, l'exemple le plus frappant étant celui du roi Frédéric II du Danemark qui, à la fin du XVIe siècle, a consacré une part significative des ressources de son pays pour construire un seul observatoire, Uraniborg. Aux mains de Tycho Brahé, cet observatoire allait lancer la Renaissance scientifique en Occident. Nous en tirons encore les bénéfices. À la même époque, un grand pays comme l'Espagne se ruinait en développant son Invincible Armada et le moine Giordano Bruno était brûlé par l'Inquisition à Rome le 17 février 1600 pour avoir osé affirmer que Copernic avait raison contre Ptolémée, que l'Univers était

Voyager parmi les planètes
Le vieux rêve des hommes d'aller de planète en planète, illustré par Grandville au XIXe siècle, a été réalisé au XXe siècle avec une technologie légèrement différente. De nombreuses sondes ont quitté la Terre à bord de fusées, comme celle qui a servi à lancer la sonde Casini-Huygens vers Saturne le 15 octobre 1997.

infini, livré à une évolution universelle et composé d'astres innombrables semblables au Soleil. Tous les gouvernements qui ont réellement encouragé la recherche fondamentale en ont retiré d'immenses bénéfices pour un investissement modeste.

LA PLACE DE L'HOMME DANS L'UNIVERS

Pendant des millénaires, de nombreux dogmes ont placé la Terre au centre de l'Univers et l'homme au sommet des êtres vivants. Ceux qui remettaient en cause cette vision égocentrique et confortable connurent un sort funeste, allant de la résidence surveillée pour Galilée en 1633 au supplice de Giordano Bruno en 1600. Les gardiens des « temples » avaient vraiment un nombril démesuré !

L'immensité de l'Univers que nous découvrons aujourd'hui conduit à une vision beaucoup plus modeste de notre place. Une étoile est un milliard de fois plus grosse qu'un homme, et une galaxie mille milliards de fois plus grande qu'une étoile. L'Univers que nous observons est encore cent mille fois plus étendu qu'une galaxie. Ne serions-nous alors qu'un accident sans importance dans l'histoire du cosmos ? En fait, loin de réduire l'homme à peu de chose, on ne peut que s'émerveiller de sa capacité à comprendre tant de choses en si peu de temps avec un cerveau bricolé pour la survie de l'espèce !

Par ailleurs, notre existence est intimement liée aux propriétés de cet Univers et des lois physiques qui le gouvernent. Changer ne serait-ce qu'un peu leurs paramètres aboutirait à d'autres formes d'univers et de toutes ses composantes. Le développement de la vie telle que nous la connaissons à base de chimie du carbone sur une planète tempérée et riche en eau est étroitement lié à l'évolution de la matière et au destin des étoiles. De la même manière qu'un homme ne peut pas vivre indépendamment de son environnement car il a besoin de nourriture comme carburant, d'air comme comburant et d'eau pour les échanges cellulaires, la vie a besoin des atomes, des étoiles et des galaxies pour exister. Les étoiles ont fabriqué la plupart des atomes nécessaires à la biologie, les grands nuages de gaz interstellaire ont distillé les premières molécules complexes et la dynamique globale des galaxies a rythmé la synthèse de tous ces éléments. Nous sommes leurs enfants. D'autres univers, s'ils existent, ne permettraient pas à la vie telle que nous la connaissons d'apparaître.

Il serait évidemment tout à fait déraisonnable d'y voir la moindre finalité, et rien ne permet d'affirmer scientifiquement que « l'Univers a été taillé à notre mesure ». La science s'efforce de répondre à la question « comment » et non « pourquoi ».

En regardant vers les étoiles et en sortant de leur berceau, les hommes portent un autre regard sur la Terre. Prendre du recul nous permet d'abord de considérer notre planète dans son ensemble et de comprendre qu'elle forme un tout qu'il est ridicule de découper en pointillés. La Terre est une machine « vivante » au sens où elle est née, elle évolue et elle mourra, mais aussi parce que toutes ses parties dépendent les unes des autres comme dans un organisme vivant. Polluer en Californie, en Chine ou en Sibérie, abattre les grandes forêts d'Amazonie ou d'Afrique ont des conséquences néfastes pour toute la planète pour de longs siècles. Explorer les planètes voisines est essentiel pour les comparer avec la Terre et mieux la connaître. Comprendre des phénomènes de grande ampleur dans les galaxies lointaines permet d'étendre le champ d'application des lois de la physique et, en retour, de mieux en maîtriser les applications sur Terre.

Seul dans l'espace ?

En s'élevant au-dessus de la Terre, les astronautes prennent immédiatement conscience de la fragilité de la Terre et de la minceur de la couche à l'intérieur de laquelle la vie est possible, la biosphère.

L'Univers et les femmes

Être capable d'explorer l'Univers au XXIe siècle ne rend pas le sort des femmes plus enviable dans certains pays. On peut remarquer qu'elles sont placées au second rang des sociétés où l'astronomie et la recherche scientifique sont peu développées. Il est clair que l'obligation de porter le voile ne favorise pas la vision du ciel ! Recherche scientifique et développement social doivent aller de pair.

FIGURES DU CIEL

Les hommes ont, depuis des millénaires, dessiné des personnages, des animaux ou des figures entre les étoiles pour y dérouler leurs mythes ou tout simplement pour mieux s'y repérer. On parle de l'étoile brillante située à droite de la Grande Ourse comme on désigne un bouquet d'arbres à gauche d'un clocher et à droite d'un pic montagneux, alors que des dizaines de kilomètres peuvent séparer les arbres, l'église et les montagnes. Ces regroupements d'étoiles en constellations n'ont aucune existence réelle. Ils associent des étoiles situées à des distances très différentes les unes des autres, mais qui, vues de la Terre, semblent, par effet de perspective, se regrouper dans la même direction. Cela reviendrait à associer Orléans, Poitiers, Bordeaux et Bayonne à la même région sous prétexte qu'elles sont vues de Paris

Les constellations de l'hémisphère Sud

La carte de Cellarius, publiée en 1661 dans le livre *Harmonia Macrocosmia*, montre la sphère céleste « vue de l'extérieur » avec les constellations à l'envers pour un observateur terrestre.

dans la même direction. Les étoiles qui servent à dessiner le fameux W de Cassiopée se trouvent à 442, 100, 613, 229 et 54 années-lumière de la Terre, en suivant l'ordre du W de gauche à droite. L'aspect des constellations change également au fil des siècles à cause du mouvement des étoiles. Le changement est infime à l'échelle de la vie d'un homme, mais le ciel de l'homme des cavernes n'est pas tout à fait le même que le nôtre.

La nomenclature actuelle s'inspire très largement de la mythologie grecque pour l'hémisphère Nord, tandis que les constellations australes ont été élaborées au gré des expéditions menées dans l'hémisphère Sud depuis la fin du XVIe siècle. À la fin du XIXe siècle, on comptait plus d'une centaine de constellations dont les limites variaient d'un auteur à l'autre. L'Union astronomique internationale, qui regroupe les astronomes professionnels du monde, a proposé en 1930 une sectorisation définitive du ciel avec 88 constellations comprenant chacune des frontières précises suivant des arcs de parallèles et de méridiens ainsi qu'un schéma reliant les principales étoiles selon les anciennes figures associées à leur nom. La carte du ciel ressemble à celles des colonisateurs en Afrique ou des pionniers blancs au milieu des États-Unis avec des frontières rectilignes.

L'idée d'utiliser les constellations pour prédire l'avenir ou cerner le caractère de quelqu'un est totalement stupide. Les astrologues utilisent encore les catalogues dépassés des civilisations anciennes. L'axe de rotation de la Terre, comme celui d'une toupie, oscille légèrement sur une période de 26 000 ans. Deux ou trois mille ans après l'invention des constellations du zodiaque, le Soleil n'est plus du tout dans la même constellation à la même date du calendrier. C'est ainsi qu'il traverse la constellation de la Vierge le 24 octobre, alors qu'un astrologue fera croire à une personne née ce jour-là qu'elle est du « signe du Scorpion ». Le Soleil n'abordera cette constellation qu'un mois plus tard, le 23 novembre. Les douze constellations du zodiaque ont été remarquées par les Mésopotamiens et les Babyloniens car elles englobent le trajet apparent du Soleil dans le ciel au cours de l'année. Les planètes, tournant pratiquement dans le même plan que la Terre autour du Soleil, se déplacent aussi devant les constellations du zodiaque. Leur nombre correspondait aux mois de l'année, mais le Soleil traverse en réalité treize constellations sur des périodes d'inégale durée, comme la constellation d'Ophiuchus (qui n'appartient pas au zodiaque babylonien) du 23 novembre au 18 décembre, alors qu'il ne reste que sept jours dans la constellation du Scorpion. Un des auteurs de ces lignes, né à la fin du mois de novembre, trouve très amusant que des astrologues lui attribuent un signe qui n'a rien à voir avec sa date de naissance.

La position du Soleil dans le ciel le jour de sa naissance ou celle d'une planète un jour donné n'a évidemment rien à voir avec le caractère ou le futur d'un individu. Tout étudiant ayant un minimum de connaissances en statistiques montre aisément qu'un astrologue ne peut rien prédire et ne l'a d'ailleurs jamais fait. Il y a plus de deux cents ans, Voltaire s'étonnait que les victimes du tremblement de terre de Lisbonne soient toutes de signe différent et que leur horoscope n'ait pas prédit ce qui était un événement majeur dans leur vie... On peut tristement reprendre son raisonnement pour les victimes du tsunami de 2005, des inondations de La Nouvelle-Orléans ou de toute autre catastrophe naturelle ou aérienne.

Les croyances des uns et des autres peuvent et doivent être respectées, surtout si elles apportent un peu de réconfort dans une vie quelquefois difficile. Il est évidemment hors de question d'exercer la moindre censure ou de brider le rêve ou l'imagination. Mais il est insupportable que des hommes et des femmes cultivés, qui ne croient pas à ces niaiseries, profitent de la crédulité des autres pour en faire commerce ou pour mieux vendre leurs produits comme dans certains journaux ou émissions de radio et de télévision. L'astrologie est une pollution des esprits. À quoi bon investir des sommes importantes pour l'éducation si c'est pour tolérer ce type d'escroquerie à aussi grande échelle sur la place publique ? Les découvertes en sciences de l'Univers sont tellement extraordinaires à notre époque qu'il est vraiment regrettable d'entraîner une partie de la population dans ces fadaises, au lieu de tenter de lui faire toucher du doigt quelques-unes de ces merveilles et de lui faire comprendre comment la science s'y prend.

REPRÉSENTATIONS DU CIEL

Qu'il soit peintre, poète, musicien, agriculteur, philosophe, scientifique ou tout simplement curieux, l'homme n'a de cesse de méditer sur le monde qui l'entoure, de spéculer et de rêver sur ses origines et son devenir. Chaque tribu, chaque civilisation, s'est donné une représentation du monde qui a nourri l'imagination de son peuple et l'a conduit à se poser de multiples questions. Les civilisations anciennes, de l'Afrique à l'Océanie et de l'Amérique précolombienne à l'Asie, ont imaginé un monde centré sur une Terre immobile entourée d'un ciel considéré comme un dais, un chapeau, une grotte, une boule de cristal ou d'autres images.

L'argument d'Aristote, qui affirmait, à juste titre, que nous verrions les étoiles les plus proches se déplacer devant les plus éloignées si la Terre bougeait, ne prenait pas en compte l'immense distance des étoiles. Deux mille ans plus tard, face au même constat d'immobilité apparente des étoiles malgré ses instruments plus précis, Tycho Brahé pouvait opter pour une Terre immobile au centre du monde ou pour des étoiles très lointaines. Il choisit malheureusement la première solution malgré les remises en cause de Copernic. Nous les voyons bouger avec nos instruments modernes, mais, à l'œil nu, il faut patienter au moins 50 000 ans pour voir les constellations se déformer. Il a fallu attendre le XVIIIe siècle, avec la découverte de l'aberration des étoiles, pour démontrer le mouvement de la Terre autour du Soleil. Une autre erreur renforçait l'argument d'immobilité de la Terre : Aristote et ses disciples pensaient qu'une pierre lancée verticalement ne pourrait retomber sur la tête de l'envoyeur si la Terre bougeait... ou que les oiseaux ne pourraient revenir à leur nid, entraînés par la rotation de la Terre ! C'était oublier l'impulsion horizontale transmise à la pierre par le mouvement même de la Terre en plus de celle, verticale, de la main. C'était oublier également, comme l'a fait remarquer Giordano Bruno, qu'un homme juché sur le mât d'un navire, quelle que soit la vitesse de celui-ci, ne pouvait manquer le bas du mât en lâchant une pierre à la verticale. L'idée de placer la Terre au centre du monde n'était donc pas aussi anthropocentrique qu'il y paraît. C'était le seul point immobile dans un monde réglé par des mouvements circulaires ou sphériques pour obéir à l'harmonie géométrique imposée par les pythagoriciens et les platoniciens.

L'idée que la Terre n'occupait pas la position centrale est en fait ancienne. Philolaos de Crotone y plaçait un feu central il y a vingt-cinq siècles et le cachait à nos yeux en permanence derrière une anti-Terre. Aristarque de Samos, il y a plus de 2 300 ans, estimait la distance de la Terre au Soleil égale à dix-neuf fois celle

L'harmonie des sphères

De Pythagore à Platon et à son élève Aristote, seule la perfection des cercles et des sphères pouvait représenter l'harmonie du monde. Aussi avaient-ils conçu des sphères emboîtées comportant les quatre éléments fondamentaux (la terre, l'eau, l'air et le feu) entourées d'autres sphères ou « orbes » entraînant les sept vagabonds du ciel (Lune, Soleil, Mercure, Vénus, Mars, Jupiter et Saturne), puis le firmament des étoiles. L'Église chrétienne reprendra ces concepts lorsqu'ils seront transmis en Occident vers le XIIIe siècle en y ajoutant les textes bibliques de la Genèse et en plaçant le royaume divin au-delà de la sphère des étoiles.

de la Terre à la Lune et en avait déduit que le Soleil était six à sept fois plus gros que la Terre, donc que la petite Terre devait logiquement tourner autour du gros Soleil. C'est d'ailleurs en reprenant cette idée que Copernic, mille huit cents ans plus tard, a remis l'héliocentrisme au cœur du débat, mais il fallut plusieurs siècles et de nombreuses victimes de l'intolérance pour que cette idée fût définitivement adoptée. La Terre étant délogée du centre, les représentations du monde vont alors radicalement changer. Kepler cherchera à emboîter des solides parfaits pour expliquer les distances qui séparent les orbites des planètes. Descartes, s'opposant à l'idée de vide et de force à distance, imaginera des tourbillons pour entraîner les astres, Fontenelle proposera autant de systèmes solaires que d'étoiles.

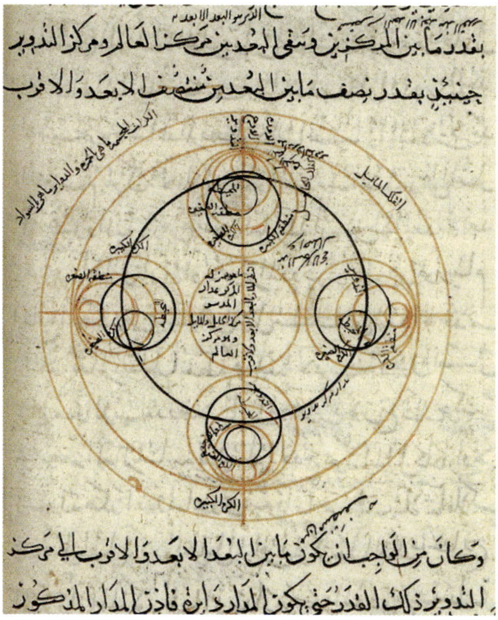

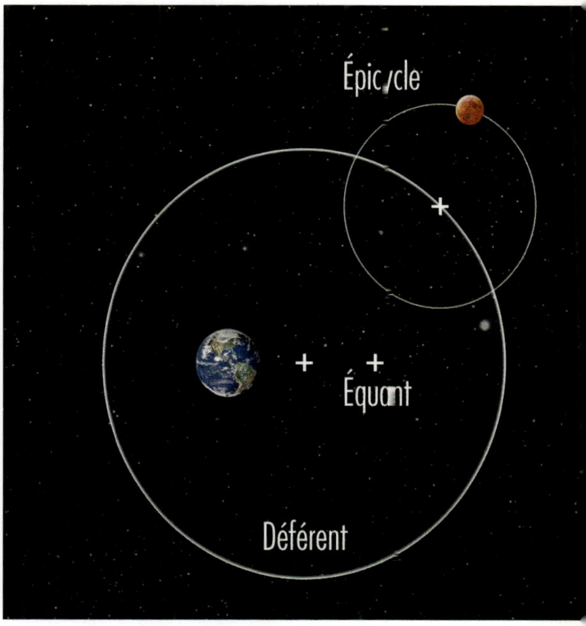

Les épicycles de Ptolémée

Pour satisfaire à la perfection du monde au-delà de la Lune, les astres ne pouvaient décrire que des cercles à vitesse constante, aussi les modèles devinrent-ils rapidement très compliqués pour rendre compte des mouvements en réalité elliptiques des planètes et de notre position excentrée. Ptolémée (90-168) proposa un système très sophistiqué où la planète tourne sur un épicycle dont le centre tourne autour d'un point situé à côté de la Terre et à vitesse constante par rapport au point équant. Ce modèle complètement faux était pourtant capable de prévoir la position d'une planète sur plusieurs siècles, ce qui illustre bien qu'un modèle peut être un outil fiable sans décrire correctement le monde réel. Un système ultérieur de double épicycle est visible sur le manuscrit de Nasir al-Din al-Tusi qui date du XIIIe siècle.

Le cortège des planètes autour du Soleil peut être considéré comme notre proche banlieue. C'est à une tout autre échelle que les astronomes considèrent l'ensemble de l'Univers. Ils se sont longtemps demandé si les autres étoiles étaient aussi entourées de planètes et si des terres habitées foisonnaient dans l'Univers. Sommes-nous seuls ou non ? En 2007, plus de 270 planètes ont déjà été trouvées autour d'étoiles voisines. Elles nous montrent que la découverte d'une nouvelle Terre est sans doute pour bientôt, même si les astres détectés jusqu'alors, beaucoup plus gros et proches de leur étoile, n'ont pas grand-chose à voir avec notre planète.

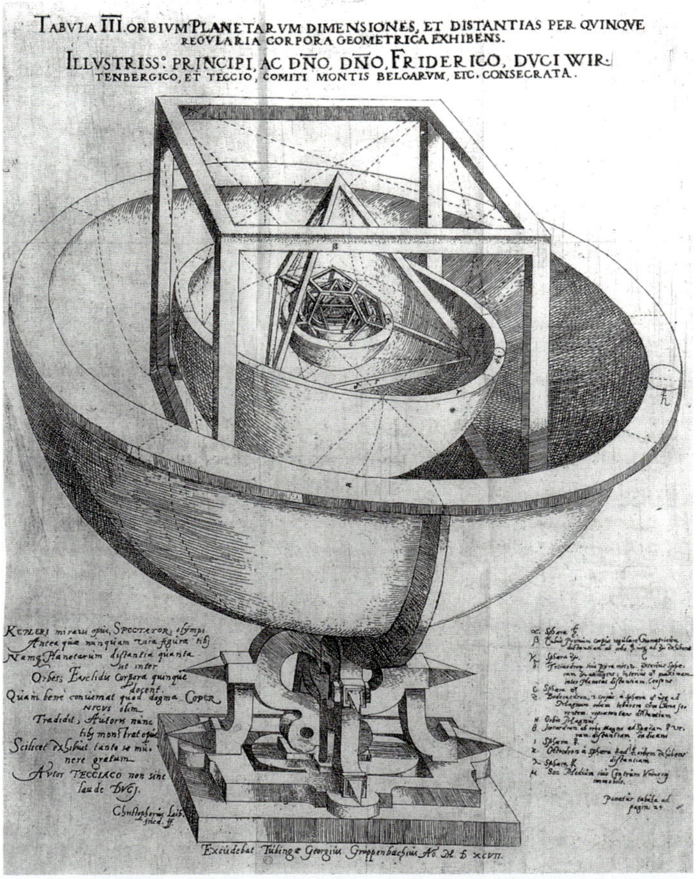

Le monde de Kepler

Kepler a essayé de géométriser l'Univers. Il a imaginé que les cinq solides « parfaits » étaient inscrits et circonscrits dans une série de sphères concentriques pour retrouver les distances relatives des planètes au Soleil. Ce système peut paraître naïf aujourd'hui, mais c'est en l'élaborant et en interprétant les observations de Tycho Brahé qu'il allait trouver ses fameuses trois lois, prélude à la découverte des lois de la gravitation universelle par Newton.

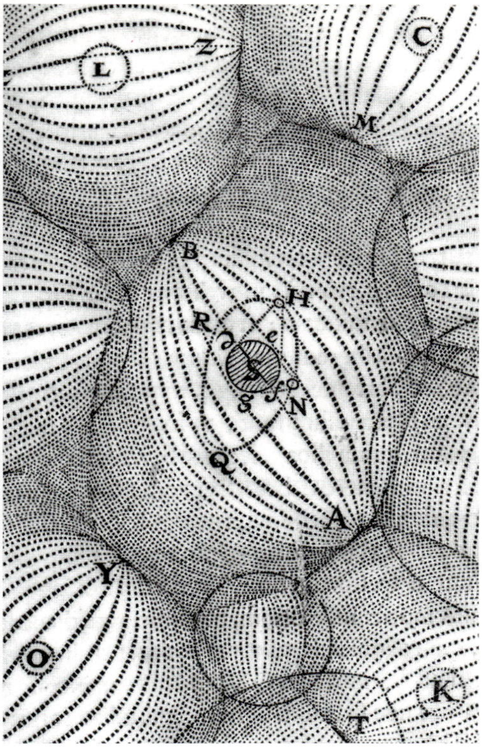

Les tourbillons de Descartes

Descartes a imaginé un monde rempli de tourbillons, chacun pourvu d'une étoile et de planètes. La Lune tournait autour de la Terre parce qu'elle flottait sur les tourbillons entourant la Terre. Les habitants de la Terre étaient plaqués au sol par les tourbillons terrestres. Ce modèle, qui avait le mérite de tenter d'expliquer le monde par un principe unique, a été supplanté par la théorie de la gravitation universelle de Newton.

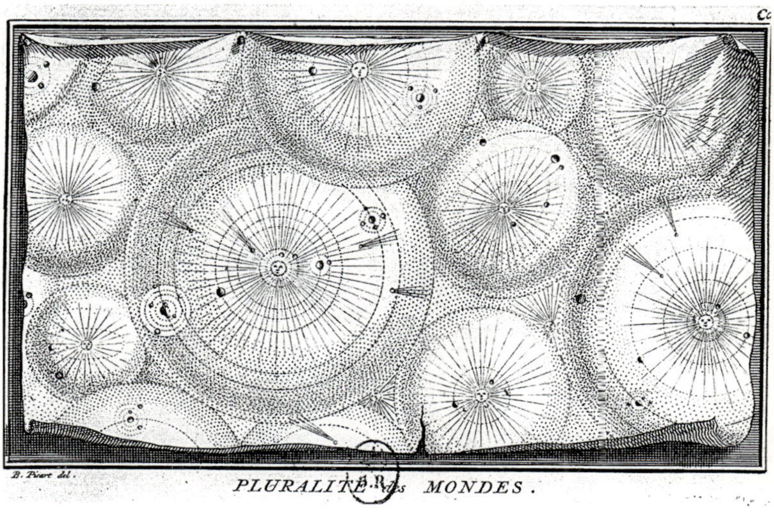

Le monde de Fontenelle où chaque sphère correspond à un système solaire complet avec une étoile au centre, des planètes et des comètes.

DES UNIVERS-ÎLES

La matière n'est pas répartie uniformément dans l'Univers. Elle s'assemble en d'immenses objets appelés galaxies. Ces communautés d'étoiles peuvent être gigantesques, les plus grandes pouvant en contenir des centaines ou des milliers de milliards. L'étoile est la clef de voûte de l'Univers. C'est elle qui forge les atomes autres que l'hydrogène et l'hélium issus du « Grand Boum » (Big Bang). Elle est à l'astronome ce que la particule est au physicien, l'atome au chimiste et la cellule au biologiste. Mais une galaxie ne se réduit pas à ses étoiles. Une des grandes découvertes du XXe siècle a montré que l'espace entre elles (interstellaire) était loin d'être vide. On y trouve de grandes quantités de gaz et de poussières qui servent de matière première à de nouvelles étoiles. La recette en est simple : il suffit de laisser des nuages de gaz s'effondrer sous leur propre poids et d'attendre ; ils vont se contracter et chauffer jusqu'à ce que la température centrale permette aux réactions de fusion nucléaire de l'hydrogène de démarrer. Les étoiles peuvent alors produire leur propre énergie et briller. Colossales bombes atomiques, mais à la fusion savamment contrôlée, elles passent des millions à des milliards d'années de leur vie à fabriquer des atomes avant de les rejeter dans le milieu environnant quand elles ont terminé leur tâche. Le matériau ainsi enrichi est alors disponible pour une nouvelle génération. Le milieu interstellaire est donc à la fois la matrice où se forment les étoiles et le cimetière des restes d'étoiles mortes. On peut ainsi comprendre nos lointaines racines car, avant de se rassembler en un organisme vivant, nos atomes se sont promenés en toute liberté dans ces nuages. L'étude de ce milieu fournit des indices précieux sur la matière première à partir de laquelle le Soleil et les planètes se sont formés il y a 4,55 milliards d'années. Il ne faut cependant pas confondre ces grands nuages de gaz interstellaire avec les merveilleux nuages terrestres chers à Charles Baudelaire. Ils sont dix milliards de milliards de fois plus ténus et à une température fraîche de –250 °C à –150 °C. Ce sont également de véritables usines chimiques capables de former des molécules extrêmement complexes comme du sucre et de l'alcool !

Pour compléter le tableau d'une galaxie, il faut imaginer des particules de haute énergie comme des protons, des électrons et des noyaux d'hélium se promenant dans tous les sens à des vitesses approchant 300 000 kilomètres par seconde. Leur présence atteste des phénomènes très violents et énergétiques qui se cachent sous l'apparence si paisible des photographies en lumière visible.

Quelles formes peuvent prendre les galaxies ? En lançant une poignée de pièces de monnaie en l'air et en prenant une photographie instantanée de la scène, on peut voir certaines pièces de face, bien rondes, d'autres par la tranche, toutes minces, et la plupart un peu de travers, ovales. Il en est de même des galaxies. Une photographie d'un groupe de galaxies montre une grande variété de tailles et d'apparences. Deux aspects dominent : la forme elliptique et la forme spirale. D'autres ont des formes très irrégulières.

En fait, les galaxies ne tournent pas comme des pièces de monnaie. Leurs étoiles et leur gaz se déplacent sous l'effet de leur attraction mutuelle et les trajectoires qui

Bouquet de galaxies

Situé à 450 millions d'années-lumière dans la constellation d'Hercule, cet amas contient plus d'une centaine de galaxies. Telles des pièces de monnaie jetées en l'air, les galaxies sont vues sous tous les angles, aussi bien de face que de profil ou de trois quarts.

en résultent sont beaucoup plus complexes que celles des planètes autour du Soleil parce qu'elles ne sont pas uniquement attirées par un objet central très massif. Les mouvements de ces étoiles donnent aux galaxies leur forme : quand le désordre règne et qu'elles se déplacent dans tous les sens, la galaxie prend une forme sphérique ou elliptique alors qu'elle forme un disque plat quand les étoiles se déplacent sagement près du même plan. La différence entre ordre et désordre est liée à la quantité de gaz présente dans la galaxie et à l'histoire plus ou moins tumultueuse de la galaxie avec ses voisines. Mais les apparences sont parfois trompeuses : un ballon de rugby vu par un bout ressemble fortement à un ballon de football !

Nous avons la chance d'habiter une grande galaxie spirale que nous voyons de l'intérieur, par la tranche. Elle nous apparaît comme une bande de lumière laiteuse et d'ombres chinoises, d'où son joli nom de Voie Lactée. Les Eskimos y voient plutôt une bande neigeuse. Il a fallu des siècles d'interrogations sur l'étendue de l'Univers pour comprendre que beaucoup d'autres petites taches laiteuses visibles à l'œil nu ou à la lunette, comme les Nuages de Magellan, Andromède et nombre d'objets répertoriés par Charles Messier, étaient en fait d'autres galaxies plus ou moins semblables à la nôtre. Charles Messier a publié en 1784 un catalogue des 103 objets qu'il avait trouvés en regardant depuis son appartement de la rue Saint-Jacques, à Paris, pour éviter aux chasseurs de comètes de perdre leur temps avec ces astres nébuleux et de les confondre avec un événement aussi intéressant qu'une nouvelle comète. Cette liste d'objets « inutiles » est devenue la plus admirable collection de beautés célestes et le meilleur guide de promenade des astronomes amateurs qui souhaitent admirer le ciel avec une simple paire de jumelles ou une petite lunette. Galaxies lointaines et nébuleuses de gaz à l'intérieur de la Voie Lactée se côtoient dans cette liste.

Le nombre de nébulosités crut très vite. William Herschel et sa sœur Caroline, à Bath, en Angleterre, en répertoriaient déjà 2 500 une vingtaine d'années plus tard. Mais, trouver ces taches diffuses était une chose ; les comprendre en était une autre. Certains se sont même enthousiasmés à l'idée d'y voir des systèmes solaires en formation ! Emmanuel Kant fut le premier à imaginer avec justesse des « univers-îles » et le débat fit rage pour savoir s'il s'agissait d'autres voies lactées en dehors de la nôtre ou bien de nuages situés à l'intérieur de la Voie Lactée. Edwin Hubble mit fin au débat en 1923 en mesurant la distance d'Andromède à 900 000 années-lumière, c'est-à-dire trente fois plus loin que la taille de la Voie Lactée. Ces deux chiffres ont été révisés à la hausse depuis, mais la distance qui sépare notre Galaxie de celle d'Andromède est bien dix fois supérieure à leurs tailles. L'Univers n'est pas contenu dans la Voie Lactée, cette dernière n'est qu'une petite île perdue dans l'immensité.

Depuis, les astronomes ont découvert des multitudes de galaxies. Loin d'être des taches inertes ou des profils fantomatiques projetés dans l'obscurité des infinis, ce sont des objets dynamiques, en perpétuelle évolution, capables même de jouer aux autos tamponneuses.

Visages de galaxie

Beaucoup de galaxies se présentent sous la forme de disques plats où s'enroulent des bras en spirale. Les bras bleutés de la galaxie M 51 s'étendent sur plus de 65 000 années-lumière. Ils sont perturbés d'un côté par la petite galaxie jaune qui s'est imprudemment approchée de sa grande consœur et se fera absorber. Vue de profil, une galaxie spirale apparaît comme une mince bande où les nuages de poussières font des ombres chinoises en masquant la lumière des étoiles. C'est sous cet angle qu'on voit NGC 4565 qui rappelle l'aspect de notre Galaxie, la Voie Lactée, vue de l'intérieur.

LE MONDE DES GALAXIES

En pointant le Télescope spatial dans une direction du ciel apparemment vide pour des instruments plus modestes, nous voyons apparaître une multitude de galaxies lointaines. Quelle que soit la direction dans laquelle on se tourne, ce nombre est tout aussi impressionnant. On pourrait en voir cent milliards sur tout le ciel avec les télescopes modernes... et beaucoup de patience. Loin de vivre en célibataires, elles se regroupent au sein d'immenses amas de quelques dizaines à quelques milliers de membres. À 80 millions d'années-lumière de nous, l'amas de la Vierge contient 2 000 galaxies ; plus loin, à 300 millions d'années-lumière, l'amas de Coma en regroupe plus d'un millier. À côté de ces grandes métropoles, nous habitons un village de campagne d'une trentaine de galaxies s'étendant sur quelques dizaines de

millions d'années-lumière. Le village est scindé en deux gros hameaux, autour de la Voie Lactée et d'Andromède.

Nous savons depuis le XVIIe siècle que la lumière se déplace à une vitesse énorme mais finie de 300 000 kilomètres par seconde. En observant de plus en plus loin dans l'espace, nous regardons de plus en plus loin dans le passé. Les amas de galaxies les plus lointains nous informent ainsi sur la géographie aussi bien que sur l'histoire de l'Univers et l'on s'aperçoit aujourd'hui qu'il s'agit de structures jeunes. Bon nombre, comme l'amas de Coma, sont encore en cours de construction.

TAILLES ET DISTANCES

Pour planter le décor de l'Univers, nous avons besoin de trois niveaux de taille, d'histoire et de « fonction » : (i) le monde des galaxies, conséquence directe de la répartition initiale de la matière et des influences contraires de la gravitation et de l'expansion de l'Univers, qui permettent aux « machines étoiles » de fonctionner ; (ii) le monde des étoiles qui non seulement fabriquent les atomes de l'Univers, mais nous apportent aussi chaleur et énergie sur des millions à des milliards d'années ; (iii) le monde des planètes, sous-produits de la formation des étoiles, qui, à l'exemple de la Terre, peuvent abriter la Vie. Les échelles de tailles et de distances sont bien différentes d'un monde à l'autre. À la vitesse de 300 000 kilomètres par seconde, un grain de lumière quittant le Soleil met 8 minutes pour nous atteindre, 4 heures et demie pour arriver sur Neptune, la planète la plus éloignée du Soleil, 4 années pour atteindre l'étoile la plus proche, 100 000 ans pour parcourir la Galaxie, 2 millions d'années pour rejoindre la galaxie voisine d'Andromède et plus de 10 milliards d'années pour rencontrer les galaxies les plus éloignées. Il faudrait la masse d'un million de Terres pour fabriquer un Soleil. Il faut des centaines de milliards de soleils pour fabriquer une galaxie !

Dimensions

Un moyen commode de représenter l'échelle des tailles et des distances dans l'Univers est d'imaginer six cercles. On passe de l'un à l'autre par une série de contractions. Si le premier cercle contient la Terre et la Lune et qu'on le contracte par un facteur 10 000, il devient un point et le cercle précédent englobe alors tout le système solaire. En contractant à nouveau par un facteur 10 000, le système solaire devient un point et le cercle contient les étoiles proches. En contractant toujours d'un facteur 10 000, les étoiles proches tiennent à l'intérieur d'un point et le cercle englobe la Galaxie. En contractant cette fois-ci d'un facteur 40, on obtient le monde des galaxies proches, et en contractant à nouveau d'un facteur 5 000, on obtient tout l'Univers observable où la densité des galaxies dessine une éponge avec de grands trous et des pleins. Les amas de galaxies se forment aux confluents des filaments.

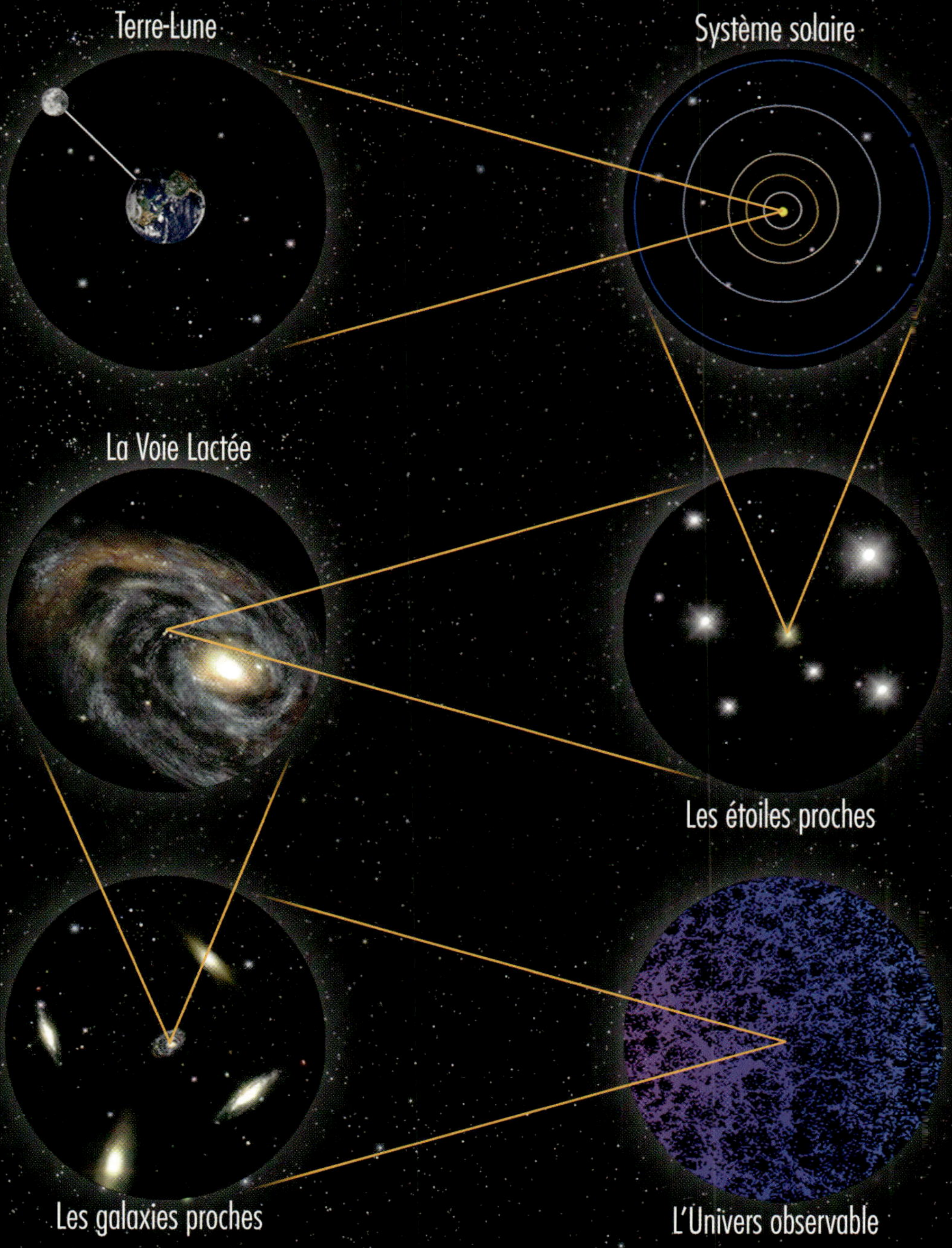

Le système solaire à l'échelle
Uranus
Neptune
Saturne
Jupiter
Venus
Mars
Mercure
Terre

Les étoiles proches
BD+59 1915 A/B
BD+43 44 A/B
61 Cygni A/B
Ross 248
Lalande 21185
GJ 1111
Étoile de Barnard
Wolf 359
Ross 128
Soleil
Ross 154
Luyten 789-6 A/B/C
Procyon A/B
Alpha Centauri A/B
Lyyten 726-8 A/B
BD+5 1668
Tau Ceti
Proxima Centauri
Epsilon Eridani
Sirius A/B
Luyten 725-32
CD-36 15693
15 années-lumière
Epsilon Indi
GJ 1061
Étoile de Kapteyn
Notre Soleil

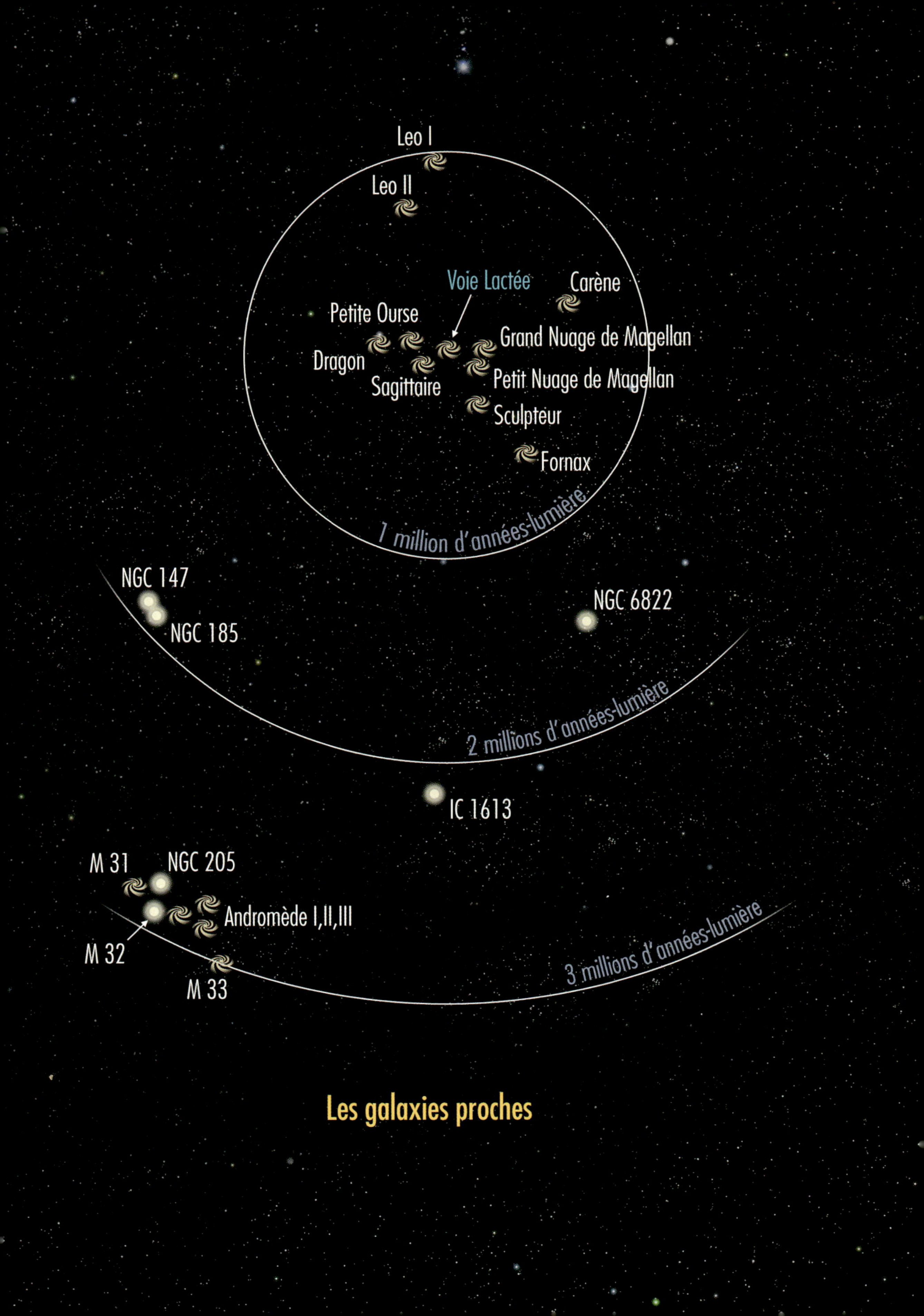

Les galaxies proches

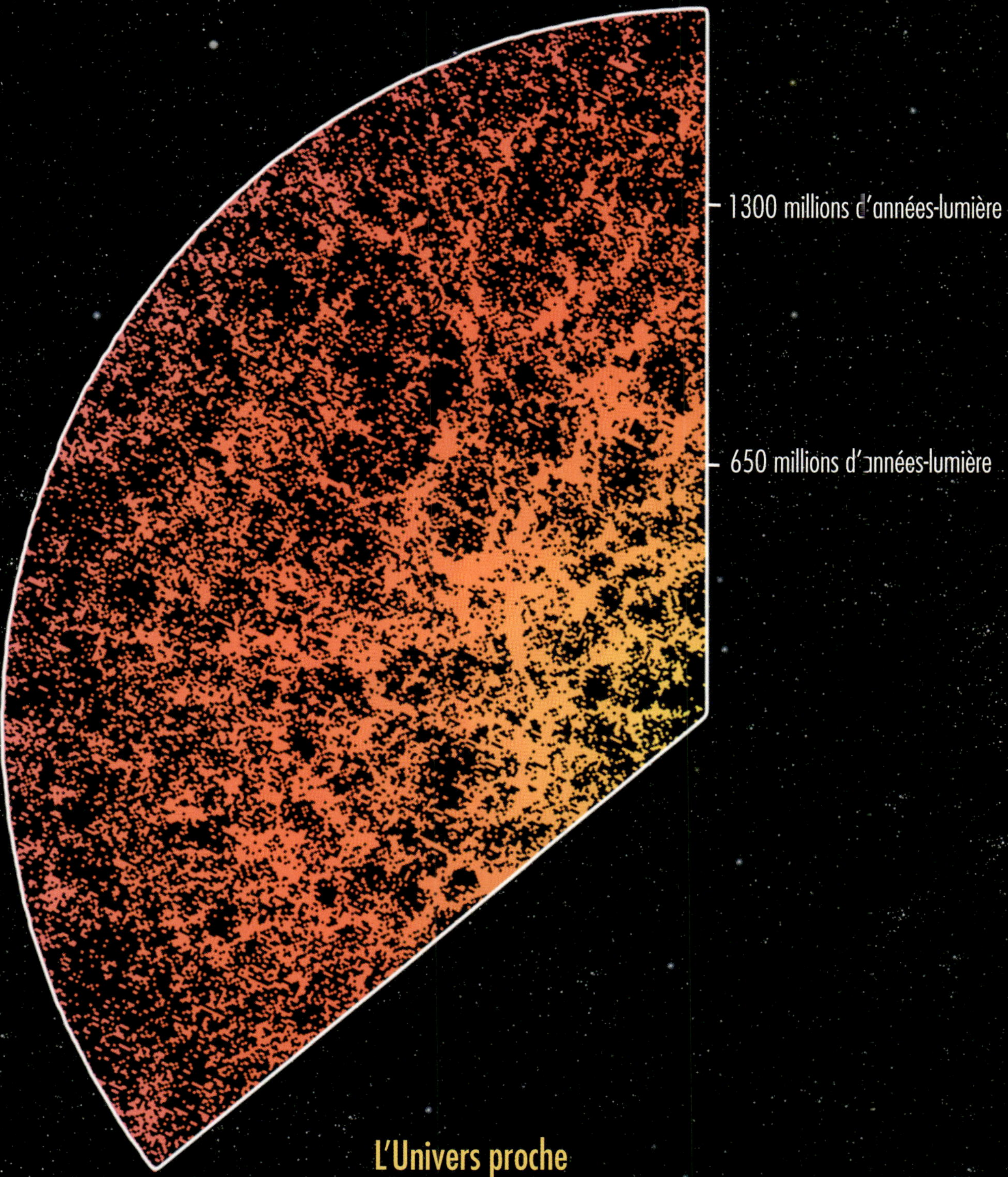

L'Univers proche

Mieux voir… grâce à l'invisible, c'est la prouesse, ô combien féconde, de l'astronomie moderne qui applique à la lettre l'adage de Marcel Proust : « Le véritable voyage de découverte ne consiste pas à chercher de nouveaux paysages, mais à voir avec de nouveaux yeux. »
Mais il faut des yeux de géant, de plus de 8 mètres de diamètre, pour explorer l'Univers au-delà de la banlieue de la Voie Lactée. Il faut surtout voir les couleurs de l'Univers au-delà de celles de l'arc-en-ciel, ces couleurs que nos rétines ne peuvent percevoir et qu'il faut aller cueillir au-delà de l'atmosphère. Tel un auditeur presque sourd au début d'un concert et qui aurait brutalement retrouvé l'ouïe, nous pouvons maintenant apprécier la symphonie du ciel.

« Je n'ai qu'une passion, celle de la lumière… »

Émile Zola (1840-1902),
La Vérité en marche

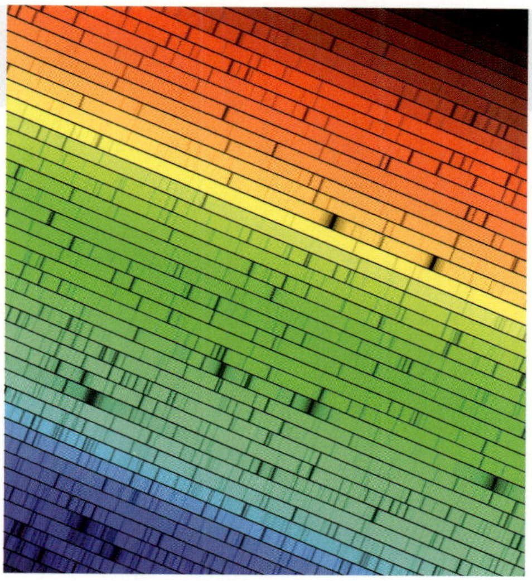

Chapitre 2

LES COULEURS DE L'UNIVERS

Histoires de photons voyageurs

« C'est la nuit qu'il est beau de croire à la lumière. »

Edmond Rostand (1868-1918),
Chantecler

Il est fréquent d'entendre dire : « J'y croirai quand je l'aurai vu. » L'astronome répond : « J'y croirai quand je l'aurai mesuré. » Les sens que nous avons développés pour survivre à la surface de la Terre sont inadaptés pour saisir l'Univers dans sa globalité. Seule la vue est utile. Les astronomes ont rapidement compris qu'en déchiffrant les messages de la lumière des étoiles, ils pourraient explorer le monde céleste sans se déplacer. De plus, la vue ne perçoit qu'une infime partie des couleurs de la lumière. Quelle intelligence et quelle imagination ont été dépensées pour inventer les outils et les méthodes permettant de sonder l'Univers visible et invisible ! Même si la nature profonde de la lumière reste une énigme, l'analyse des messages des étoiles et des galaxies commence à porter ses fruits.

QU'EST-CE QUE LA LUMIÈRE ?

Dès l'enfance, notre perception du monde extérieur s'appuie avant tout sur la lumière ; d'ailleurs le mot « lumière » est une métaphore de la connaissance et de la vérité. Pour les poètes et les peintres, elle symbolise la pureté et la beauté. Elle joue un rôle essentiel dans nos vies : la Terre est chauffée par la lumière du Soleil, l'énergie, la pluie, le vent, la croissance des plantes, nos mouvements... En un mot l'essentiel de l'activité sur Terre résulte de l'action de la lumière.

La nature de la lumière est longtemps restée un mystère. Son origine, sa séparation des ténèbres et ses propriétés ont fait l'objet de toutes les hypothèses. De même, les explications rationnelles ou théologiques se sont multipliées pour comprendre les arcs-en-ciel, les éclairs, les mirages, les images inversées dans un miroir ou encore la déformation apparente des bâtons plongés dans l'eau. La manière dont on a petit à petit « fait la lumière » est très instructive.

Les philosophes grecs comme Euclide et Ptolémée pensaient que les yeux émettaient des rayons lumineux pour éclairer les objets et les voir, une « ligne de feu » sortant de l'œil, disait Archytas de Tarente (–430, –348). En celà, ils avaient imaginé les radars modernes qui émettent un rayon et captent sa réflexion sur un objet éloigné. C'est parce qu'il vous irradiait ainsi qu'on pouvait dire de quelqu'un qu'il avait le bon ou le mauvais œil. Par contre, Aristote (–384, –322) pensait que le Soleil était la seule source de lumière et que celle-ci était une altération du milieu dans lequel baignaient tous les corps (le diaphane). Galien (129-199) imagina aussi une sorte de vibration pneumatique. Lucrèce (–98, –54), de son côté, avait supposé que les objets étaient recouverts de corpuscules imperceptibles qui pouvaient se détacher et venir frapper les yeux. Aux mêmes époques, les Chinois développaient l'étude des sources de lumière et des miroirs courbes en supposant des rayons lumineux rectilignes. Il fallut attendre le Moyen Âge pour admettre que la lumière avait une existence propre à partir de l'observation des ombres ou des miroirs. Ibn Khaytam, dit Alhazen (965-1039), remarquait que c'était le seul moyen d'expliquer pourquoi il était douloureux de regarder le Soleil et pourquoi on percevait des lumières intenses les paupières fermées. Au XIIIe siècle, on découvrit que les lentilles de verre convexes corrigeaient la presbytie. Certains étaient prêts à payer fort cher pour retrouver une bonne vue, et l'art d'ajuster au patient la bonne lentille resta souvent un secret de fabriquant. La publication en 1558 et 1593 de deux ouvrages à succès de Della Porta sur les lentilles conduisit Hans Lippershey en Hollande, Galilée en Italie et d'autres à concevoir et à fabriquer une lunette adjoignant deux lentilles pour grossir une image. Galilée fabriqua son premier exemplaire en 1609 avec un faible grossissement de 3 qui fut rapidement amélioré à 10. Les applications militaires furent immédiates et pallièrent ses difficultés financières. Mais il ne devait pas soupçonner l'impressionnante moisson de découvertes qui l'attendait en tournant sa lunette vers le ciel en juillet 1610. Il fit brutalement reculer les limites du monde en annonçant quatre satellites autour de Jupiter et de nouvelles étoiles dans Orion ; il fit vaciller les dogmes aristotéliciens d'une Église jusqu'alors toute-puissante en révélant les imperfections de la Lune (montagnes) et du Soleil (taches). Sévèrement condamné en 1633 et sa vie brisée jusqu'à sa mort, il n'a été réhabilité qu'en 1992, soit 359 ans plus tard !

De quoi est constituée la lumière ? Pour obtenir ses lois sur la réflexion et la réfraction, Descartes a invoqué des corpuscules qui rebondissent sur un miroir comme des balles sur un mur et dont la vitesse change en changeant de milieu. Newton a repris cette idée et développé un modèle de corpuscules colorés pour expliquer la lumière solaire. Un rayon de lumière serait une pluie de grains lumineux. Mais, à la même époque, Christiaan Huygens observait les ondes à la surface de l'eau et développait un modèle d'onde pour interpréter les lois de l'optique. Onde ou grain, « la durée du trajet d'un rayon lumineux est toujours minimale », démontra Pierre de Fermat (1601-1665), mais cela ne résolvait pas le dilemme. Seule une onde pouvait passer par deux trous à la fois et expliquer l'image cohérente de franges sombres et brillantes sur un écran éclairé à travers deux fentes (Thomas Young, 1801). Seule une onde rendait également compte de la diffraction de la lumière par des objets très fins. La théorie ondulatoire de la lumière fut mise sur pied par Fresnel et achevée par Maxwell. Ses quatre équations résument les propriétés de l'électromagnétisme et ont d'innombrables applications dans le monde moderne. Pourtant, Einstein montrait en 1905 que seuls des corpuscules lumineux d'énergie bien déterminée, les photons, pouvaient arracher des électrons à certains métaux. Grain ou vibration ? Le débat vieux de trois siècles restait entier... à moins d'admettre les deux : la lumière est à la fois onde et pluie de photons. En 1925, Louis de Broglie proposa inversement de jumeler toute particule de matière (proton, électron, etc.) à une onde. La fréquence de l'onde est liée à l'énergie de la particule associée. C'est ainsi que les « ondes » électrons éclairent une cellule dans un microscope électronique.

Cette dualité est bien dérangeante. La lumière semble se comporter comme ces travestis du bois de Boulogne qui sont hommes le jour et femmes la nuit ! L'explication unique nous échappe encore, même si chaque aspect permet d'appréhender avec précision une partie du phénomène et rend de grands services. Il suffit de citer tous les détecteurs de lumière du monde moderne, lunettes, télescopes, microscopes, caméras, scanners, radios, etc., ou les différents émetteurs de lumière, des lasers aux fours à micro-ondes, pour s'en convaincre. Un modèle ne décrit pas toujours fidèlement la réalité, mais c'est un outil bien commode. Dans le cas de la lumière, nous avons deux outils complémentaires à notre disposition.

Les scientifiques se sont longtemps demandé à quelle vitesse allait la lumière. Galilée a tenté sans succès cette mesure en faisant des signaux lumineux avec un feu et un drap sur une colline des environs de Florence. La vitesse était si grande que toutes les tentatives ont échoué tant qu'on n'a pas utilisé des distances astronomiques. À Paris, en 1676, Ole Römer tira parti des variations de distance entre la Terre et Jupiter, et de la disparition des satellites de Jupiter derrière la planète pour mesurer une valeur de vitesse très proche de celle admise aujourd'hui qui vaut

Ombre et réflexion

Les rayons lumineux qui percent à travers les arbres de la forêt vont bien en ligne droite. La photographie de Maëlle sur une plage bretonne démontre que la lumière a une existence propre alors qu'on a cru jusqu'au Moyen Âge que les rayons lumineux sortaient des yeux : le regard de Maëlle et la lumière réfléchie sur le sable donnent la direction du photographe tandis que l'ombre projetée au sol montre que le Soleil était plus à droite.

299 792,458 kilomètres par seconde. Ce chiffre semble énorme, mais, à l'échelle de l'Univers, la lumière se traîne comme un escargot qui flâne.

QUE NOUS APPREND LA LUMIÈRE ?

Attraper des photons voyageurs et les analyser nous permet, sans quitter notre fauteuil, de faire du tourisme cosmique. Il existe de nombreux moyens d'émettre de la lumière. Tout objet chaud, par exemple, est lumineux. Un enfant en bas âge se gardera de poser la main sur un morceau de fer ou de charbon incandescent, car la lumière et la couleur l'informent immédiatement du danger. Au niveau microscopique, dès qu'un électron change d'orbite pour se rapprocher du noyau de son atome, il émet un grain de lumière d'énergie caractéristique. Il en est de même si les protons à l'intérieur du noyau décident aussi de « changer d'orbite ». Les électrons et les noyaux en liberté dans les grands nuages interstellaires peuvent aussi briller. Il suffit qu'ils prennent un virage en passant près d'un confrère ou qu'ils fassent des loopings dans un champ magnétique. En fait, toute particule chargée électriquement va émettre un photon dès qu'elle subira une quelconque accélération. Matière et antimatière s'annihilent également dans un flash lumineux. Les processus d'émission de la lumière sont multiples et possèdent chacun une signature bien particulière que le physicien identifie pour remonter à la quantité de particules émettrices et aux conditions dans lesquelles elles vivent comme la température, la densité volumique, la pression, la composition chimique parmi d'autres.

La lumière transporte de l'énergie, il suffit de jouer les marmottes au soleil pour s'en souvenir. On peut donc remonter au bilan d'énergie qu'un astre dissipe autour de lui en mesurant la quantité de lumière qui parvient à la Terre et en connaissant sa distance. Ce dernier paramètre est important puisqu'il est évident qu'un lampadaire tout proche éclaire bien mieux le trou de serrure que vous êtes en train de chercher que la lampe du bout de la rue. La lumière a également une couleur dominante qui peut changer lorsqu'elle interagit avec la matière. Le Soleil paraît jaune car cette couleur dépasse en intensité les autres couleurs de l'arc-en-ciel qu'il nous envoie. Pourtant, un beau ciel d'azur nous transmet principalement les rayons solaires bleus et le même ciel, quelques heures plus tard, nous offre un coucher de soleil rouge sang. La lumière peut donc nous informer sur la nature et l'état du matériau émetteur aussi bien que sur la matière qu'elle a traversée. Chaque couleur a une énergie spécifique et l'énergie totale véhiculée par la lumière, ou absorbée sur sa route, dépend de l'intensité de chaque couleur.

AU-DELÀ DE L'ARC-EN-CIEL

Newton, en faisant passer de la lumière solaire à travers un prisme de verre, a découvert qu'elle se décomposait en rayons de toutes les couleurs de l'arc-en-ciel. C'est ce qui arrive pendant un orage où les gouttes de pluie forment des millions de petits prismes qui dansent dans les rayons du soleil. Deux idées viennent alors spontanément à l'esprit : nous pouvons isoler certaines couleurs comme nous pouvons extraire les sons de certains instruments d'un orchestre et nous pouvons

Le véritable arc-en-ciel

Nos yeux ne peuvent voir qu'une infime partie de la lumière entre le rouge et le bleu. Au-delà des couleurs de l'arc-en-ciel existent beaucoup d'autres couleurs aux noms beaucoup moins poétiques, mais tout aussi utiles pour étudier les astres, car chaque couleur transporte une énergie différente. Un photon de couleur radio emporte des milliards de milliards de fois moins d'énergie qu'un photon de couleur γ. Le génie des astronomes a été de regarder les étoiles dans toutes les couleurs en inventant des instruments adaptés.

aussi étendre les couleurs de l'arc-en-ciel au-delà du bleu ou en deçà du rouge, même si nos yeux n'y sont pas sensibles. Dans un orchestre, ces couleurs invisibles correspondraient aux infrasons et aux ultrasons. C'est à partir de ces deux idées que l'astronomie a fait tant de progrès au cours des dernières décennies.

Le monde qui nous entoure est multicolore. Nous voyons les feuilles des arbres vertes, les troncs marron, le ciel bleu ou gris, le sang rouge, les tournesols jaunes. Les couleurs nous renseignent immédiatement sur les objets que nous regardons et n'en percevoir que certaines, comme les daltoniens, est handicapant. La vision s'est développée autour des couleurs de l'arc-en-ciel d'une part parce que le Soleil (et les étoiles) rayonnent l'essentiel de leur énergie dans ce domaine et, d'autre part, parce que l'atmosphère est transparente à ces lumières. La façon dont les rayons sont absorbés ou réfléchis par les objets qui nous entourent permet de détecter leur présence et aussi, par exemple, d'éviter les prédateurs et attraper les proies.

Chaque espèce a d'ailleurs développé une sensibilité particulière aux couleurs selon ses besoins. Certains reptiles ont une vision beaucoup plus étendue, à la fois dans l'ultraviolet et l'infrarouge, que l'homme. Les serpents ont des capteurs infrarouges sous les yeux pour détecter les souris. Les oiseaux et les abeilles voient très bien dans le bleu et l'ultraviolet, et la beauté du plumage chatoyant que vous percevez n'a que peu à voir avec les véritables critères esthétiques de l'oiseau qui perçoit des couleurs ultraviolettes qui vous sont inconnues. Les goûts et les couleurs !

Les couleurs invisibles ont été baptisées au gré des découvertes, sans parfois soupçonner immédiatement la nature lumineuse du phénomène. C'est ainsi qu'en

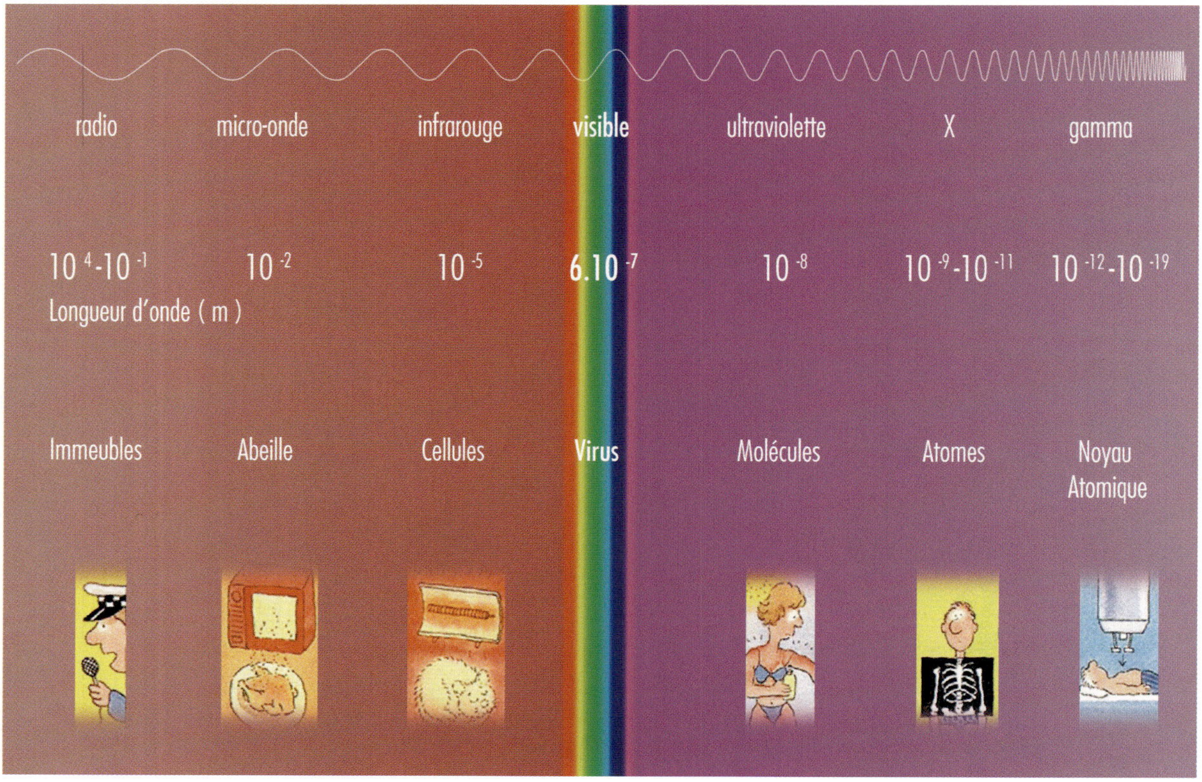

La lumière invisible

De nombreux actes de la vie quotidienne utilisent les lumières invisibles, soit parce qu'elles transportent des énergies différentes (la lumière radio transporte bien moins d'énergie que la lumière γ), soit parce qu'elles interagissent différemment avec la matière. La longueur d'onde de la lumière radio, de la taille d'un meuble ou d'un immeuble, lui permet de traverser les murs sans difficulté ; celle des rayons infrarouges, proche du micron, permet de voir dans le brouillard et la longueur d'onde de la lumière X correspond à la taille d'un atome.

deçà du rouge, on trouve successivement l'infrarouge, le micro-onde, le millimétrique et la radio, alors qu'au-delà du bleu, on rencontre l'ultraviolet, les rayons X et γ. Suivant la façon dont on les capte et par habitude, on parlera plus facilement d'*onde* radio, de *lumière* verte, de *photon* X ou de *rayon* γ, mais il s'agit bien des mêmes lumières à des couleurs différentes. Toutes nous sont familières et circulent en permanence autour de nous. Les téléphones portables et les postes de télévision captent la lumière radio. Les télécommandes envoient de la lumière infrarouge. On éclaire un patient à l'hôpital en lumière X pour sonder son squelette et en lumière γ pour brûler une tumeur. Le corps se réchauffe sous une lampe infrarouge en sortant de la douche ou à la terrasse des cafés en hiver, et la peau bronze sous les lampes ultraviolettes.

D'AUTRES FENÊTRES SUR L'UNIVERS

Notre compréhension de l'Univers s'est appuyée sur la seule partie visible de la lumière jusqu'à ce qu'on soit capable de lancer des détecteurs au-delà de l'atmosphère terrestre, car celle-ci absorbe toutes les lumières hormis les couleurs visibles et radio. Il est heureux qu'elle serve de bouclier protecteur aux rayonnements les plus énergétiques sinon les molécules biologiques n'auraient pu y résister et la Vie aurait été impossible sur Terre. Mais les autres couleurs transportent une information précieuse qu'il faut capter et décrypter pour avoir une image plus complète du comportement des astres.

L'accès à ces lumières invisibles explique la révolution que nous connaissons aujourd'hui. Nous découvrons le monde comme un enfant né avec des lunettes vertes à qui on viendrait de les retirer. Pour lui, les feuilles des arbres resplendissaient, mais pas les troncs ; seules les voitures vertes circulaient dans les rues et s'arrêtaient dès que les feux « tricolores » s'éteignaient. Du jour au lendemain, il se trouve immergé dans un monde regorgeant d'informations. Nous pouvons aussi comparer notre situation à celle d'un mélomane dont les tympans ne réagissent qu'à une seule note ou presque. S'il s'agit de celle jouée par le triangle trois fois dans la soirée, il doit s'ennuyer fermement pendant un concert ! Imaginons qu'il soit brutalement guéri. Il pourrait alors goûter le son de tous les instruments de l'orchestre. C'est exactement ce qui arrive en ce moment aux astronomes : ils peuvent enfin écouter la symphonie de l'Univers et elle est beaucoup plus belle que tout ce qu'avaient imaginé nos ancêtres !

Pour illustrer la démarche actuelle, imaginons une tribu de Pygmées aveugles et très intelligents qui ont particulièrement développé tous leurs sens et connaissent bien la forêt, sauf quelques animaux encore mystérieux. C'est le cas de l'éléphant. Ils décident d'envoyer une expédition pour l'étudier. Chaque explorateur parvient à toucher un éléphant, qui du sol, qui depuis un arbre, et revient au village pour décrire ce qu'il a rencontré. « C'est un gros tuyau souple et flexible qui souffle », dit l'un. « C'est une peau tendue, rêche et ridée », dit l'autre. « C'est une peau souple et mobile qui brasse l'air », dit le troisième. « C'est un pilier rigide et rugueux », dit le quatrième. « C'est une liane mince et mobile qui siffle dans l'air », dit le cinquième... Chacun décrit un animal différent de celui des autres. Ils avaient tous raison, mais chacun n'a qu'une idée partielle de l'animal. Le premier avait touché la trompe, le second le ventre, le troisième une oreille, le quatrième une patte, le

cinquième la queue. La somme de toutes leurs observations pouvait leur donner une bonne idée d'un éléphant. C'est exactement le travail actuel des astronomes. Chaque couleur de lumière révèle un aspect des astres et il faut assembler le puzzle pour appréhender un objet dans son ensemble.

Mieux voir en couleurs

Décomposer le tableau de Kandinsky en différentes couleurs fait ressortir des éléments particuliers. Le vert souligne la coque du bateau et le ciel enflammé, le rouge fait ressortir le village, le petit bateau, le mât du grand bateau et les reflets sur l'eau. Le bleu montre la colline au loin. De même, observer un astre en différentes couleurs fait ressortir des traits différents.

◀ La chenille et l'orchestre

Distinguer une chenille sur une branche si on n'est sensible qu'au rouge demande beaucoup d'imagination. De même, nous perdrions l'essentiel d'un concert en n'entendant que quelques notes ou un seul instrument.

LES FAUSSES COULEURS

Pour représenter les images en couleur invisible, nous leur affectons arbitrairement des couleurs que nos yeux peuvent saisir. Puisque le cerveau a l'habitude d'interpréter les images visibles comme une somme d'images de couleurs variées, il est utile de recomposer une image en « fausses couleurs » à partir de celles prises en couleurs invisibles. C'est un excellent moyen de rendre visible l'invisible. Le mélange des couleurs plus ou moins énergétiques, plus « rouges » ou plus « bleues », permet d'accentuer des nuances plus difficiles à voir sur les images individuelles posées côte à côte.

Inversement, il peut être utile de supprimer des couleurs dans une image multicolore, visible ou invisible, pour mieux cerner un phénomène particulier. En éliminant par exemple le vert d'une photographie de verger, on peut faire apparaître clairement les fruits rouges des arbres. C'est une technique bien connue des dictatures qui « effacent » les personnages en disgrâce des photographies officielles. En astronomie, il ne s'agit pas de travestir le réel, mais de comprendre ce qui se passe en retirant les voiles inutiles. On peut dire que les astronomes trichent pour être plus près de la réalité !

Tricher avec la réalité

Sur la photographie de droite montrant Lénine entouré de sympathisants, Trotski et d'autres personnages en disgrâce auprès de Staline ont été effacés de l'original à gauche.

Galaxie en couleurs surnaturelles

Chaque lumière (ultraviolette, bleue, verte, jaune, rouge, infrarouge) en provenance du cœur de la galaxie NGC 1512 apporte une information particulière et la somme recomposée fait ressortir le fait que les étoiles jeunes, plus bleues, se forment dans un anneau autour des vieilles étoiles jaunes du cœur.

LES COULEURS DE LA CHALEUR

Tout matériau ayant une quelconque température émet de la lumière, une lumière d'autant plus intense et énergétique que le corps est chaud. Vous n'avez pas l'impression de sortir des glaçons lumineux du congélateur, pourtant ils rayonnent de la lumière micro-onde et infrarouge. Notre corps, un peu plus chaud que le glaçon, rayonne beaucoup plus de lumière, un petit peu plus « bleue », mais il faut une caméra infrarouge pour l'apprécier. C'est ainsi qu'on peut vous voir en pleine nuit. Un morceau de fer, de verre ou une roche ne paraissent pas intrinsèquement lumineux lorsqu'ils sont à la température de la pièce car ils rayonnent en infrarouge, mais ils se mettent à briller dans le visible lorsqu'ils sont portés « au rouge » puis « chauffés à blanc » (on devrait dire « chauffés à bleu »), c'est-à-dire quand ils atteignent quelques milliers de degrés comme la lave d'un volcan ou le bout d'une cigarette.

C'est pourquoi l'on peut dire sans calcul ni thermomètre que les étoiles rouges comme Bételgeuse ou Antarès ont une atmosphère à 3 000 °C et les belles bleues comme Sirius ou Rigel sont plutôt à 25 000 °C. Nous parlons ici bien entendu non de

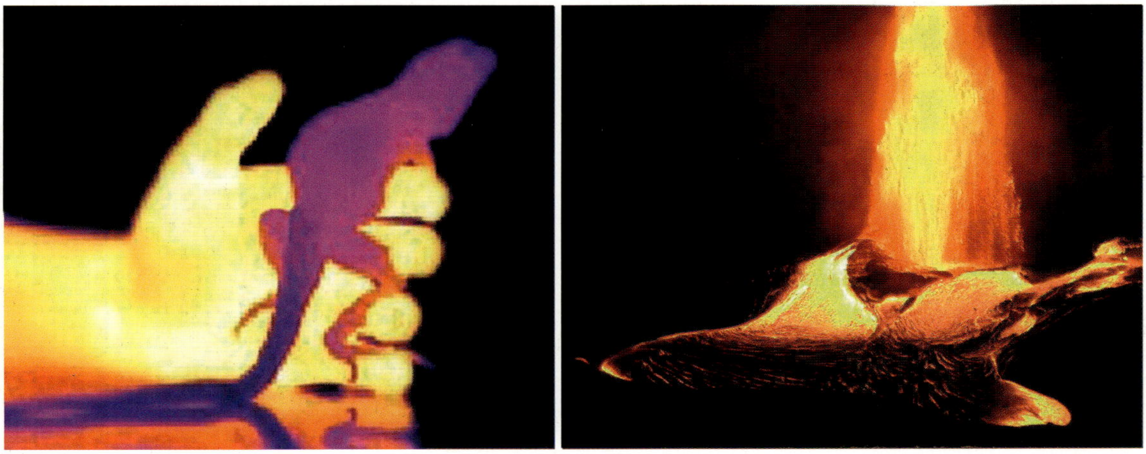

Lumières de la chaleur

Le lézard, à sang froid, se met à la température de la pièce et rayonne un peu moins en infrarouge que la main qui le tient à 37 °C. Il a visiblement profité de l'expérience pour se réchauffer un peu les pattes au contact de la main ! La lave brûlante sort en jaune vers 6 000 °C de la cheminée du volcan. Elle refroidit en rouge dans la coulée et finit de refroidir en infrarouge invisible dans la partie grise.

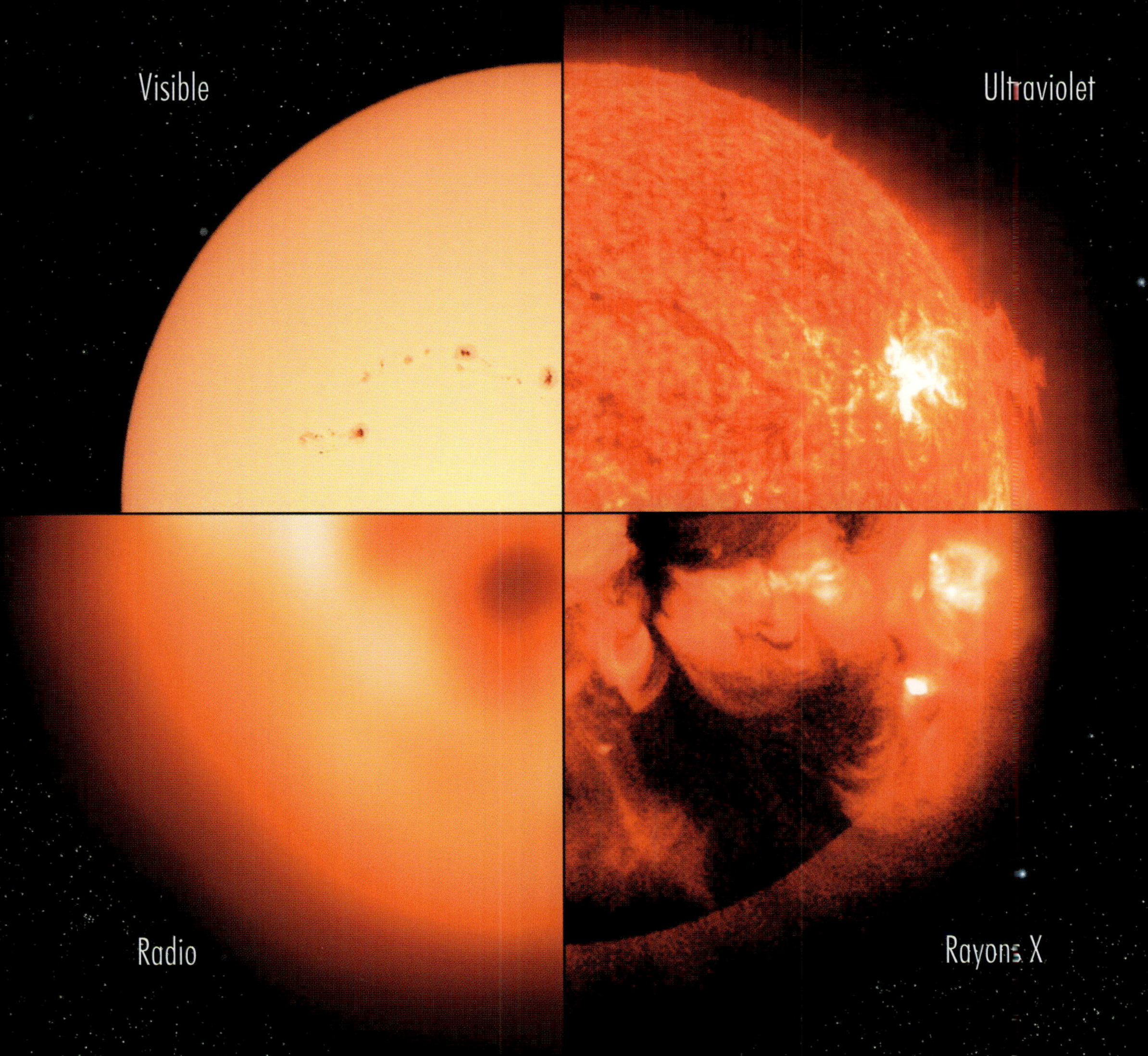

La chaleur du Soleil

Le Soleil est une boule de gaz dont la température varie du centre au bord. L'image visible nous montre la photosphère, c'est-à-dire la région d'où s'échappent les photons de couleur visible. Elle est à une température de 5 700 °C et brille surtout dans le jaune. Les images ultraviolettes et X montrent l'atmosphère externe, agitée et surchauffée jusqu'à plusieurs millions de degrés par les éruptions géantes. L'image radio n'est pas liée à la température du gaz. Elle montre les électrons en train de faire des loopings dans les champs magnétiques des éruptions.

l'intérieur des étoiles mais de leur atmosphère. Au centre règnent des températures supérieures à dix millions de degrés indispensables aux réactions thermonucléaires. Nous ne pouvons pas voir directement le centre des étoiles, ce qui ne nous empêche pas de comprendre ce qui s'y passe, grâce aux ondes sismiques qui accompagnent leurs tremblements et frémissements, et aux neutrinos qui s'échappent facilement de leur cœur nucléaire. Avec une température d'atmosphère de 5 700 °C, le Soleil est de couleur jaune, ce n'est donc pas un hasard si la vision est sensible aux lumières proches de cette couleur.

Les étoiles massives vivent moins longtemps car elles sont très chaudes, donc très actives en termes de combustion nucléaire, et brûlent leur hydrogène plus rapidement. Plus chaudes à l'intérieur comme à l'extérieur que les étoiles plus modestes, elles apparaissent très brillantes et bleues par contraste avec les autres, jaunes ou rouges, qui vivent beaucoup plus longtemps. Il est ainsi facile de distinguer dans une galaxie les régions de formation récente d'étoiles, très bleues, des sites plus anciens riches en étoiles orangées.

Le rayonnement infrarouge nous délivre des informations uniques sur les régions et les astres froids de l'Univers comme le milieu interstellaire, les premiers pas de la formation des étoiles, et les disques de gaz et de poussières qui les entourent ensuite pour donner naissance aux planètes. Le rayonnement millimétrique nous permet aussi de mesurer le rayonnement fossile, ultime vestige des premiers instants très chauds de l'Univers.

À l'opposé, la lumière X rend compte des gaz surchauffés par toutes sortes de phénomènes violents : éruptions du Soleil ou des étoiles jeunes, violentes explosions d'étoiles, chute de matière sur une étoile très compacte à l'incroyable gravité comme une étoile à neutrons ou, pire, un trou noir. La lumière γ, quant à elle, est trop énergétique pour être produite par des phénomènes thermiques.

Couleurs d'étoiles

La richesse des couleurs stellaires apparaît beaucoup mieux sur les photographies, comme celle de l'amas d'étoiles NGC 290, qu'à l'œil. Ces couleurs traduisent des différences de température.

Spica
Vega Sirius
Procyon
Soleil
Bételgeuse
Arcturus
Chaud, brillant
Froid, faible

Couleurs de galaxies

Les populations d'étoiles vieilles de plusieurs milliards d'années, jaunes et rouges, s'accumulent au centre des galaxies spirales et dominent l'ensemble des galaxies elliptiques, tandis que les jeunes étoiles bleues, âgées de quelques millions d'années, abondent dans les bras spiraux.

NGC 1300

Un tourbillon de couleurs

La galaxie M 51, ou galaxie du tourbillon, peut être comparée en lumières visible (couleurs naturelles) et infrarouge (fausses couleurs, bleue pour l'infrarouge proche du visible et orangée pour l'infrarouge plus lointain). Les différences de couleur entre les deux galaxies sont frappantes. La grande est beaucoup plus bleue, donc encore active en formation d'étoiles. Sa petite compagne est saturée de vieilles étoiles jaunes et rouges. Les nuages de gaz et de poussières dans lesquels les étoiles sont en train de se former marquent les bras spiraux et brillent fortement en infrarouge lointain.

LUMIÈRE ET MATIÈRE

La lumière blanche mélange toutes les couleurs de l'arc-en-ciel. Comme on passe continûment d'une couleur à une autre en changeant graduellement de nuance, on dit que la lumière blanche possède un spectre continu. C'est le cas de la lumière émise par un corps chaud qui contient toutes les couleurs à des doses différentes. Plus la température est forte, plus la couleur dominante se déplace du micro-onde vers les X.

Mais les astronomes ont remarqué dès le XVIIIe siècle la présence de fines bandes noires dans la lumière solaire. Il manque des couleurs très précises et spécifiques, comme si elles ne nous étaient pas parvenues. Après quelques tâtonnements, ils ont compris que ces raies sombres trahissaient la présence d'éléments chimiques sur le trajet des rayons lumineux. Joseph von Fraunhofer fut le premier, en 1814, à observer ces disparitions de lumière et à les attribuer à un phénomène d'absorption par un gaz situé entre la source d'émission et l'observateur. Si on analyse la lumière émise par le même gaz chauffé en laboratoire, on observe le même jeu de couleurs spécifiques. Autrement dit, le gaz froid absorbe exactement les mêmes couleurs que celles qu'il émet quand il est chaud. Regardons au niveau microscopique ce qui se passe.

Toute matière, comme ce livre ou les neurones de votre cerveau, est composée d'atomes qui ressemblent à des systèmes solaires avec des électrons en orbite autour d'un noyau de protons et de neutrons – mais un système miniature, car une simple cuillère à café remplie de liquide contient environ 10^{23} atomes (1 suivi de 23 zéros). Il y a plus d'atomes dans cette cuillère que d'étoiles dans l'Univers ! En fait, l'analogie est parlante mais fausse, car, en tournant autour du noyau, un électron devrait rayonner, perdre de l'énergie et tomber sur le noyau en une fraction de seconde. Pour résoudre ce problème, il faut faire appel à la nature ondulatoire de l'électron et ranger l'onde de chaque électron autour du noyau comme des livres sur les étagères d'une bibliothèque. Chaque étage correspond à une énergie spécifique pour laquelle l'électron est stable. Un livre ne peut pas être entre deux étagères, sinon il tombe, de même les électrons peuvent avoir certaines énergies bien définies, mais ils ne peuvent pas se trouver dans un état intermédiaire. Pour passer d'un niveau à un

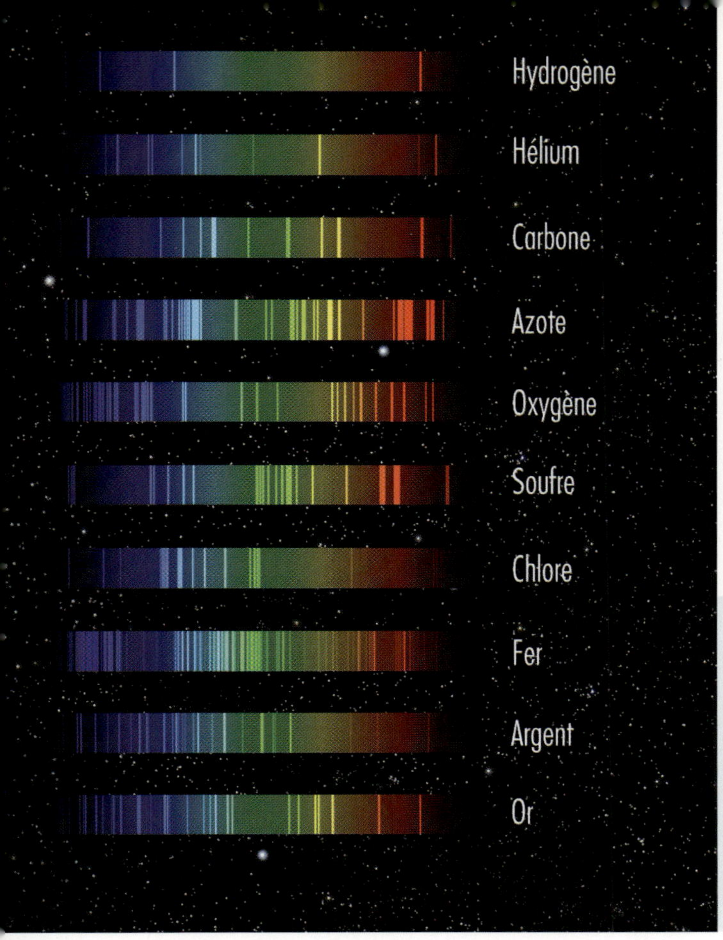

Les empreintes digitales des atomes
Chaque atome a sa signature lumineuse propre qui permet de le reconnaître à distance.

autre plus élevé, un électron absorbe un photon lumineux qui lui apporte l'énergie supplémentaire dont il a besoin pour « grimper » sur une autre étagère. Inversement, quand il « redescend », il rend cette énergie sous forme d'un photon. Dans cette bibliothèque particulièrement riche, chaque atome est unique et caractéristique. On peut donc à distance reconnaître la présence d'un atome aux couleurs des photons qu'il émet ou absorbe lorsque ses électrons changent d'« étagère ».

Quel outil fabuleux qui permet d'analyser la composition de la matière à des milliards d'années-lumière ou dans le brûlant Soleil et d'y retrouver tous les atomes connus sur Terre ! Tous, ou presque. En 1868, au cours d'une éclipse de Soleil, l'astronome français Jules Janssen a observé une raie sombre dans la lumière orangée du Soleil, juste à côté de raies du sodium, une raie qui ne correspondait à aucun atome connu. Cet élément a été plus tard appelé « hélium » du nom grec *hélios*, le Soleil. Il n'a été découvert en laboratoire que vingt-sept ans plus tard par le chimiste britannique William Ramsey. Si rare sur Terre, cet élément est pourtant le second plus abondant de l'Univers, après l'hydrogène. Il sert aussi à gonfler les ballons...

Les couleurs de jeunes atomes

Les bulles de gaz qui s'échappent des étoiles en fin de vie sont enrichies par les atomes fraîchement synthétisés par l'étoile durant sa vie adulte. Les images des filaments de la nébuleuse du Croissant et des grumeaux qui fusent de la nébuleuse de l'Hélice ont été prises dans les couleurs caractéristiques de plusieurs atomes fortement excités par l'intense lumière ultraviolette de l'étoile centrale. Reconstruites en bleu pour l'oxygène, en vert pour l'hydrogène et en rouge pour le soufre et l'azote, ces images montrent de fortes variations d'abondance de ces éléments dans le puissant vent des vieilles étoiles.

La composition d'une nébuleuse

Les images infrarouges de la nébuleuse Henize 206 nous révèlent combien le gaz interstellaire est poussiéreux. L'image plus orangée, à 24 microns de longueur d'onde, montre l'émission thermique de petits grains de poussières d'une taille de l'ordre de quelques microns. Ils brillent loin du visible car ils sont glacés (de –200 à –150 °C) dans les grands espaces interstellaires. L'image plus rosée, à 8 microns de longueur d'onde, nous dévoile la présence d'hydrocarbures polyaromatiques (ou PAH), molécules carbonées très complexes, aux subtiles odeurs, qui pullulent dans les nuages denses d'où elles émettent une lumière infrarouge lorsqu'elles vibrent.

D'AUTRES LUMIÈRES

De très nombreux processus peuvent produire de la lumière en dehors de la chaleur et des émissions atomiques, ils sont quelquefois si complexes qu'il est hors de question de les citer tous. Quelques exemples suffisent à illustrer la diversité des phénomènes observés. Les atomes d'hydrogène, constitués d'un noyau et d'un électron qui tourne autour, émettent une lumière radio à une longueur d'onde spécifique de 21 centimètres quand l'électron renverse son sens de rotation sur lui-même. Ce phénomène n'arrive en moyenne que tous les dix millions d'années pour un atome, mais il y a tellement d'atomes d'hydrogène dans l'Univers qu'on peut se servir de ce rayonnement pour les cartographier dans les grands nuages interstellaires ou intergalactiques. Pour repérer des molécules, on se sert du fait qu'elles produisent de la lumière millimétrique ou infrarouge lorsqu'elles tournent sur elles-mêmes comme des toupies, ou lorsqu'elles se mettent à vibrer sous l'impact d'une consœur ou d'un photon. Les électrons libres arrachés aux noyaux de leurs atomes dans les gaz très chauds émettent de la radio à l'infrarouge lorsqu'ils slalomment entre les noyaux sous l'impulsion des forces électriques. Les électrons encore plus énergétiques accélérés par les explosions d'étoiles ou les jets de matière rayonnent en radio quand ils virevoltent dans un champ magnétique. De nombreuses particules de très haute énergie, baptisées « rayons » cosmiques – bien qu'il ne s'agisse pas de lumière, mais de protons et de noyaux d'hélium –, sillonnent la galaxie en tous sens à des vitesses proches de celle de la lumière. Lorsqu'elles percutent des atomes ou des molécules interstellaires, la collision est si violente qu'elle produit de la lumière γ.

La Terre en technicolor

L'infrarouge permet de suivre les températures sur Terre et la lumière visible le mauvais temps du lendemain ; la lumière ultraviolette solaire se réfléchit en grande partie sur l'atmosphère côté jour, heureusement pour les coups de soleil et les cancers de la peau. La Terre est bombardée en permanence par les particules chargées du vent solaire et des rayons cosmiques de la Voie Lactée. En pénétrant dans l'atmosphère, ils provoquent de superbes aurores boréales très riches en lumière ultraviolette, X et γ qui habillent la Terre de brillants anneaux.

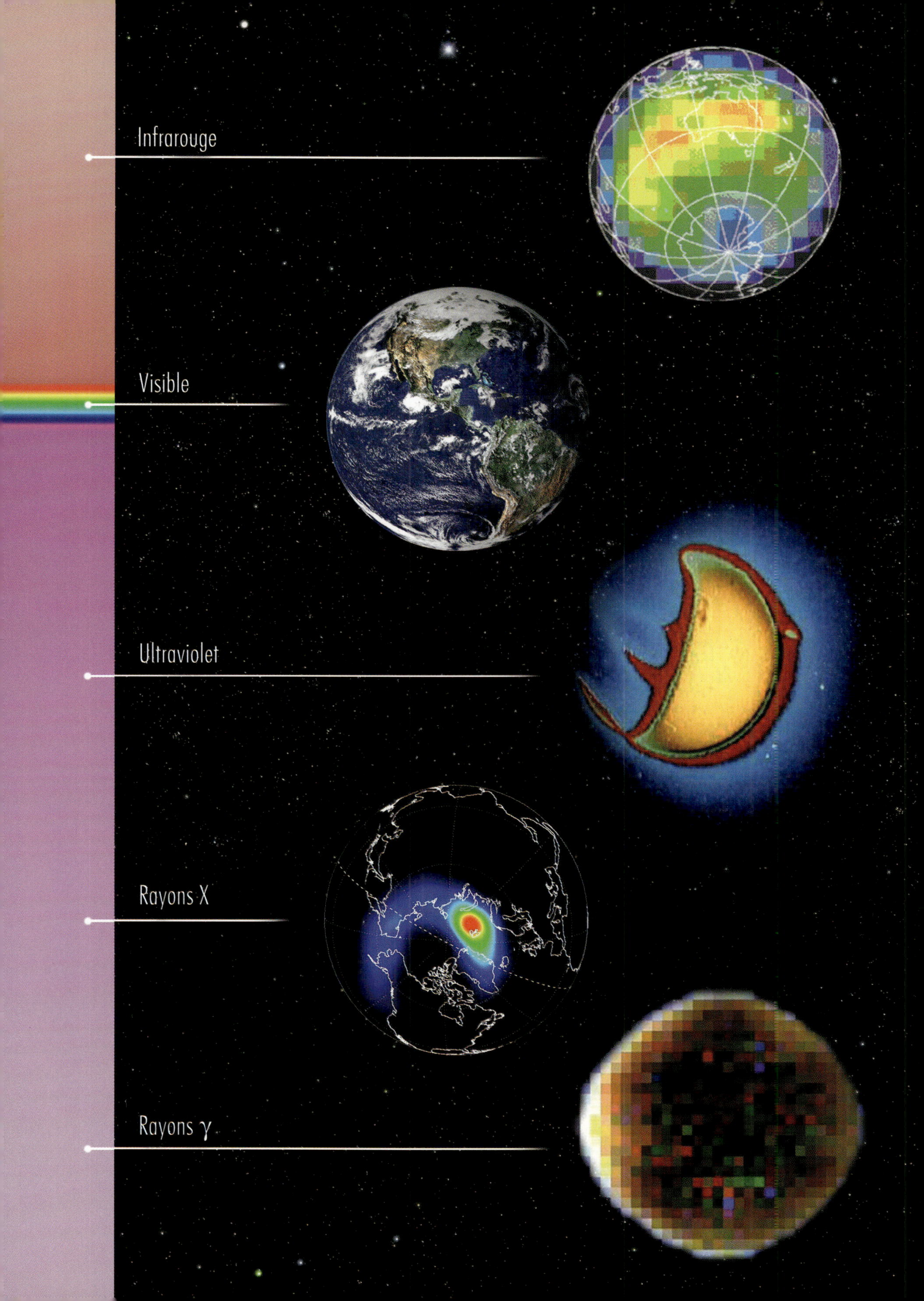
Infrarouge
Visible
Ultraviolet
Rayons X
Rayons γ

LA LUMIÈRE PASSE-MURAILLE

L'Univers est loin d'être partout transparent, la lumière des étoiles doit souvent franchir des monceaux de gaz et de poussières qui en absorbent une proportion variable selon la couleur avant d'atteindre nos télescopes. Mais ce handicap peut se transformer en atout pour sonder les milieux peu lumineux qui s'interposent entre la Terre et des sources brillantes lointaines. On peut également tirer parti des lumières de longueur d'onde plus grande que les dimensions des poussières pour aller regarder ce qui se passe à l'intérieur des zones opaques à la lumière visible. Une lumière bien choisie permet de lever le voile et de jouer les passe-murailles.

À l'inverse, les lumières X et γ ont une longueur d'onde très courte et une énergie énorme qui leur permettent de se faufiler entre les atomes. Les médecins qui visualisent l'intérieur de leurs patients en lumière X en font l'expérience chaque jour.

Relative transparence

La lumière infrarouge émise par le corps chaud de l'opérateur traverse sans difficulté le sac en plastique et sa chemise tandis que la lumière visible ne peut les franchir sans être absorbée. Certains pourraient regretter de ne pas avoir des « yeux infrarouges » pour regarder sous certains voiles !

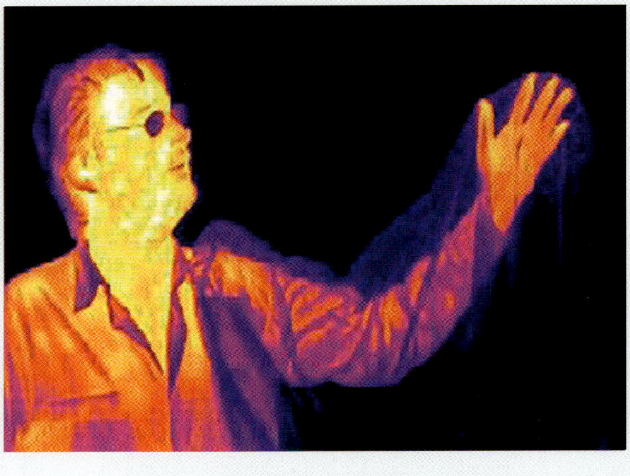

Vers le centre de la Voie Lactée ▶

Les nuages de gaz apparaissent en ombre chinoise sur fond de lumière stellaire car ils regorgent de poussières qui absorbent la lumière visible. Elles nous masquent les étoiles lointaines et nous empêchent de voir les parties centrales de notre Voie Lactée. Par contre, la lumière infrarouge franchit beaucoup plus facilement les barrières poussiéreuses pour nous montrer le bulbe central de la Galaxie.

Percer un cocon de gaz et de poussières

Un nuage totalement opaque en lumière visible, comme celui de Barnard 68 à seulement 410 années-lumière de nous, devient transparent à la lumière infrarouge. Ce nuage est assez dense pour être instable et prêt à s'effondrer sur lui-même pour donner naissance à des étoiles.

Visible

Traverser les voiles des nébuleuses

Les nuages de gaz diffusent la lumière des étoiles voisine qui les éclairent et se teinten de douces nuances pastel lorsque les photons stellaires excitent les électrons de leurs atomes. La lumière infraroug proche permet de voir les étoiles enfouies dans ces nébuleuses (ici NGC 7023) ou qui se cachent derrière.

Infrarouge

Visible

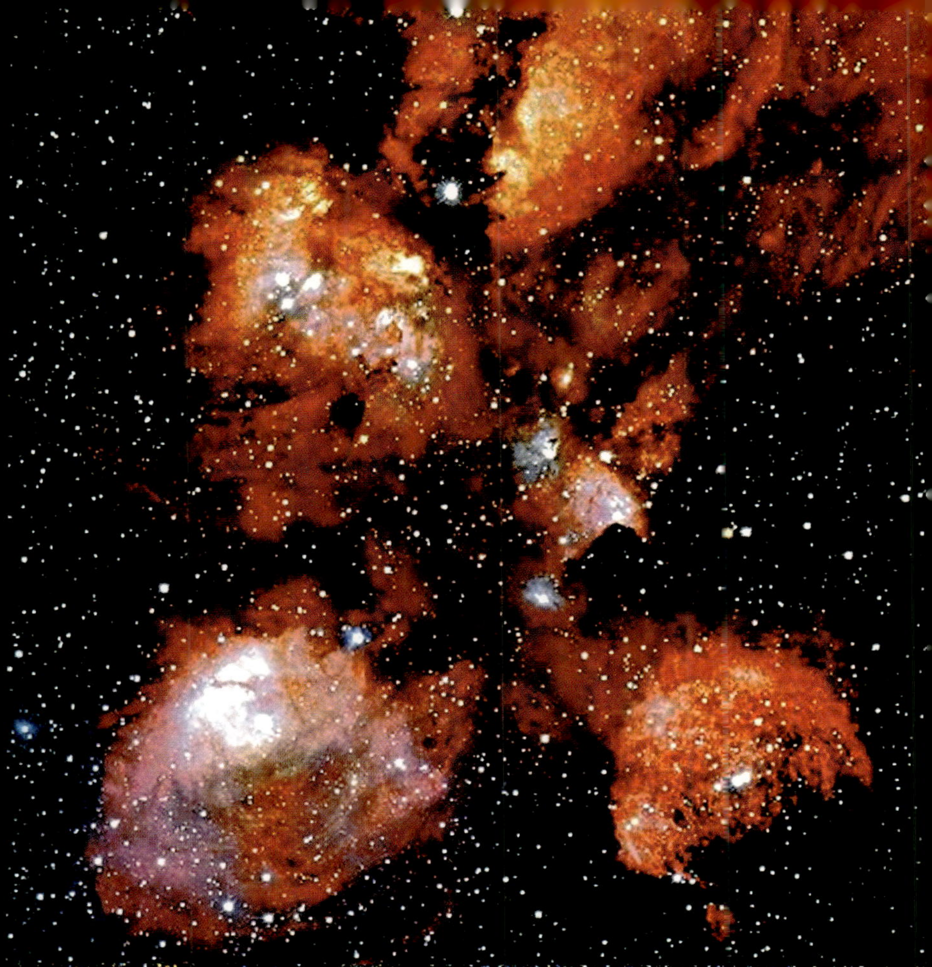

Sous la patte du chat

Le gaz illuminé par les étoiles brillantes ressemble à l'empreinte de la patte d'un chat. Sa couleur rouge rosée est due aux électrons d'hydrogène qui ont été arrachés par la violente lumière ultraviolette des jeunes étoiles bleues et qui se recombinent avec les protons à la première occasion en émettant des photons rouges. Les électrons encore libres forment des bulles en infrarouge (en fausse couleur bleutée), bien centrées sur l'étoile excitatrice. Le coussinet du haut est un site toujours actif de formation d'étoiles. Certaines jeunes étoiles se sont dégagées de leur cocon parent et apparaissent en visible, tandis que l'image infrarouge indique que deux autres groupes sont encore très enfouis.

Infrarouge

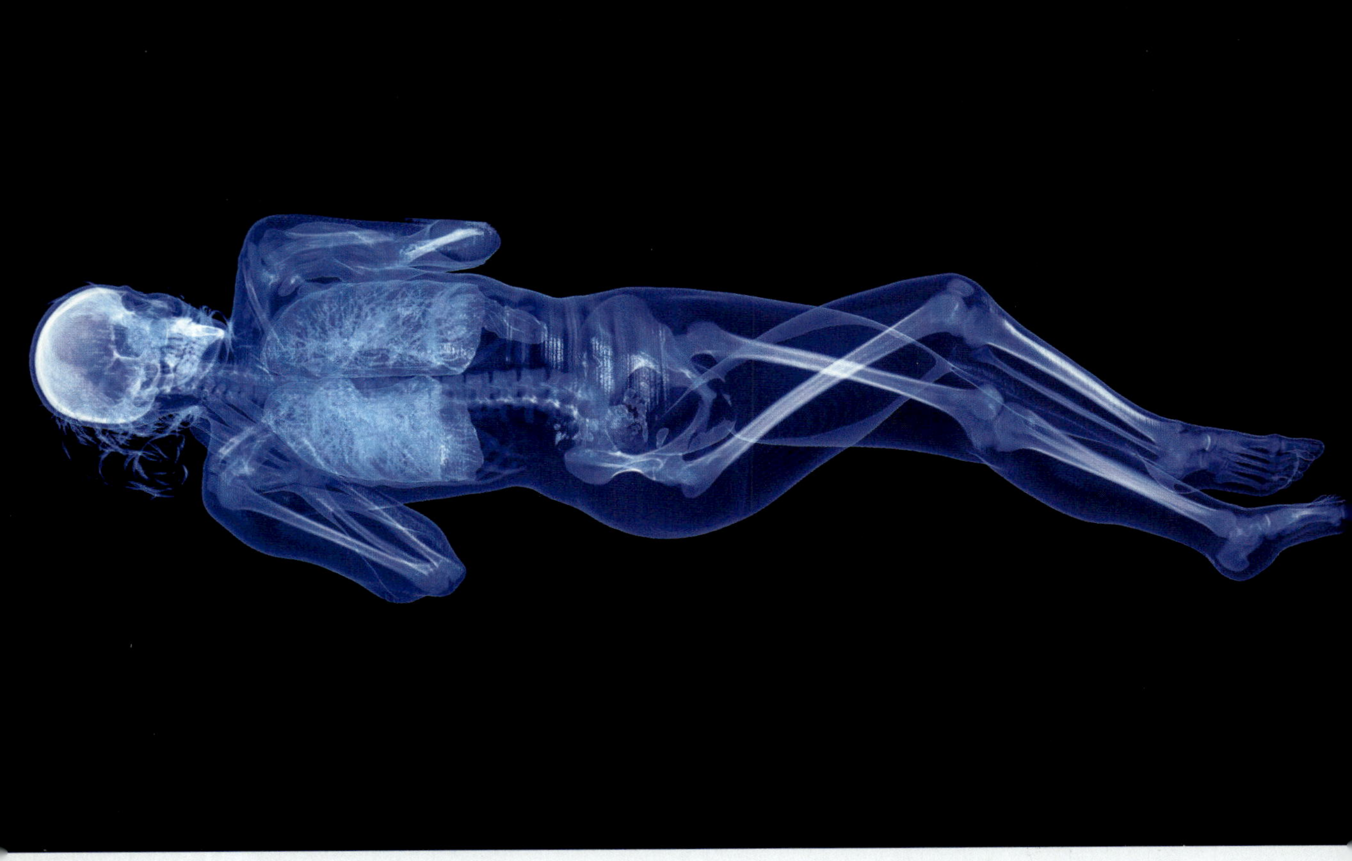

Pénétration à haute énergie

La lumière X se joue d'obstacles infranchissables pour la lumière visible comme le montre cette image de scanner X prise par Rodolphe Gomberg.

Les « étoiles » du ciel γ ▶

Par rapport aux milliers d'étoiles visibles à l'œil nu, on connaît un peu moins de 200 sources de lumière γ de haute énergie qui sont représentées sur cette mappemonde du ciel. Pour beaucoup, l'émission provient des grands trous noirs tapis au plus profond de galaxies très lointaines, mais la lumière γ, très pénétrante, nous parvient sans difficulté pour nous montrer ce qu'ils font.

Le bulbe de la Voie Lactée en rayons X de haute énergie

Les lumières X et γ véhiculent des milliers à des milliers de milliards de fois plus d'énergie que la lumière visible. Capables de traverser sans difficultés les nébuleuses les plus denses, elles nous renseignent sur les phénomènes les plus énergétiques et exotiques de la Voie Lactée comme le cannibalisme des étoiles effondrées et les trous noirs qui apparaissent comme les points « roses » lumineux superposés sur la carte en lumière visible.

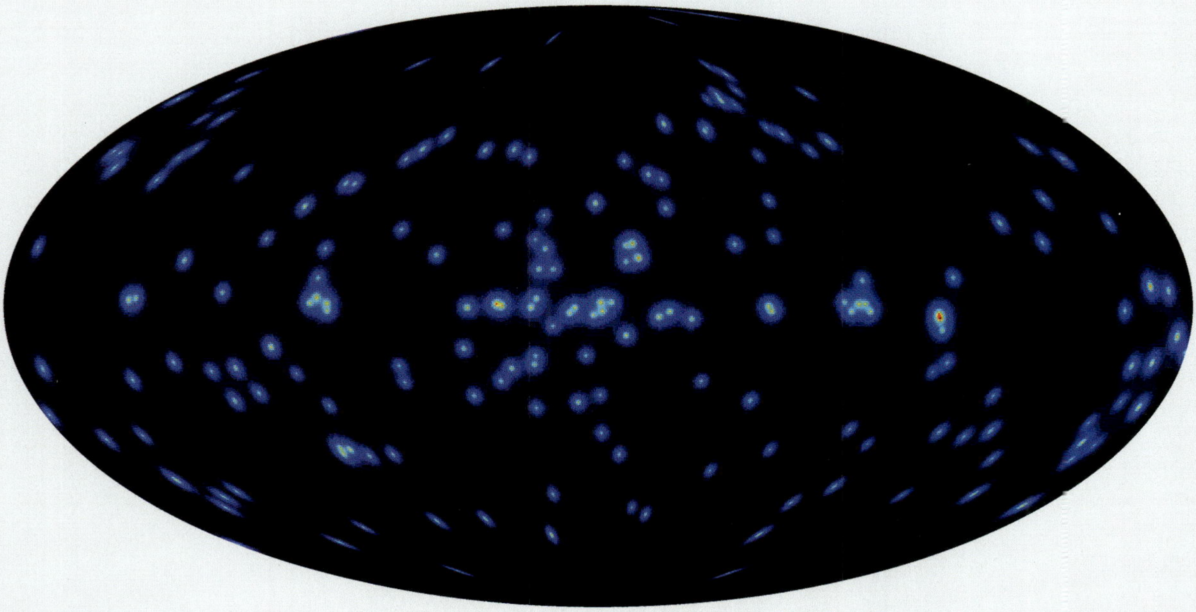

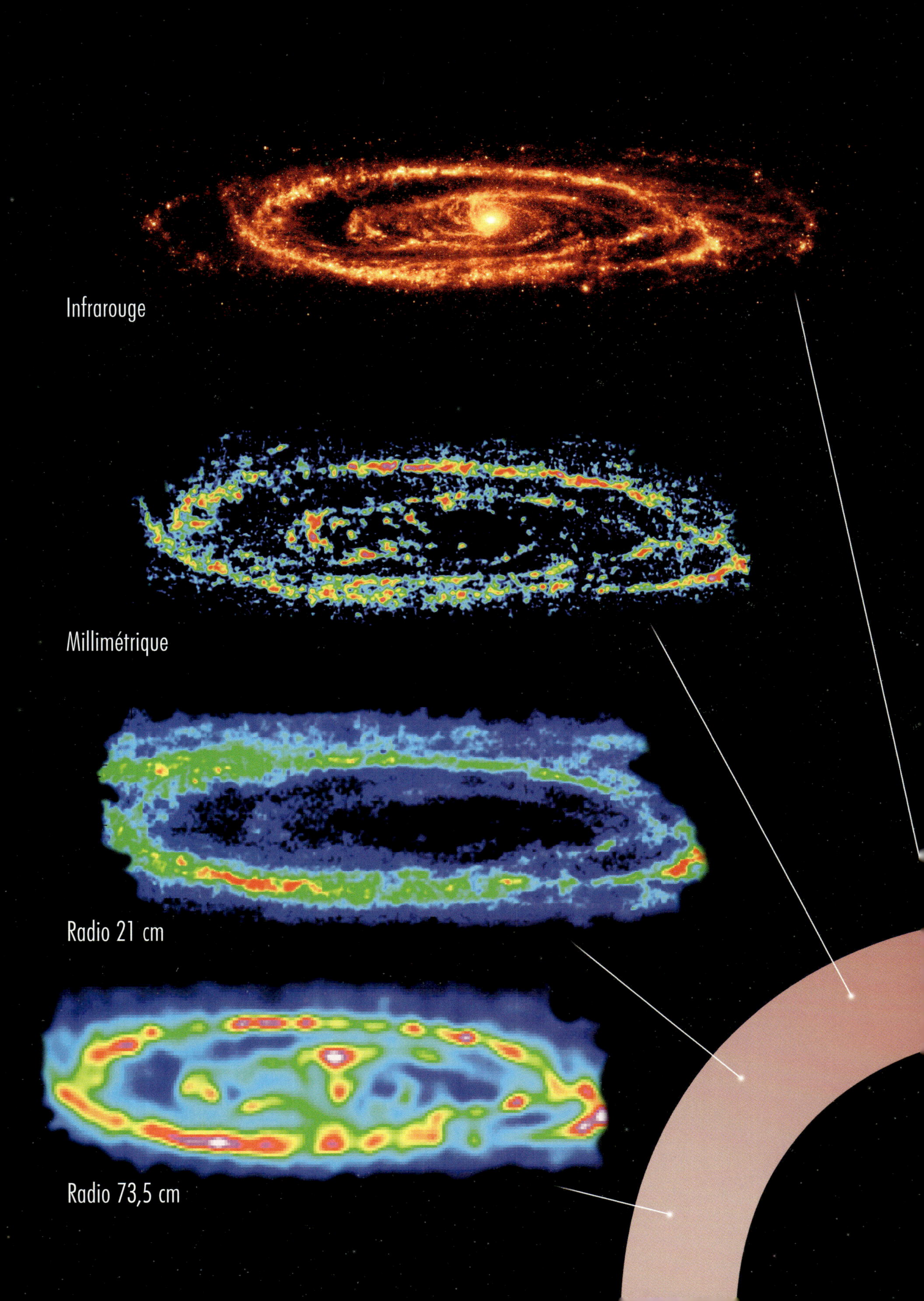
Infrarouge
Millimétrique
Radio 21 cm
Radio 73,5 cm

L'habit d'arlequin d'Andromède

La galaxie voisine d'Andromède, située à 2 millions d'années-lumière, ressemble beaucoup à la nôtre. De la radio à l'infrarouge, on peut y observer successivement les électrons libres énergétiques qui font des loopings dans le champ magnétique, les atomes d'hydrogène, les molécules CO et les poussières du milieu interstellaire. La lumière visible montre toutes les étoiles, mais on ne voit que celles de moins de cent millions d'années en ultraviolet. L'image X des régions centrales révèle un gaz extrêmement chaud et de nombreux objets violents comme les pulsars et trous noirs.

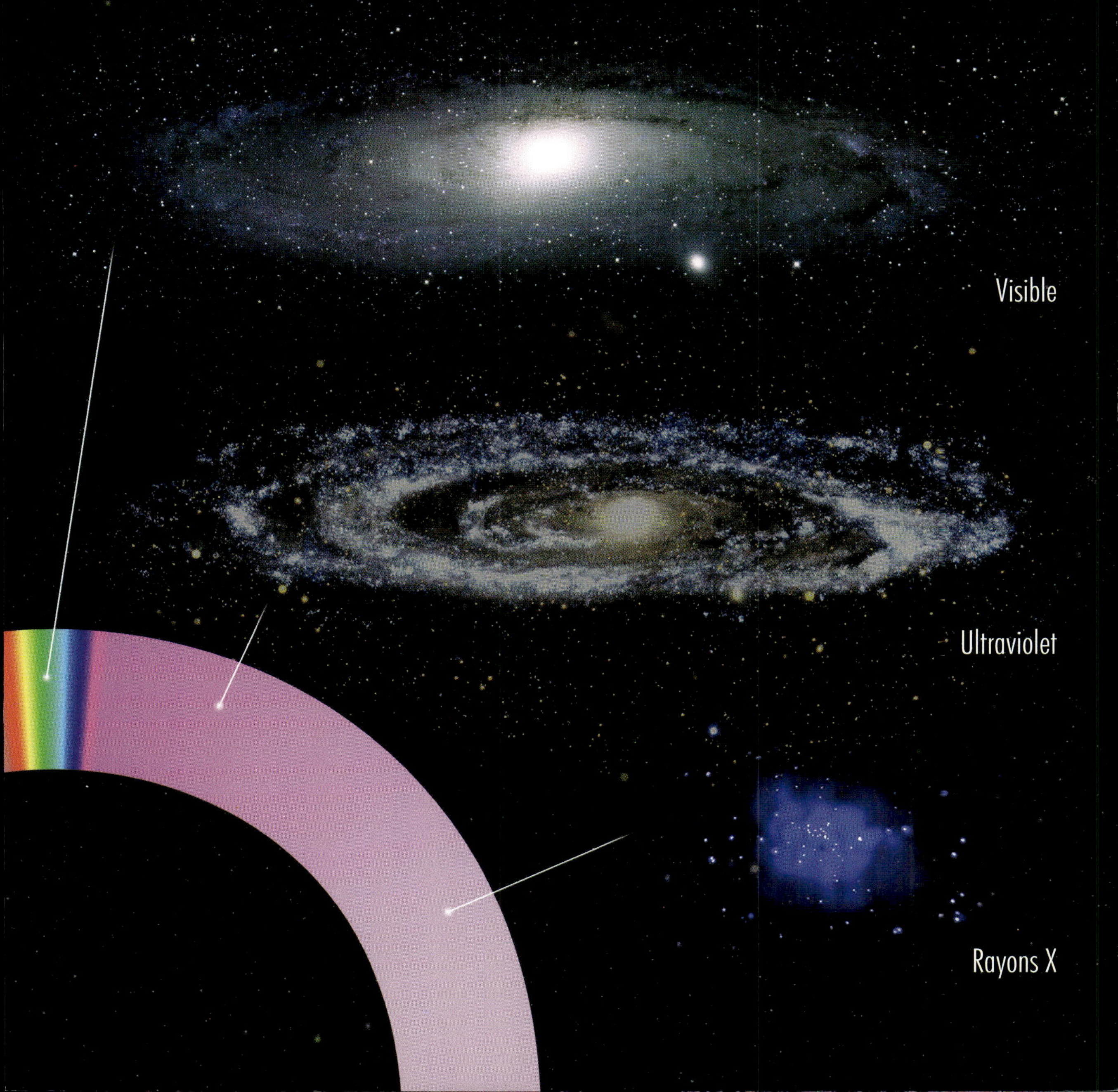

La Voie Lactée multicolore

Des êtres imaginaires munis d'yeux sensibles à toutes les couleurs visibles et invisibles verraient des ciels très variés, fort différents de celui auquel nous sommes habitués quand nous admirons la Voie Lactée dans le visible.

Radio 73,5 cm

Des panaches semblent s'échapper de la Voie Lactée. Ils marquent les volutes de champ magnétique qui façonnent le gaz et que les électrons des rayons cosmiques parcourent à toute vitesse en faisant des loopings.

Radio 21 cm

L'émission des atomes d'hydrogène montre le tumulte du milieu interstellaire où les nuages et filaments de gaz s'entrelacent comme dans un écheveau emmêlé. La quantité d'hydrogène visible sur l'image représente plusieurs milliards de fois la masse du Soleil.

Millimétrique 2,6 mm

L'image beaucoup plus mouchetée du ciel en lumière millimétrique montre que les grands nuages de molécules (ici CO) se forment dans les parties les plus denses du gaz interstellaire. Les milliards de masses solaires de molécules présentes sur l'image serviront à fabriquer de nouvelles étoiles dans le futur.

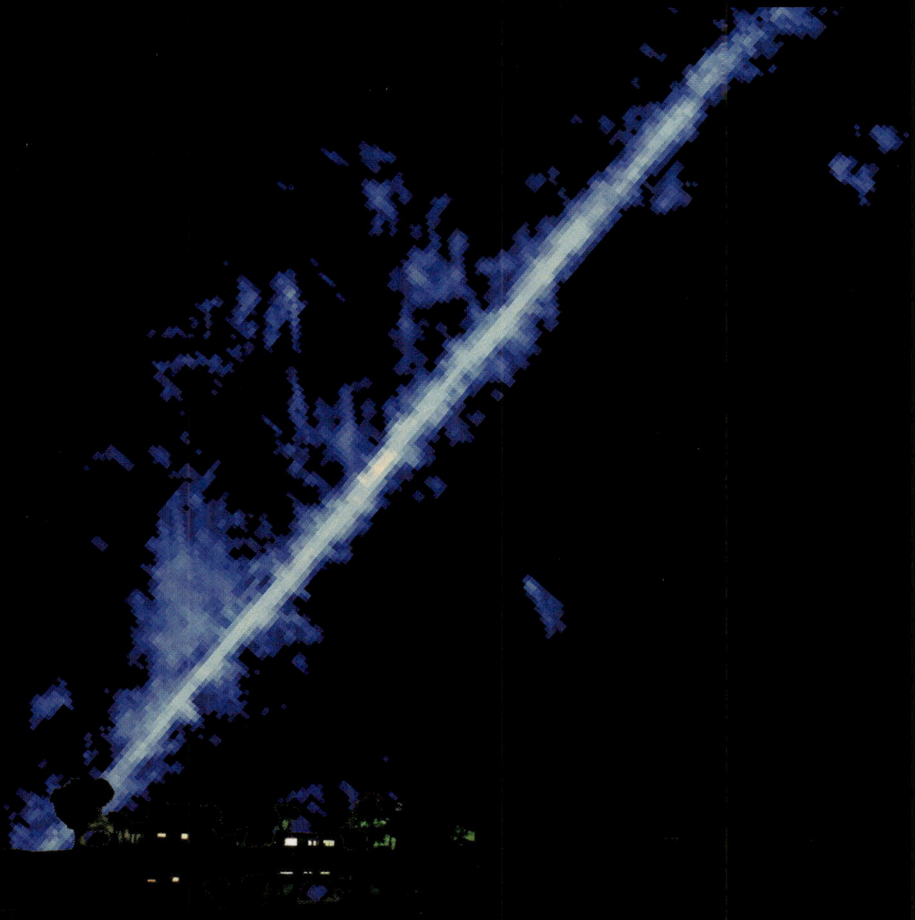

Infrarouge

La Voie Lactée est un endroit très poussiéreux. Le gaz interstellaire est truffé de poussières qui rayonnent en infrarouge. Il suffit pour s'en convaincre de comparer cette carte à la carte radio du gaz.

Raie de l'hydrogène 0,66 μm

Les jeunes étoiles les plus massives irradient le gaz environnant de leur lumière ultraviolette, arrachant les électrons des atomes et chauffant le tout à 8 000 ou 10 000 degrés. Les électrons qui arrivent à se recombiner avec les protons pour refaire des atomes d'hydrogène font ressortir ces grandes bulles en lumière rouge.

Rayons X 0,75 keV

L'image est grossière et incomplète dans les stries sombres, mais elle révèle les nuées de gaz brûlant, à des millions de degrés, produites par les explosions d'étoiles, notamment celle qui a eu lieu à 500 années-lumière de la Terre, il y a environ cent mille ans. Les points brillants signent la présence de multiples astres énergétiques, étoiles effondrées, amas de galaxies, galaxies actives…

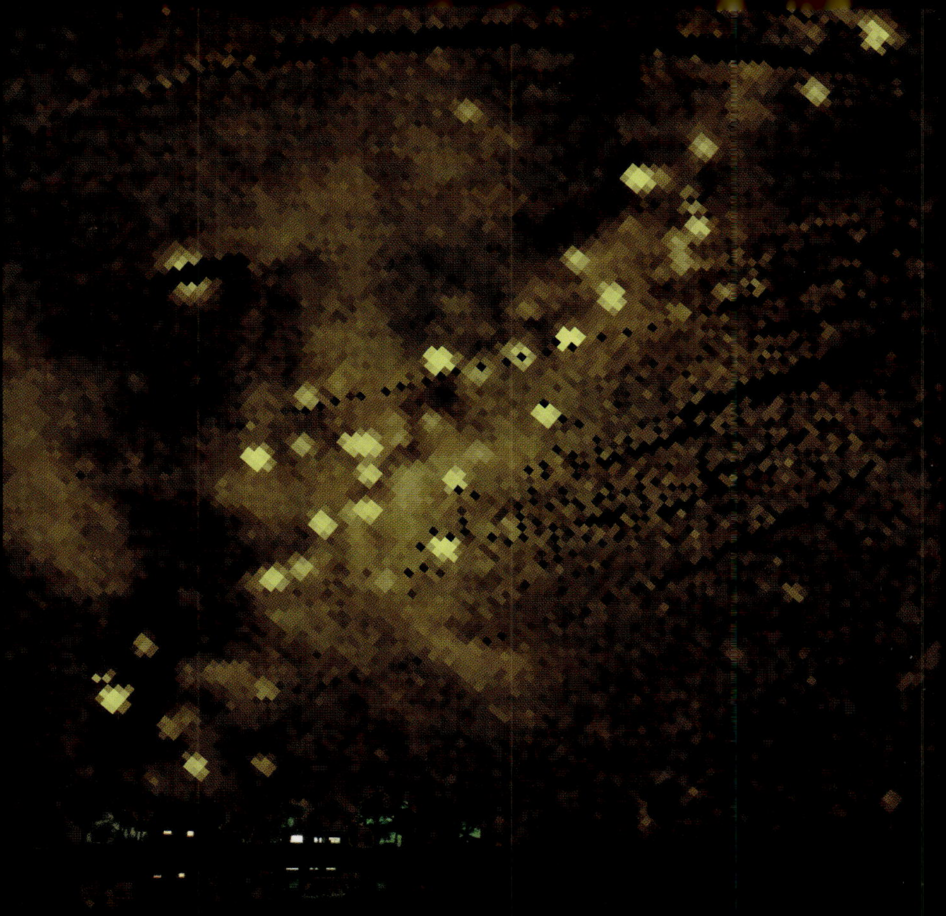

Rayons γ

La Voie Lactée brille en γ car les rayons cosmiques percutent le gaz interstellaire. Ces photons de très haute énergie sont si rares qu'ils donnent à la carte un aspect pointilliste. Les détails sont encore très grossiers, un astre comme le Soleil n'étant pas discernable d'un point. Les trous noirs supermassifs qui se nichent au cœur des galaxies apparaissent comme des taches.

Les illusions d'optique

Les scientifiques ont compris depuis longtemps les dangers des observations visuelles qui peuvent être imprécises, ambiguës ou franchement trompeuses comme le montrent toutes les illusions d'optique. Les carrés A et B ici ont exactement la même couleur, et pourtant A paraît plus sombre que B quand ils ne sont pas connectés.
De telles illusions existent dans le ciel. La taille apparente de la Lune ne change pas ; pourtant, on jurerait qu'elle est plus grosse quand elle est bas sur l'horizon. Giovanni Schiaparelli a relié les ombres de l'atmosphère de Mars en réseaux de canaux pour irriguer les champs des martiens. C'est pourquoi on utilise des détecteurs électroniques. Il faut que les mesures soient reproductibles et aussi indépendantes que possible des biais introduits par les observateurs.

LES CHASSEURS DE LUMIÈRE

Comment capter les lumières du ciel ? Il faut tout d'abord mettre au point des détecteurs qui en capturent les grains auxquels nos yeux ne sont pas sensibles et placer ces instruments au sol ou dans l'espace en fonction de la transparence de l'atmosphère à telle ou telle couleur.

Il est frappant de constater que la mise au point des capteurs de lumière coïncide avec la situation économique et les tensions militaires. Au début du XVIIe siècle, en polissant des surfaces de verre, les Hollandais ont fabriqué des lentilles qui, adroitement combinées entre elles, permettent la fabrication de lunettes. Les applications militaires ont été immédiates afin de mieux voir le déplacement des troupes au lointain.

Pendant la Seconde Guerre mondiale, les avions allemands, qui arrivaient de l'est pour bombarder au petit matin, n'étaient pas détectés par les radars anglais quand ils avaient le Soleil derrière eux. Le Soleil est en effet une forte source radio qui gêne les radars pointant vers lui. La récupération de radars, devenus inutiles à la

La transparence de l'atmosphère

L'atmosphère n'est transparente qu'à la lumière radio et visible. Elle nous protège efficacement des rayonnements dangereux comme les rayons ultraviolets, X et γ. Il faut donc lancer des satellites pour observer ces gammes de lumières. Le gaz carbonique, la vapeur d'eau, le méthane et de nombreuses molécules complexes absorbent le rayonnement infrarouge, contribuant à augmenter l'effet de serre. L'observation des astres en infrarouge nécessite donc de monter au sommet de hautes montagnes, mais surtout d'utiliser des avions, des ballons ou des satellites.

fin de la guerre, a permis aux astronomes de développer la radioastronomie avant de construire d'immenses radiotélescopes adaptés à l'observation du ciel.

Pendant la guerre froide, les États-Unis et l'Union soviétique avaient lancé une flottille de satellites espions afin de vérifier que leur adversaire respectait bien le traité de non-prolifération des armes nucléaires. Un satellite détecteur de rayons γ peut en effet capturer les émissions d'un test nucléaire dans l'atmosphère. Le 2 juillet 1967, la détection de rayons γ par des satellites américains a failli provoquer une crise majeure. Heureusement qu'ils ne survolaient pas la Sibérie à ce moment-là ! Certains ont même cru que l'Afrique du Sud, alors au ban des nations en raison de sa politique d'apartheid, avait procédé à un essai nucléaire. Ces satellites avaient détecté l'émission γ d'astres lointains et l'information ne fut divulguée que des années plus tard !

L'émission infrarouge, liée à la chaleur du corps humain, permet de détecter la présence d'hommes, même la nuit. Les détecteurs infrarouges ont donc été développés aussi bien par les militaires que par les astronomes à l'affût des sources infrarouges du ciel.

Les pêcheurs de lumière

À chaque plage de couleur de lumière correspond un détecteur, un collecteur de photons (télescope) et un système de pointage soit au sol, soit sur un satellite. En radio et dans le visible, on a aussi réussi à coupler plusieurs télescopes pour obtenir l'équivalent d'un télescope beaucoup plus grand. Sur les photographies, on reconnaît un réseau de grandes antennes radio dans le désert du Nouveau-Mexique (VLA), un radiotélescope européen installé au Chili pour les observations de la lumière millimétrique (SEST), le dessin du télescope infrarouge Spitzer de la NASA, l'un des télescopes européens optiques au Chili (VLT), les dessins du télescope ultraviolet GALEX de la NASA et du télescope X XMM-Newton de l'ESA, et la photo de l'observatoire γ (GRO) déposé en orbite par la navette spatiale. Les lumières γ les plus énergétiques sont trop rares et trop pénétrantes pour être détectées à bord de satellites, il faut utiliser l'atmosphère terrestre comme détecteur en repérant les brefs flashs lumineux bleus qui accompagnent l'interaction des photons γ avec l'air.

Spitzer - Infrarouge

SEST - Millimétrique

VLA - Radio

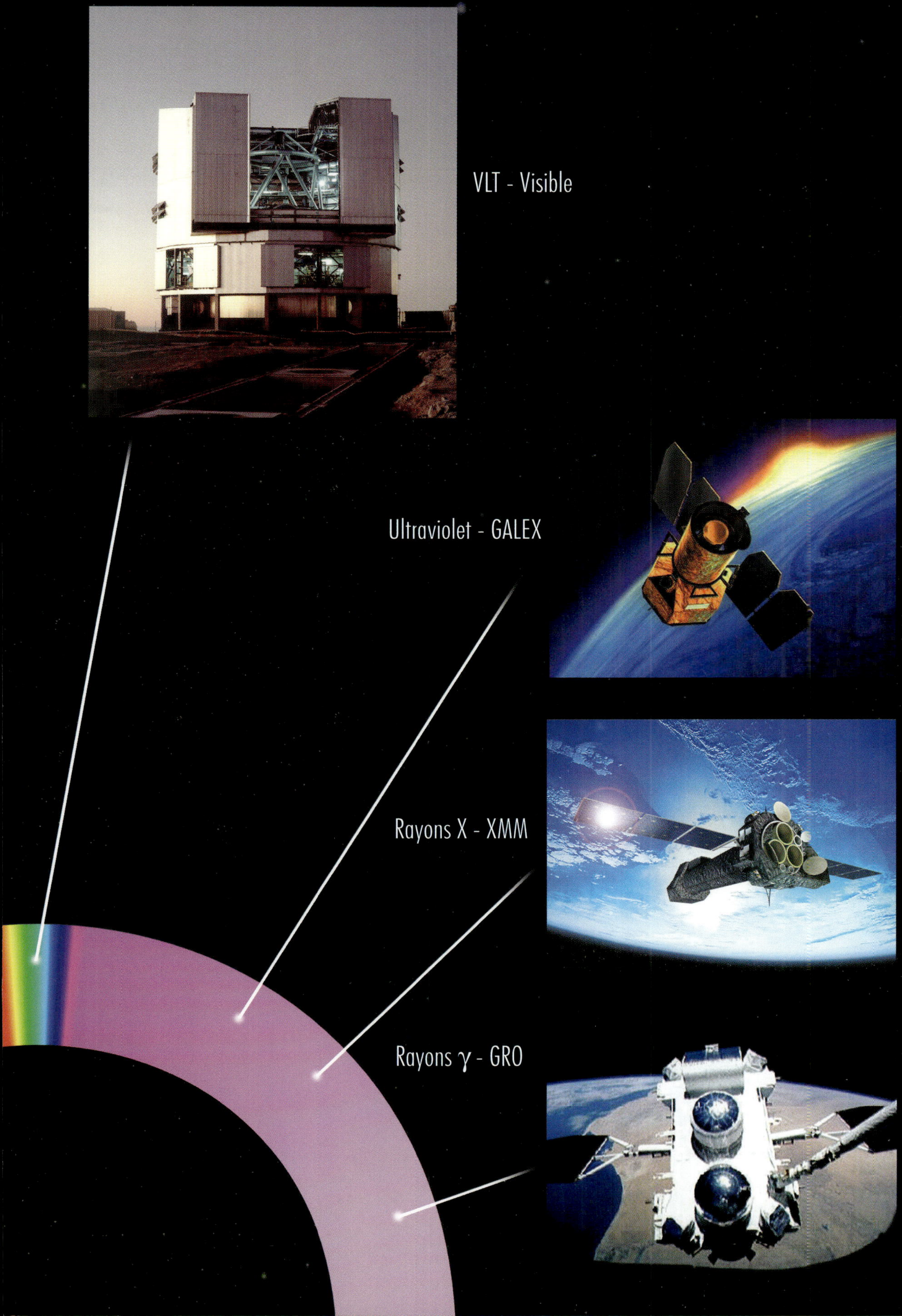
VLT - Visible
Ultraviolet - GALEX
Rayons X - XMM
Rayons γ - GRO

Contrairement à l'image de points de lumière isolés dans la nuit glacée d'immenses vides intersidéraux, l'environnement des étoiles est particulièrement riche et coloré. L'espace est rempli de vastes réserves de gaz qui se parent des lumières irisées de leurs brillantes voisines tout en éclairant les ténèbres de couleurs invisibles. Les paysages sont souvent spectaculaires : beauté, douceur et harmonie règnent par endroits, agitation et turbulence en d'autres. Chaque étoile rivalise d'élégance avec ses voisines en s'ornant à un moment ou un autre de son histoire de superbes atours. Une promenade dans Orion et d'autres nébuleuses nous conduit à la rencontre de bébés étoiles dans de vastes maternités en pleine activité où nous pouvons suivre les différentes étapes de leur évolution. Partout, les étoiles naissent en rassemblant le gaz disponible, vivent en distribuant lumière et énergie autour d'elles et meurent en dispersant la matière de leurs futures générations. Ce cycle incessant pare l'espace d'œuvres d'art.

« L'observateur doit être le photographe de la nature... il écoute la nature et écrit sous sa dictée. »

Claude Bernard (1813-1878),
Introduction à l'étude de la médecine expérimentale

Chapitre 3

AU PAYS DES MERVEILLES

Au-delà des nuages : les enfants des étoiles

« Le charme inattendu d'un bijou rose et noir. »

Charles Baudelaire (1821-1867),
Les Fleurs du Mal

Dans son voyage au pays des merveilles, Alice découvrait sans cesse des situations nouvelles, étranges et féeriques. Elle parcourait un monde dépaysant, imaginaire et merveilleux. Apparemment loin de la réalité, elle explorait les fantasmes de l'auteur et nous montrait que notre monde n'était pas nécessairement logique. Nous pouvons nous aussi découvrir le pays des merveilles et plonger directement dans le terrier du lapin. Le ciel nous l'offre. Il suffit pour cela de nous équiper de lunettes invisibles, de chausser des bottes de sept lieues ou plutôt de sept années-lumière et de vivre au rythme des étoiles.

Un superbe spectacle nous attend. Par où commencer ? Une belle constellation familière, Orion, nous tend les bras.

LES BEAUTÉS D'ORION

Avec la Grande Ourse, Orion est la constellation la plus facile à reconnaître et la plus photographiée par les amateurs. Elle est visible de presque tous les endroits de la Terre car elle est proche de l'équateur céleste. Elle couvre plusieurs centaines de fois la surface de la pleine Lune dans le ciel. On peut l'enserrer dans un rectangle un peu déformé, aux coins duquel on trouve la rouge Bételgeuse opposée à la bleue Rigel, et les étoiles Bellatrix et Saiph, moins brillantes, sur l'autre diagonale. L'alignement d'Alnitak, Alnilam et Mintaka près du centre suit la ceinture d'Orion, en dessous de laquelle on devine une épée formée par une rangée de petites étoiles et une nébulosité rosée un peu floue, luisant comme un immense tube fluorescent, la grande nébuleuse d'Orion.

Depuis l'Antiquité, les hommes ont remarqué qu'Orion dominait le ciel d'hiver sous nos latitudes. Elle apparaît en octobre et disparaît en avril après avoir culminé dans le ciel à la mi-décembre. On ne peut la voir l'été qu'en se levant très tôt, juste avant le lever du Soleil ; c'est ainsi que les agriculteurs grecs savaient que le temps des moissons était arrivé. Elle apparaît par contre à minuit à la saison des vendanges et, quand elle se lève au coucher du Soleil, les marins savent qu'il est temps de rentrer au port avant les tempêtes hivernales.

Certaines civilisations ont vu en Orion une tortue, une pieuvre ou un caïman, mais la grande majorité y a discerné une figure humaine. Les Indiens parlaient d'un roi touché par une flèche, les Arabes d'un géant. Les Égyptiens y voyaient le lieu de repos de l'âme d'Osiris. Les Mayas portaient une attention particulière à la constellation d'Orion comme centre de la Création. Les dieux auraient émergé d'une fissure de la tortue cosmique qui siégeait autour de la ceinture, et ils auraient construit le premier foyer de la Création avec trois pierres (Alnitak, Saiph et Rigel) et le feu central allumé dans la grande nébuleuse d'Orion. Ils étaient pourtant loin de se douter que, des millénaires plus tard, on découvrirait justement un site de création d'étoiles dans l'âtre de la genèse maya !

La constellation doit son nom au chasseur légendaire des Grecs, Orion. Plusieurs légendes remontant à des civilisations bien antérieures racontent qu'il aurait été tué par un scorpion pour avoir poursuivi les Pléiades. D'autres relatent qu'Orion chasse éternellement le Scorpion sans jamais l'attraper ou bien qu'il cherche à s'en cacher. Tous ces récits ont leur origine dans l'observation d'Orion qui se couche au moment où le Scorpion se lève et *vice versa*. Il existe plusieurs variantes

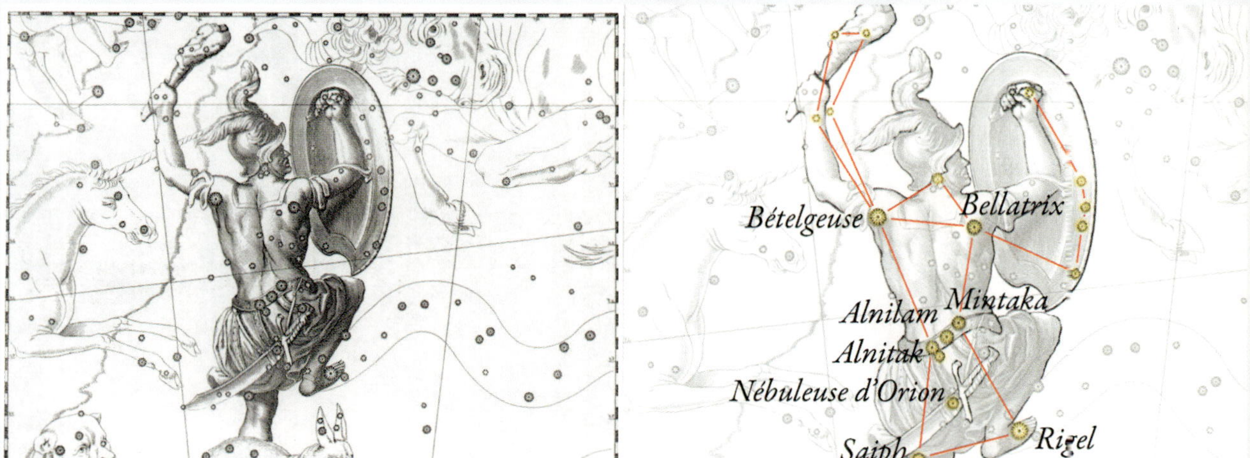

Orion le chasseur

Les Anciens ont relié les étoiles de cette partie du ciel en imaginant la figure d'un chasseur. Les constellations n'ont aucune existence physique. Leurs étoiles sont situées à des distances très différentes. Elles apparaissent groupées vues de la Terre, mais un habitant de Sirius y verrait un autre dessin et ne les associerait sans doute même pas.

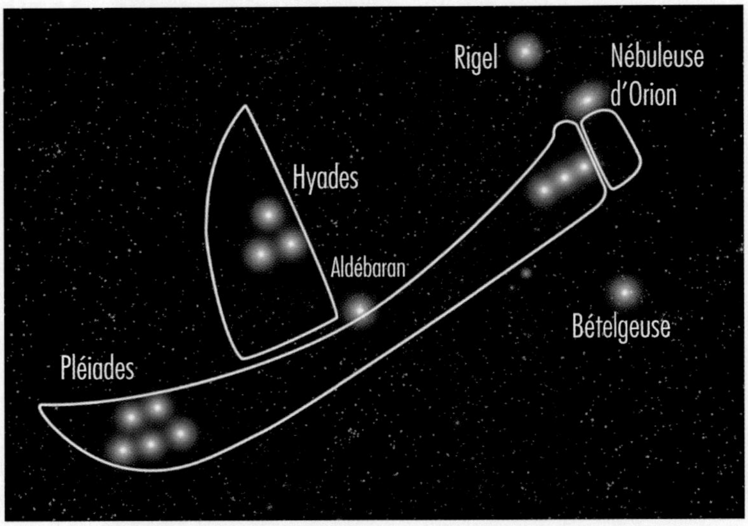

Orion et les Maoris

Chaque civilisation a dessiné ses propres figures dans le ciel. Les Maoris assimilaient la Voie Lactée à un grand requin blanc étalant sa silhouette laiteuse dans le ciel. Ils voyaient entre les Pléiades et Orion l'image du canoë de Tainui voguant dans le ciel, la voile correspondant aux Hyades et le gouvernail à la nébuleuse d'Orion. On peut remarquer qu'Orion a « la tête en bas » vu de l'hémisphère sud.

du mythe d'Orion. Dans l'une, Orion aurait été chassé pour sa vantardise, ayant essayé d'impressionner Éos en exagérant le nombre de ses prises. Orion et ses deux chiens de chasse, le Grand Chien (*Canis Major*) et le Petit Chien (*Canis Minor*), auraient alors été exilés dans le ciel et condamnés à chasser les constellations représentant des animaux sans jamais pouvoir les attraper.

Orion a frappé les imaginations à cause des nombreuses nébuleuses qu'on peut y voir à l'œil nu, dans l'épée mais aussi près de la ceinture. À une distance de 1 300 à 1 500 années-lumière dans cette direction, on traverse en effet le plus grand complexe de nuages interstellaires de notre voisinage, dont les ombres et les reflets donnent les célèbres silhouettes de la Tête de Cheval et de la Flamme. Selon les temps de pose, les filtres ou les détecteurs, les photographies d'Orion sont aussi belles que des tableaux de maître. Mais cela n'est rien comparé aux couleurs invisibles de la lumière. Ce complexe est l'un des plus actifs qui soient à notre portée pour étudier la formation des étoiles. On y trouve des objets de tous âges et de toutes tailles, célibataires, en couples ou en larges communautés, qui nous permettent de comprendre les mécanismes qui aboutissent à une telle diversité.

LA PAGAILLE INTERSTELLAIRE

On rencontre une grande diversité de situations dans les nébuleuses d'Orion et le milieu interstellaire en général. La matière y est dans tous ses états et en très grande quantité. Pourtant, à l'aune de nos standards terrestres, l'espace entre les étoiles pourrait être considéré comme parfaitement vide. Imaginez un dé rempli d'air. Il faudrait l'étirer dans les trois dimensions jusqu'à 30 kilomètres pour atteindre le niveau de dilution moyen du gaz interstellaire. Le meilleur « vide » obtenu dans les caissons à ultra-vide est encore des milliards de fois plus dense que le gaz interstellaire. On y trouve un millième d'atome par centimètre cube dans les bulles raréfiées, un atome par centimètre cube en moyenne et quelques millions d'atomes par centimètre cube dans les endroits très encombrés. Par comparaison, l'air que vous respirez contient plus de 10^{19} atomes par centimètre cube ! Nous vivons dans une soupe incroyablement dense. Mais les distances entre les étoiles sont tellement considérables et le volume disponible si grand que la masse du moindre petit nuage équivaut à des milliers de fois le Soleil, voire à des centaines de milliers de fois pour les grands complexes nébuleux comme celui d'Orion. Il y a vraiment là de quoi fabriquer beaucoup d'étoiles.

Ce milieu très ténu est loin d'être homogène. La distribution de matière y est très irrégulière. De nombreux processus dynamiques et thermiques dessinent en permanence le paysage. Les instantanés des superbes photographies sont à cet égard trompeurs car le gaz interstellaire est avant tout mobile, turbulent, en perpétuel réarrangement. Si l'on pouvait prendre des films sur quelques centaines de milliers ou millions d'années, et les passer en accéléré, ils feraient davantage penser à un jacuzzi ou à l'écume des brisants les jours de tempête. Des bulles de gaz à plusieurs millions de degrés sont projetées par les explosions d'étoiles. Elles poussent sur les murs de gaz environnants et se faufilent dans les moindres interstices. D'autres bulles à des milliers de degrés gonflent comme des bulles de savon autour des étoiles les plus chaudes. Le reste du gaz, de fait la grande majorité, reçoit ces gifles, ces poussées et ces apports d'énergie comme il peut et y répond avec ses propres humeurs et instabilités. Il est chaud pour moitié (milliers de degrés), mais glacé pour l'autre (de –260 à –200 °C), et il a parfois du mal à résister à son

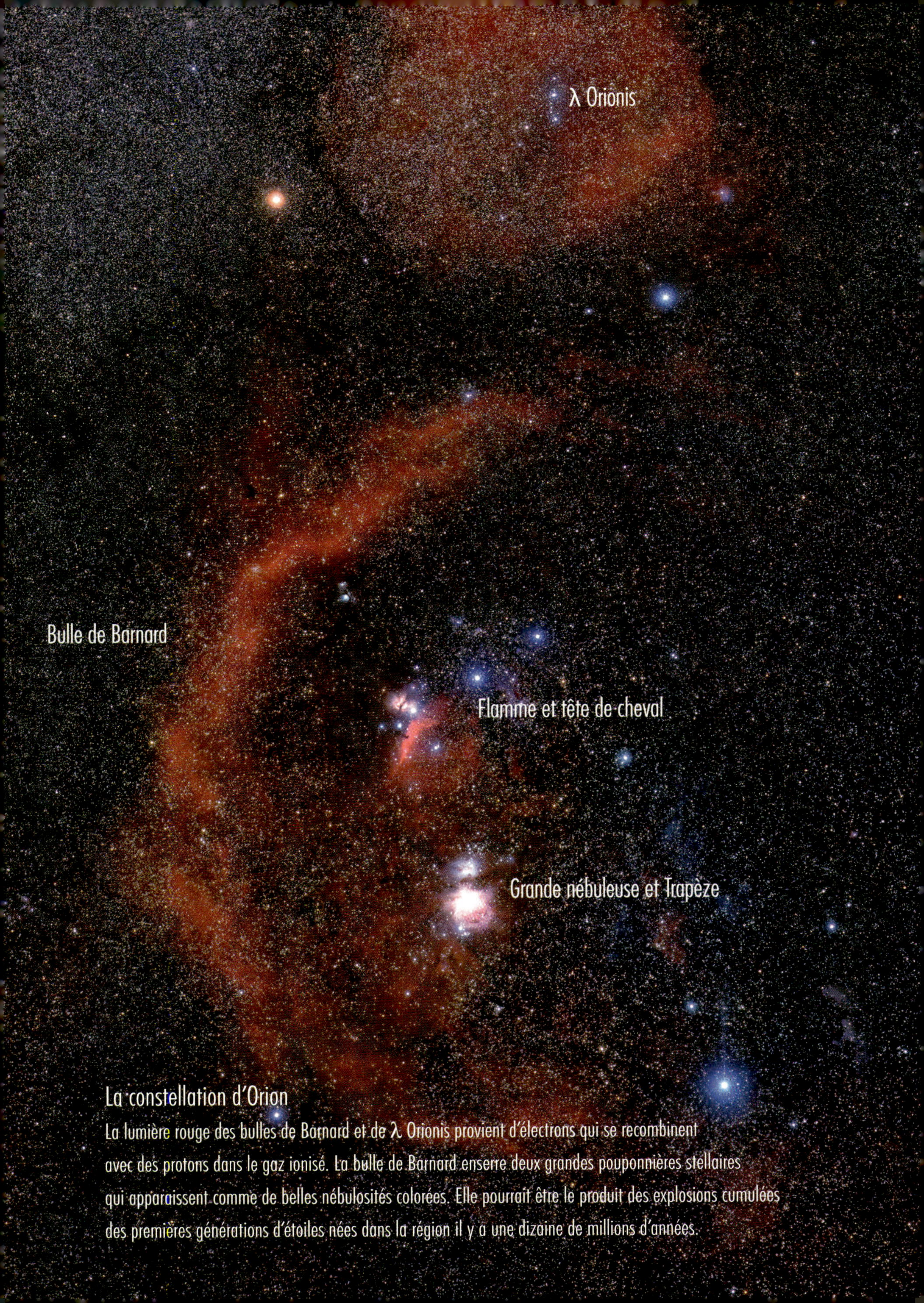

La constellation d'Orion

La lumière rouge des bulles de Barnard et de λ Orionis provient d'électrons qui se recombinent avec des protons dans le gaz ionisé. La bulle de Barnard enserre deux grandes pouponnières stellaires qui apparaissent comme de belles nébulosités colorées. Elle pourrait être le produit des explosions cumulées des premières générations d'étoiles nées dans la région il y a une dizaine de millions d'années.

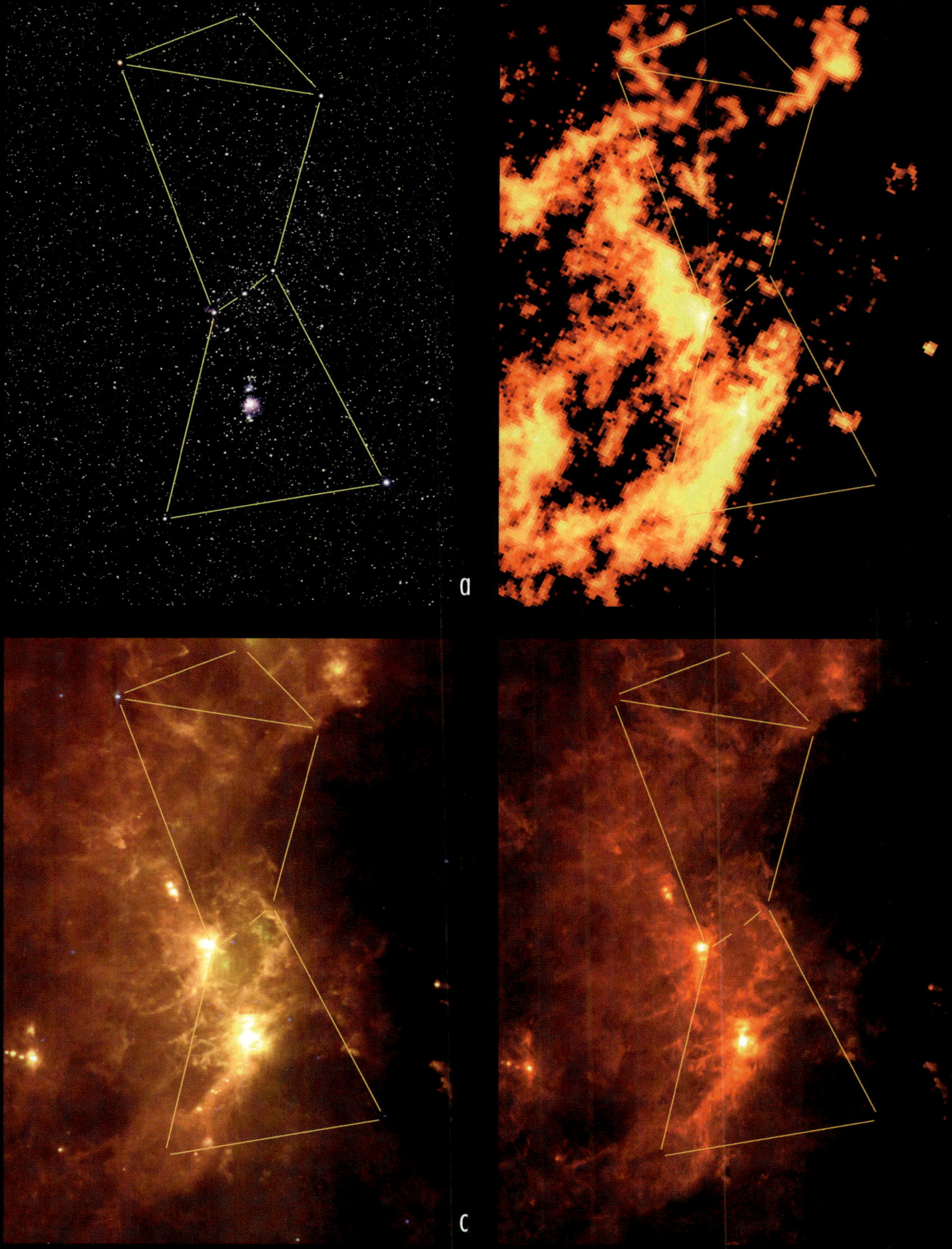

Les couleurs d'Orion

La constellation est reconnaissable en lumière visible (a) par ses étoiles et ses nébuleuses qui laissent difficilement soupçonner l'ampleur des nuages interstellaires dont elles font partie. On peut voir ces nuages en lumière millimétrique (b), grâce à la rotation des molécules de monoxyde de carbone CO, et en infrarouge grâce au rayonnement des gros grains de poussière (c) et des hydrocarbures aromatiques PAH (d). Les étoiles se forment dans les parties les plus denses des nuages où la poussière est visiblement chauffée par les jeunes étoiles brillantes.

propre poids sans se recroqueviller. Le remue-ménage et la gravitation façonnent donc le gaz en permanence. Tous ces tiraillements aboutissent à une fragmentation des nuages en entités de toutes tailles, s'emboîtant comme des poupées russes, à la différence qu'il n'y a pas une seule poupée par niveau. Un grand nuage se fragmente en plusieurs moyens, qui eux-mêmes se composent de nombreux plus petits, comportant à leur tour plein de minuscules, et ainsi de suite : la structure finale est fractale depuis les centaines d'années-lumière des grands complexes jusqu'aux grumeaux d'une année-lumière.

Le gaz est un mélange d'atomes primitifs issus des premiers instants de l'Univers, pour environ trois quarts d'hydrogène et un quart d'hélium, et d'une toute petite fraction d'atomes (1,5 %) fabriqués plus tardivement par les étoiles. On y retrouve tous ceux de la Terre. Ils se combinent en molécules dans les nuages denses où la lumière ultraviolette des étoiles peine à pénétrer pour détruire ces fragiles assemblages. Dans les régions plus exposées aux UV, ils restent sous forme d'atomes individuels. Si la dose de rayons ultraviolets est vraiment trop forte, comme dans les bulles chaudes qui entourent les étoiles brillantes, les atomes perdent leurs électrons qui profitent des photons énergétiques ambiants pour gagner leur liberté. On dit alors que le gaz est ionisé car les noyaux et les électrons vivent indépendamment les uns des autres.

À L'ABRI DES REGARDS

On peut se demander comment détecter ce milieu diaphane et souvent sombre s'il n'est directement éclairé par des étoiles voisines. C'est dans Orion qu'en 1904 les astronomes ont eu la preuve de l'existence de matériau interstellaire en observant le mouvement d'un couple d'étoiles, δ Orionis, tournant l'une autour de l'autre. Ils ont détecté la présence de calcium « immobile », apportant la preuve qu'il n'avait rien à voir avec les étoiles elles-mêmes, mais provenait d'un objet intermédiaire situé sur la ligne de visée. Une analyse plus fine a permis de se rendre compte que ce calcium appartenait à un milieu froid et diffus.

Il est relativement facile d'observer les nuages « atomiques », car les atomes d'hydrogène, de loin les plus nombreux, émettent de la lumière radio à 21 centimètres de longueur d'onde. Ces rayons peuvent traverser de très grandes distances sans être trop absorbés, nous laissant ainsi cartographier le gaz de la Voie Lactée dans les régions les plus reculées, aussi bien de l'autre côté du centre galactique que loin à la périphérie. On en trouve jusqu'à 150 000 années-lumière du centre de la galaxie et on s'aperçoit que notre belle spirale est en fait un peu gauchie sur les bords, comme le bord d'un Borsalino.

Frileusement cachées à l'abri des lumières nocives, les molécules sont plus difficiles à observer. Les températures de –260 à –250 °C qu'elles affectionnent ne les incitent pas beaucoup à vibrer pour nous envoyer des photons. Il faut en effet des collisions un peu rudes ou des photons assez énergétiques pour faire vibrer les liaisons entre les atomes comme s'ils étaient attachés par des ressorts. Mais les molécules ne peuvent pas s'empêcher de faire des pirouettes dans le brassage incessant du milieu interstellaire. Or une molécule asymétrique qui tourne rayonne de la lumière millimétrique et, par exemple, le monoxyde de carbone, CO, est utilisé pour étudier les nuages moléculaires depuis les années 1950. Le carbone et l'oxygène sont en effet les éléments les plus abondants dans l'Univers après l'hydrogène et l'hélium. Il est dommage que nos yeux soient insensibles à sa lumière qui tombe à 2,6 millimètres de longueur d'onde, cela aurait évité bien des empoisonnements dus à ce gaz inodore produit par les vieux poêles mal réglés.

La difficulté réside dans le fait de traduire les quantités de CO mesurées en quantités de H_2, bien plus abondantes mais non perceptibles à basse température. C'est un peu comme peser les meules de foin en ne considérant que les aiguilles ! On peut ainsi peser les nuages d'Orion dont les 500 000 masses solaires se répartissent à peu près également entre atomes et molécules. Il est cependant fort possible que du gaz sombre ait échappé au recensement. Les rayons cosmiques qui traversent le gaz en émettant de la lumière γ ainsi que la lumière infrarouge des poussières très froides nous ont révélé très récemment que la part de gaz qui se situe là où les atomes se lient en molécules, peut facilement passer inaperçue, faute de rayonnement. Aussi a-t-on peut-être manqué une fraction importante de la matière des nuages denses. Dans quelle proportion ? Cela reste une question à résoudre. Cette difficulté illustre bien la nécessité de regarder un phénomène dans toutes les lumières possibles.

QUELLE POUSSIÈRE !

Faire le ménage dans le milieu interstellaire serait vain tant il y a de poussière. On y trouve un grain de poussière tous les 200 m environ, littéralement à « tous les coins de rue ». Ce chiffre paraît totalement ridicule face aux hordes de poussières qu'il faut continuellement combattre chez soi, ou à l'extrême propreté des « salles blanches » spécialement conçues pour fabriquer des instruments spatiaux. Mais, comme pour le gaz, les distances sont telles que la masse de poussière dans la Voie Lactée est énorme, près de cent millions de fois celle du Soleil.

Beaucoup de poussière se forme et s'échappe des puissants vents des étoiles massives quand elles perdent une grande partie de leur atmosphère en fin de vie. La poussière peut ainsi piéger la plupart des matériaux réfractaires synthétisés par les étoiles (carbone, silicium, magnésium, fer, aluminium, titane, calcium, etc.). Les grains de poussière sont constitués le plus souvent des mêmes silicates que les roches terrestres. D'autres, à base de graphite et d'hydrocarbures, sont plus rares sur Terre mais assez abondants dans l'espace. Les enveloppes d'étoiles vont même jusqu'à fabriquer de minuscules diamants qu'on a retrouvés dans plusieurs météorites.

On trouve des grains de poussière de toutes tailles. Les plus petits dépassent à peine la taille des molécules et sont si minuscules qu'ils chauffent de 100 °C d'un coup lorsqu'ils absorbent un seul photon lumineux pour refroidir presque aussi vite. Les plus gros atteignent quelques microns, comme dans les fumées de cigarette. Ils se réchauffent doucement à la lumière bleue et ultraviolette des étoiles environnantes pour atteindre –250 °C loin des étoiles et –200 °C dans les bulles ionisées. Ils sont recouverts d'un petit manteau de glaces d'eau, de méthane, d'ammoniac et de dioxyde de carbone, tout comme les satellites et comètes du système solaire externe. Autant dire que tous ces grains, petits et grands, rayonnent bien loin du visible dans l'infrarouge et le millimétrique.

Les poussières vivent environ cent mille ans et jouent un rôle très important dans le cycle de la matière entre le milieu interstellaire et les étoiles. Elles offrent leur surface pour catalyser toutes sortes de molécules, l'hydrogène moléculaire H_2 en premier lieu, et d'autres assez inattendues. Elles sont donc responsables des nuages moléculaires parents des étoiles. Vous pourriez faire votre marché dans ces nuages car vous y trouveriez du sel, du sucre et de l'alcool, de quoi lutter contre le froid (propane, antigel), des produits de ménage (acétone, éther) et bien d'autres molécules organiques. Le jeu de Lego va très loin puisqu'il produit des hydrocarbures aromatiques polycycliques (PAH) comme le naphtalène qui assemblent des dizaines d'atomes de carbone en cycles benzéniques odorants. De là à imaginer l'odeur de la Voie Lactée… Après avoir détecté quantité d'acides et d'amines interstellaires, les astronomes cherchent activement des acides aminés. Leur découverte marquerait une date importante en montrant que les briques des protéines peuvent se construire spontanément dans un milieu aussi raréfié et hostile que le milieu interstellaire. Cela ouvrirait la porte à l'idée que la vie telle que nous la connaissons, à base de chimie du carbone, est assez répandue dans l'Univers et se développe dès que les conditions lui sont propices. C'est en tout cas une hypothèse très plausible. « Vie » ne signifie pas une méduse avec un œil, un dinosaure rose à antennes, un petit homme vert ou une poule avec des dents. La Nature a bien plus d'imagination que les scénaristes de science-fiction. Il n'y a qu'à regarder toutes les variétés d'espèces qu'elle a déjà développées sur Terre.

Les poussières gênent malheureusement très souvent les observations, car elles absorbent efficacement la lumière visible. De ce fait, elles tendent des rideaux opaques entre nous et les régions intéressantes, et elles se rassemblent justement en grand nombre dans les grumeaux denses qu'on aimerait ausculter. Il faut donc observer à des longueurs d'onde un peu plus grandes que la dimension des poussières, c'est-à-dire en infrarouge proche, pour traverser ces rideaux. En infrarouge plus lointain, on serait aveuglé par le rayonnement des poussières.

La Tête de Cheval

Les poussières de cette nébuleuse sont si denses qu'elles bloquent la lumière de l'arrière-plan des étoiles. Cette célèbre silhouette a été photographiée pour la première fois en 1888. Elle fait partie d'un nuage dont on peut admirer plusieurs aspects en lumière visible, comme les draperies bleues qui diffusent la lumière de l'étoile la plus brillante et les lueurs saumonées d'un gaz très chaud où les électrons ont été arrachés aux noyaux et tentent de se recombiner avec eux.

La Tête de cheval perd de son panache en infrarouge, mais on peut pénétrer dans le nuage et y découvrir un passionnant laboratoire de chimie où gaz dense et rayonnement ultraviolet s'affrontent littéralement. De nombreuses molécules ont été détectées dans la crinière du cheval.

Visible

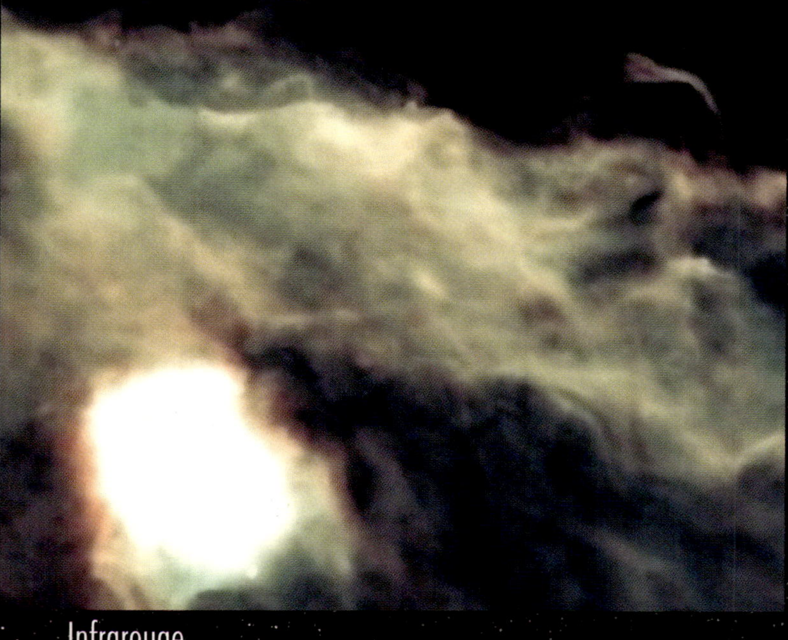

Infrarouge

La nébuleuse de la Flamme

Cette nébuleuse a inspiré beaucoup d'astronomes qui l'ont décrite comme un feu céleste tourbillonnant à cause des flammes noires en forme de torche qui semblent s'échapper d'une bûche opaque. L'analogie est encore plus frappante en infrarouge. En perçant le rideau de poussières, on aperçoit la lumière intense des jeunes étoiles qui fait briller le gaz et les poussières de mille feux. La lumière qui sort des régions les plus enfouies est fortement rougie : c'est une signature caractéristique des poussières.

Visible

Infrarouge

ORION, UN ÉCOSYSTÈME D'EXCEPTION

Les couleurs d'Orion, étendues à toutes les lumières, nous révèlent un monde passionnant, d'une richesse exceptionnelle. Nous y découvrons tous les épisodes de la vie des étoiles. Certaines sont encore nichées dans leur berceau, d'autres, dans leur plus tendre enfance, brillent de mille feux. À l'âge adulte, elles illuminent leur environnement et éclairent les nuages alentour des couleurs de l'arc-en-ciel. D'autres, enfin, sont en train de terminer leur vie plus ou moins violemment. En ayant ainsi sous nos yeux des centaines d'étoiles de tout âge et de tout type, nous pouvons comprendre ce qu'est leur vie sans pour autant les suivre dans le temps. Il suffit d'observer à un moment donné l'ensemble de la population. Il en est de même pour les hommes : il est plus facile de comprendre leur développement physique en observant une foule à un instant donné qu'en interrogeant un grand-père à la mémoire troublée.

L'observation infrarouge a révélé des sources brillantes sans contreparties visibles. Les astronomes en ont immédiatement déduit qu'ils observaient des cocons de poussières au sein desquels de jeunes étoiles étaient en train d'apparaître, les étoiles âgées d'un million d'années s'en étant déjà en grande partie débarrassées. Ce qui n'était jusqu'alors qu'un rêve d'astronome est devenu réalité tangible. On aurait pu craindre que l'observation des naissances stellaires restât hors de portée pour au moins trois raisons : la brièveté du début de la vie d'une étoile, le manque de pouvoir séparateur des instruments pour distinguer des détails aussi lointains et, enfin, le rideau de poussières drapant une protoétoile. L'amélioration des instruments, la proximité de maternités stellaires et la multiplicité des sources infrarouges ont levé en quelques années une grande partie de ces obstacles. Le nombre de sources détectées est si grand que les astronomes pensent qu'il naît actuellement une étoile chaque année dans la Voie Lactée. À cet égard, la nébuleuse d'Orion est un paradis pour les astronomes !

LA GRANDE NÉBULEUSE DU TRAPÈZE

La grande nébuleuse d'Orion est souvent visible à l'œil nu au milieu de l épée et offre un magnifique spectacle avec une simple paire de jumelles. Elle s'étend sur plusieurs dizaines d'années-lumière à une distance estimée entre 1 300 et 1 500 années-lumière, ce qui est très proche par rapport aux dimensions de la Voie Lactée. Mais la nébuleuse n'est qu'une petite partie d'un complexe de nuages beaucoup plus vaste de près de 500 années-lumière.

Elle figure dans les catalogues les plus anciens comme celui de Ptolémée au IIe siècle, de Tycho Brahé au XVIe et de Messier dans les années 1770, mais sa nature nébuleuse n'a pas été décrite avant Galilée et l'invention de la lunette. En 1789, peut-être inspiré par la Révolution française, William Herschel, le découvreur de la planète Uranus, la peignait en termes réellement prophétiques comme une « informe nuée ardente, contenant les éléments chaotiques de futurs soleils ». Sa nature gazeuse a été révélée par spectroscopie en 1865 et photographiée en 1880. Depuis, les amateurs s'en donnent à cœur joie et diffusent de superbes clichés de cette spectaculaire nébuleuse. Depuis une vingtaine d'années, les astronomes ont percé ses voiles lumineux et colorés pour y découvrir une crèche stellaire en pleine activité.

Des étoiles formées au cours du dernier million d'années y sont visibles. C'est un laps de temps très court au regard des durées astronomiques habituelles. Si l'on ramène l'âge actuel du Soleil de 4,55 milliards d'années aux 40 ans d'un homme en milieu de vie, on observe dans Orion l'équivalent d'étoiles vieilles de quelques jours. Nous pouvons vraiment suivre leurs premiers pas si nous sommes capables de « pousser » les portes de la maternité et de regarder dans les berceaux. C'est possible aujourd'hui en utilisant les bonnes couleurs et en faisant un zoom profond dans la nébuleuse.

La disposition des étoiles bleues, très brillantes, qui illuminent le cœur de la nébuleuse leur a valu le nom d'« étoiles du Trapèze ». Elles ont à peine un million d'années. Le fait qu'elles font resplendir le gaz autour d'elles nous empêche de voir leurs sœurs, mais la vision infrarouge en révèle une impressionnante collection de plusieurs centaines. C'est pour cela que l'étude de ce site est exemplaire. On peut y suivre la formation de toute une population. On s'aperçoit que les étoiles y naissent dans une sorte d'essaim lié par la gravitation. Elles s'y concentrent dans un volume où, par comparaison, on ne mettrait que le Soleil et quelques-unes de ses plus proches voisines. D'autres sites produisent également des amas ailleurs dans la Voie Lactée, si bien que les astronomes pensent aujourd'hui que la majorité des étoiles naissent dans de telles communautés qui se dissipent en une dizaine de millions d'années ou moins. Les liens familiaux durent peu chez les étoiles et nous avons de la chance d'observer un amas en cours de construction dans notre proche banlieue.

Il est probable qu'une bouffée de formation d'étoiles a commencé il y a environ 12 millions d'années au bord du nuage et qu'elle s'est déplacée vers l'intérieur, un peu comme une onde laissant derrière elle, au fur et à mesure de son déplacement, des groupes d'étoiles nouvellement formées. Près du Trapèze, les jeunes ont entre trois cent mille ans et un million d'années. Comme il reste une grande quantité de matériau dans l'environnement immédiat, on peut se demander si le processus est efficace ou si seulement une petite partie du gaz est transformée en étoiles. Les estimations avoisinent 10 %, ce qui laisse du temps à la Voie Lactée pour épuiser ses réserves. Le matériau inutilisé est chauffé et chassé par le rayonnement des étoiles proches. Il est aussi balayé par l'explosion des étoiles les plus massives qui ont une durée de vie extrêmement courte, de quelques dizaines de millions d'années. Que ce soit de manière douce ou violente, ce matériau est expulsé du voisinage immédiat des jeunes étoiles, laissant apparaître les étoiles adolescentes hors de leur matrice.

La grande nébuleuse d'Orion

Les trois photographies, à la même échelle, montrent la nébuleuse dans trois lumières différentes. En visible, le gaz est illuminé par les plus brillantes des jeunes étoiles. En infrarouge proche, on voit distinctement la myriade d'autres jeunes étoiles qui se cachent dans les voiles de gaz et de poussières, et l'infrarouge lointain montre les poussières mélangées au nuage parent et les cocons brillants (en vert), où naissent actuellement les toutes dernières générations. On remarquera la traînée de gaz et de formation d'étoiles qui s'étire vers le haut des images infrarouges, hors d'atteinte du visible. La nébuleuse est une crèche stellaire en pleine activité.

Visible

Infrarouge proche

Infrarouge lointain

Plongée dans le Trapèze

Le zoom nous plonge à moins de 2,5 années-lumière des étoiles du Trapèze en visible (haut), en infrarouge (milieu) pour percevoir les étoiles masquées par la nébuleuse, notamment celles qui apparaissent orangées dans leur cocon, et en rayons X (bas) pour constater que les étoiles jeunes sont très actives. Elles ont des couronnes très chaudes et sont le siège de formidables éruptions. Cela devait être le cas pour le Soleil dans sa prime jeunesse quand il émettait une lumière X des milliers de fois plus intense qu'aujourd'hui.

N'EST PAS ÉTOILE QUI VEUT

On entend encore dire que le Soleil est creux. Il y a quelques années, une petite fille nous avait affirmé qu'il avait une surface solide comme la Terre : elle fut très déçue d'apprendre que c'était une boule de gaz. Après tout, il ne faut pas oublier qu'on ignorait tout de la nature du Soleil et des étoiles il y a moins d'un siècle. L'imagination des hommes s'en était auparavant donné à cœur joie. Pour les uns, les étoiles étaient des trous dans le rideau de la nuit. Pour d'autres, il s'agissait de lampions accrochés sur une sphère ou sur le dais tendu au-dessus de la vallée du Nil. Il y a 2 600 ans, Anaximandre parlait de condensations d'air, remplies de feu, en forme de roues avec des ouvertures qui laissaient passer les flammes. Cent cinquante ans plus tard, Anaxagore était persuadé que le Soleil était un métal chauffé et les étoiles des pierres brûlantes. Il y a 2 400 ans, Démocrite, ce scientifique visionnaire et doué d'un solide sens de l'humour, pensait que les étoiles étaient des soleils lointains. Non seulement il avait proposé que la matière était faite d'atomes, mais il avait compris que le monde du Soleil et des planètes était le même que celui des étoiles. Vers –130, Hipparque avait remarqué cinq « étoiles nébuleuses » parmi les 1 022 qu'il avait répertoriées. Pline disait de lui : « Il osa compter les étoiles et les nommer pour la postérité, tentative audacieuse, même pour un dieu ! » Un catalogue chinois, publié il y a 1 700 ans, contenait 1 464 étoiles.

Galilée eut la surprise en 1610 de constater les imperfections du Soleil. Non seulement il tournait, mais il était constellé de taches. Il découvrit également des étoiles nouvelles dans Orion et dans la Voie Lactée. À la même époque, Clavius et les pères jésuites étaient convaincus qu'il existait une multitude d'étoiles, mais qu'elles ne pouvaient pas être vues car elles étaient trop petites à grande distance. Ils n'avaient pas compris que, quel que soit le grossissement de la lunette, elles apparaissaient toujours comme des points. Il fallut attendre la fin du XVIIe siècle pour que Huygens estime la distance de Sirius à 0,4 année-lumière en la comparant au Soleil. En fait, elle est beaucoup plus brillante que ce dernier et sa distance est plutôt de 8,6 années-lumière. Mais il avait compris que les étoiles étaient très lointaines, ce qui fut corroboré par les mesures de Bessel dans le Cygne en 1838. Aujourd'hui, on peut toujours voir 6 000 étoiles à l'œil nu, mais plus de 500 millions ont été répertoriées par les télescopes, ce qui pose d'ailleurs un sérieux problème de nomenclature et de communication entre les scientifiques, car c'est un exploit de mémoriser leur nom plus de trente secondes : essayez avec le quasar SDSS J 172206.03+565451.6.

Entre 1915 et 1940, quatre hommes, Einstein, Eddington, Perrin et Bethe, ont expliqué pourquoi les étoiles brillent. Albert Einstein a compris l'équivalence de la masse et de l'énergie, Arthur Eddington a écrit les équations de la structure interne des étoiles, Jean Perrin a proposé la fusion nucléaire comme source d'énergie et Hans Bethe a décrit la réaction de fusion de l'hydrogène en hélium. En 1926, Arthur Eddington écrivait : « L'intérieur d'une étoile est un véritable tohu-bohu d'atomes, de noyaux, d'électrons et de photons. Nous devons faire appel aux découvertes les plus récentes de la physique atomique pour suivre la complexité de ce ballet. Nous avons commencé à explorer l'intérieur d'une étoile ; nous voilà en train d'explorer les intérieurs atomiques. Essayez d'imaginer le tumulte ! Les atomes déchiquetés filent à 100 kilomètres par seconde, laissant derrière eux seulement quelques lambeaux de la cape d'électrons qui leur a été arrachée dans la mêlée. Les électrons perdus accélèrent à une vitesse cent fois supérieure pour trouver de nouveaux refuges. Attention ! Il va y avoir une collision entre un noyau et un électron ! Mais, au dernier moment, l'électron parvient à contourner le noyau en prenant un virage sur l'aile. L'électron subit ainsi des milliers de frôlements en un milliardième de seconde. Parfois la trajectoire de l'électron est sérieusement perturbée, mais il continue son chemin en acquérant ou en perdant un peu d'énergie. Puis l'accident arrive ; l'électron est capturé pour de bon et ficelé au noyau atomique, et son existence libre arrive à son terme. Mais seulement pour un instant ; à peine l'atome a-t-il ajouté ce nouveau trophée à son collier d'électrons, qu'un photon lui tombe dessus. En un éclair, l'électron est de nouveau libre, prêt à d'autres aventures. »

Une étoile est une boule de gaz issue de l'effondrement d'un nuage dense. Dans notre environnement quotidien, tout gaz tend à s'échapper et à remplir rapidement tout l'espace disponible. Or une étoile n'a pas de récipient pour retenir son gaz. C'est le rôle de la gravitation. L'étoile est en équilibre entre la pression du gaz qui tend à la gonfler et la gravitation qui tend à la contracter. La température et la pression au centre sont si élevées, et les collisions entre noyaux si violentes qu'ils arrivent à surmonter leur répulsion électrique et à fusionner. Au moment de sa formation, une étoile est un « globule de matière » qui s'effondre sur lui-même. Dès que la température atteint une dizaine de millions de degrés au centre, les réactions thermonucléaires s'allument et les atomes d'hydrogène fusionnent pour donner de l'hélium. Ce sont de véritables bombes atomiques contrôlées. L'énergie est évacuée à travers le gaz pour donner la lumière qui s'échappe à l'extérieur. Quand l'hydrogène au centre s'est consumé, l'hélium devient carburant à son tour, puis le carbone, et ainsi de suite, et les atomes sont fabriqués les uns après les autres dans l'ordre de leur masse. Une étoile est à la fois une usine à fabriquer des atomes et un foyer dispensant lumière et chaleur aux alentours.

Le devenir d'une étoile est conditionné par sa masse initiale. Plus celle-ci est importante, plus la température et la pression au centre sont élevées, plus les rendements de fusion nucléaire sont forts, plus la quantité d'énergie produite est grande... et plus la durée de vie est courte. Les étoiles les plus massives brillent donc intensément. Elles sont chaudes et bleues, mais elles tombent en panne sèche en quelques dizaines de millions d'années. Les étoiles plus légères sont moins énergétiques, mais elles survivent des milliards d'années. Au cours de la vie d'une étoile, sa taille s'adapte à la quantité d'énergie à rayonner qui varie selon son carburant. Plus elle a d'énergie à évacuer, plus elle est grosse.

Une étoile ne peut pas avoir n'importe quelle masse. Si cette dernière est trop faible, moins d'un dixième de masse solaire, la température et la pression au centre n'atteignent jamais le seuil des réactions thermonucléaires. Si, au contraire, la masse initiale est trop importante, plus de cent masses solaires, le flux d'énergie rayonné est tel qu'il entraîne la matière au loin et l'astre devient instable. Avec 2 10^{30} kilogrammes (1 suivi de 30 zéros), le Soleil est un million de fois plus massif que la Terre, mais c'est une petite étoile.

Zoom dans la nébuleuse d'Orion

L'image infrarouge révèle un amas de centaines d'étoiles très jeunes. Trois couleurs infrarouges ont été superposées (1,24 μm en bleu, 1,65 μm en vert et 2,16 μm en rouge) pour faire ressortir de nombreux détails comme les objets rouges encore très enfouis dans leur cocon d'origine et les filaments de gaz rosé sculpté par les vents des étoiles massives, notamment par l'étoile récente IRc2 (jaune ici). Les molécules H_2 du nuage parent y sont tellement secouées qu'elles vibrent et rayonnent en infrarouge sur l'image du bas.

Au plus près du berceau

En plongeant toujours plus profondément dans la nébuleuse d'Orion, en lumière infrarouge, on trouve une source intense qui correspond à une très jeune étoile massive. Cet objet porte le nom BN d'après les initiales de ses découvreurs. Il a la taille du système solaire et abrite une étoile quinze fois plus massive que le Soleil dont la température à la surface est de l'ordre de 26 000 °C. Un tel exemple est très important car il s'agit d'un des rares cas où on peut observer la formation d'une étoile massive.

Des projectiles sont expulsés à grande vitesse autour de l'objet BN. Ces véritables obus apparaissent en infrarouge comme les têtes bleutées au bout des tubes. Ils fusent à un million et demi de kilomètres par heure et perforent la nébuleuse sur leur passage. Chaque obus est une dizaine de fois plus gros que le système solaire et a été tiré il y a moins de mille ans.

DES NAISSANCES DIFFICILES

Dans le tohu-bohu interstellaire, il arrive que des grumeaux denses dans un nuage soient déstabilisés et s'effondrent sous leur poids pour donner des globules préstellaires. Il fait très froid et sombre au départ dans ces grumeaux, environ –260 °C. On y est à l'étroit, à peine quelques années-lumière d'espace, mais le grumeau peut être assez massif pour se scinder en plusieurs globules. Savoir si chacun évoluera ensuite indépendamment ou non fait aujourd'hui l'objet de débats. L'emprise de la gravitation est telle qu'un globule mettra typiquement un million d'années pour s'effondrer, lentement au début, puis plus vite au fur et à mesure que la gravité augmente, et toujours plus vite au centre qu'à la périphérie. En se comprimant, le gaz s'échauffe et c'est ainsi que la condensation centrale peut voir sa température dépasser le seuil des réactions thermonucléaires et s'allumer en étoile.

La formation d'une étoile paraît alors naturelle et inéluctable dès que la gravitation a pris le dessus et déclenché l'effondrement d'un petit bout de nuage. Il n'en est rien. Beaucoup de globules avortent et n'arrivent pas à s'allumer, car il leur faut franchir plusieurs barrières. Le champ magnétique peut gêner l'effondrement au démarrage ; en effet, il se tend comme un élastique qu'on ne peut pas tordre et tendre indéfiniment. Il canalise toutes les particules électrisées du gaz et s'oppose ainsi à la contraction du grumeau. Parallèlement, comme un patineur qui accélère sa pirouette en ramenant ses bras près du corps, le grumeau accélère sa rotation en se contractant, de sorte que la force centrifuge peut arrêter l'effondrement. Un grumeau de masse égale à celle du Soleil devrait tourner sur lui-même à la fin de son effondrement en moins d'une demi-heure, alors que le Soleil tourne tranquillement en un peu plus de vingt-cinq jours. En fait, cet astre n'existerait pas. Il aurait volé en éclats au moment où sa taille eût été près de cent fois plus grande que celle du Soleil. Il se serait disloqué tel un manège fou qui se serait emballé et partirait en morceaux dans un film catastrophe. Un moyen efficace pour le grumeau de passer cette barrière centrifuge est de se scinder en plusieurs globules qui, au lieu de garder leur énergie de rotation pour tourner trop vite sur eux-mêmes, l'utilisent pour tourner les uns autour des autres. Les globules développent ensuite des disques et des jets pour se stabiliser et régler leurs propres problèmes de rotation.

Les globules massifs peuvent également devenir trop chauds au point que leur rayonnement freine la chute du gaz. Comme la vapeur d'une chaudière mal fermée, les couches externes de la protoétoile devraient se disperser. C'est la raison pour laquelle on ignore encore comment se forment les grosses étoiles de plus de quelques masses solaires, sans parler de celles qui font des dizaines de masses solaires ! Orion ne forme malheureusement que peu d'étoiles massives aujourd'hui ; il faut attendre la nouvelle génération de télescopes infrarouges et submillimétriques pour fouiller les cœurs préstellaires massifs dans les nuages du Cygne, à 5 500 années-lumière de la Terre, où ils abondent.

Jeunes étoiles dans Orion

◀ Des bébés agités

Grâce à la résolution et à la sensibilité du télescope spatial et des grands télescopes au sol équipés de systèmes d'optique adaptative, on peut continuer le zoom et plonger encore plus loin dans la nébuleuse d'Orion, jusqu'à atteindre des détails de l'ordre de 7 milliards de kilomètres, soit moins que le diamètre de l'orbite de Neptune autour du Soleil. Des gouttes blanches apparaissent de-ci de-là dans l'image. Ce sont de très jeunes étoiles entourées d'un disque de gaz et de poussières. Le vent des étoiles du Trapèze les enrobe également d'un voile de matière qui leur donne l'aspect de têtards en vadrouille dont la queue pointe à l'opposé des étoiles brillantes. On peut se demander si nous observons là de futurs systèmes solaires.

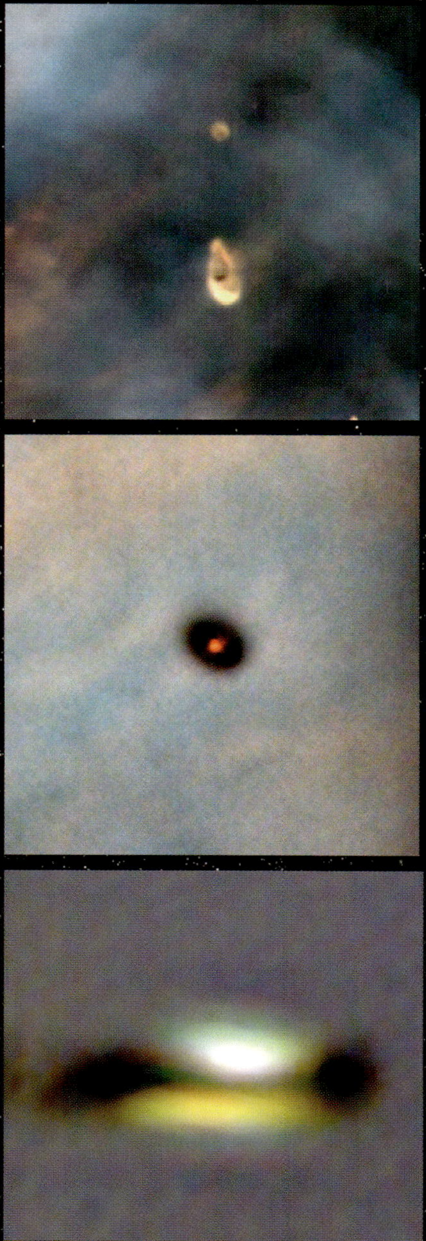

Des disques prometteurs

La moitié des jeunes étoiles observées au centre de la nébuleuse d'Orion est entourée d'un disque de gaz et de poussières. Si tous ces disques sont les précurseurs d'un système planétaire, on peut imaginer que le phénomène Terre est commun dans l'Univers. Mais il est un peu tôt pour en tirer des conclusions.

DISQUES ET JETS : UN MOYEN DE FRANCHIR LES OBSTACLES

Pendant plusieurs décennies, les astronomes se sont demandé comment les étoiles pouvaient franchir ces barrières et naître. La réponse est venue des observations de la fin des années 1980 et elle a beaucoup surpris. Partout dans l'Univers où du gaz tombe par gravité sur un objet central, il forme un disque aplati à la périphérie tandis qu'une partie est violemment éjectée sous forme de jets étroits, jaillissant dans des directions opposées, perpendiculaires au disque. L'effondrement des protoétoiles n'échappe pas à la règle. Jets et disques sont les compléments naturels des condensations centrales, futurs bébés étoiles. Ils sont vus à chaque fois que le pouvoir de résolution des instruments permet d'observer avec suffisamment de détails l'environnement immédiat des étoiles les plus jeunes. La présence du disque bloque les éjections près de l'équateur, il paraît donc naturel que la matière s'évade plutôt des régions polaires, mais la puissance des jets et leur étroitesse étonnent. Le gaz ionisé y est propulsé à des vitesses supersoniques de l'ordre de 100 à 500 kilomètres par seconde. Ils restent assez bien focalisés sur une demi-année-lumière ou plus en embarquant avec eux le gaz qu'ils rencontrent sur leur route. Il est clair, d'après les mesures, que la chute de matière vers le centre et l'éjection vers l'extérieur sont étroitement liées. Un peu comme il n'y a pas d'amour sans haine, il n'y a pas d'implosion sans explosion. Plus l'un est fort, plus l'autre est puissant, mais comprendre comment et pourquoi quelques pour-cent de la matière ratent un virage quelque part et repartent à toute vitesse en direction opposée est un défi théorique non encore résolu qui implique des couplages sophistiqués entre le gaz et les champs magnétiques.

La présence de disques a immédiatement conduit à se poser la question de savoir s'ils vont systématiquement déboucher sur un cortège de planètes ou bien s'il faut réunir d'autres conditions. Le fait qu'on en a vu dans la nébuleuse du Trapèze montre qu'ils parviennent à survivre aux vents et rayonnements décapants des étoiles massives proches. Mais les données sont trop parcellaires pour savoir si c'est la règle ou si l'on ne voit que les rares survivants. De même, la question de savoir si les disques forment des planètes très rapidement avant d'être détruits reste ouverte.

Même si une vision d'ensemble des premiers instants des étoiles semble émerger, beaucoup d'inconnues demeurent. Entre le grumeau parent et l'étoile finale, la densité augmente de plusieurs centaines de milliards de milliards de fois. Aucun modèle ne permet de suivre l'effondrement du début à la fin.

L'effondrement d'un grumeau initial en globules préstellaires prend environ un million d'années. Il faut ensuite quelques dizaines de milliers d'années pour que la protoétoile s'entoure d'un disque tout en propulsant des jets, mais elle n'est pas encore assez chaude pour allumer les réactions nucléaires. Le tout reste profondément enfoui dans le cocon du globule qui luit seulement en lumière submillimétrique. La périphérie du globule va « pleuvoir » sur le système central pendant encore plusieurs centaines de milliers d'années pendant lesquelles on verra peu à peu se dégager la protoétoile et son disque en infrarouge. Vers la fin de la pluie émerge enfin une jeune étoile dont le cœur nucléaire a démarré et qui s'accompagne d'un disque infrarouge et de jets qui vont se tarir avec la pluie.

Pour répondre aux nombreuses questions en suspens, il ne nous reste plus qu'à arpenter l'Univers et aller de maternité en maternité explorer systématiquement ce qui s'y passe.

Disques et jets

Ces images spectaculaires montrent de toutes jeunes étoiles d'Orion entourées d'un disque équatorial de gaz et de poussières. De puissants jets jaillissent vers les pôles. Le rayonnement et les vents musclés des étoiles massives voisines mettent ces systèmes à rude épreuve, mais il semble qu'ils arrivent à résister dans une bulle protectrice où les jeunes étoiles pourront se développer. Pour exister, d'éventuelles planètes devront se former rapidement avant que le disque ne soit dispersé.

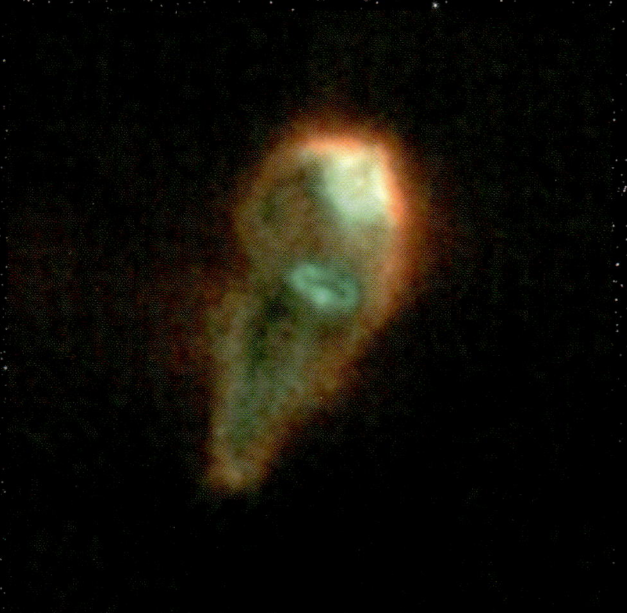

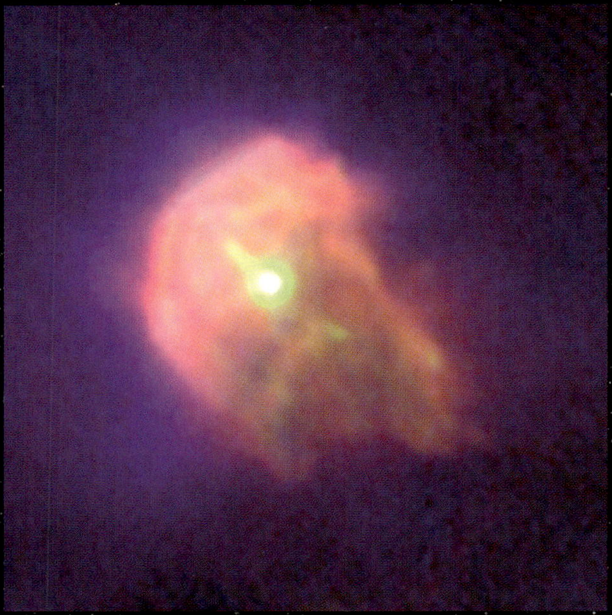

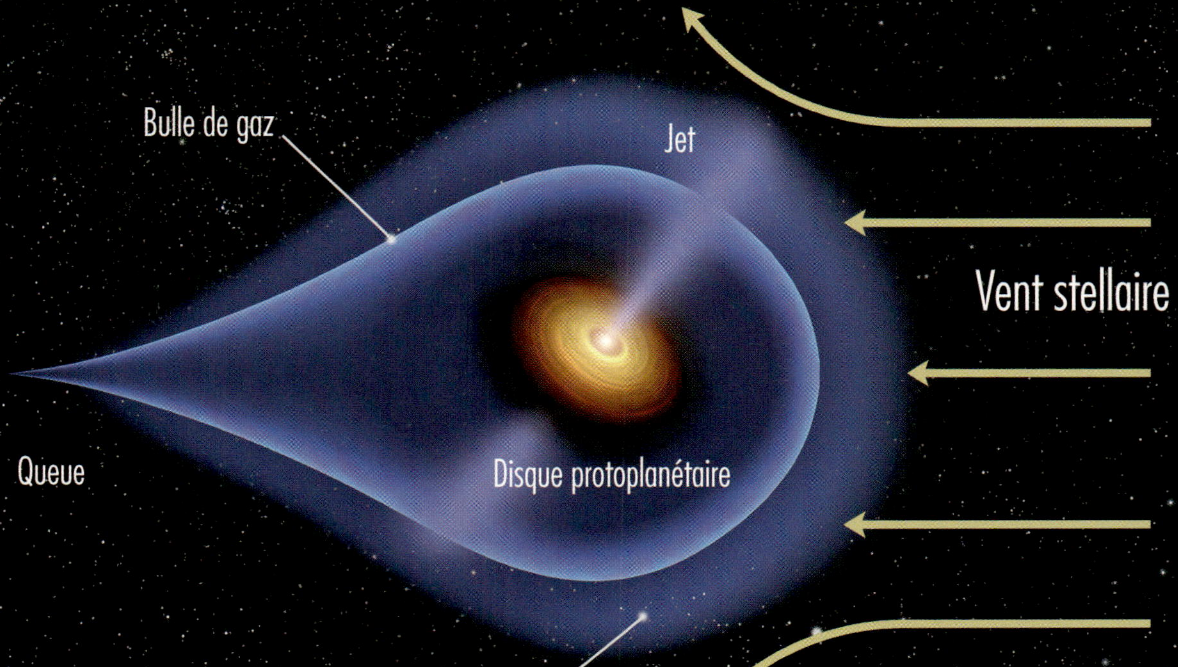

Des jets partout

.a région du Trapèze n'est pas le .eul site actif de formation d'étoiles. En infrarouge, on voit poindre des ets caractéristiques des protoétoiles un peu partout à la périphérie de la grande nébuleuse.

À travers les voiles

Un globule peut se faire très discret en lumière visible. À peine une petite échancrure brillante laisse-t-elle deviner une uelconque activité interne. La situation est bien différente en infrarouge où l'on découvre les superbes jets d'une toute eune toile qui s'appelle HH 46/47. Ces jets filent à un million de kilomètres par heure sur des milliers de milliards de kilomètres. s accompagnent la chute de matière sur la condensation centrale qui s'allumera en étoile dans environ cent mille ans.

Jets de soucoupes volantes

L'incroyable jet de l'étoile HH 111 reste focalisé sur 12 années-lumière et ne semble pas trop perturbé par les deux étoiles compagnes de HH 111. Mais il avance dans le sillage turbulent d'éruptions précédentes, ce qui l'émaille de nœuds brillants.

L'image infrarouge d'HH 30 par la tranche permet de voir distinctement le disque équatorial de poussières qui absorbent la lumière centrale et donnent au système son aspect de diabolo ou de Yo-Yo. Les jets jaillissent perpendiculairement au disque.

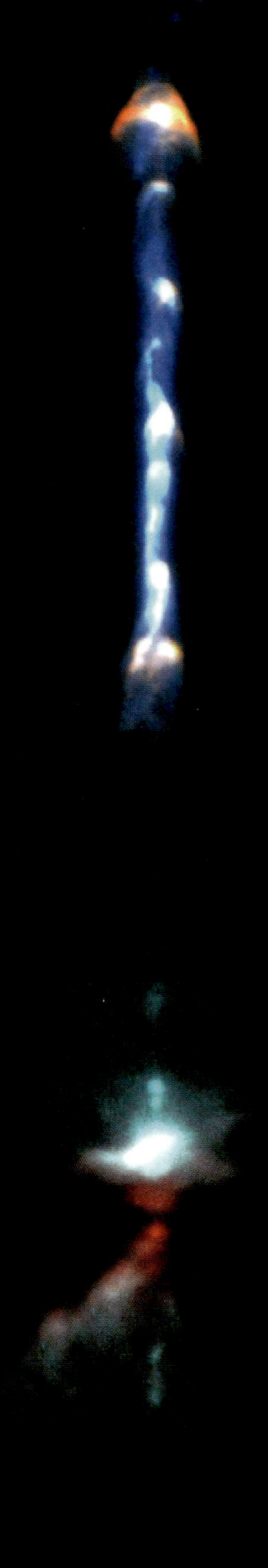

HH III

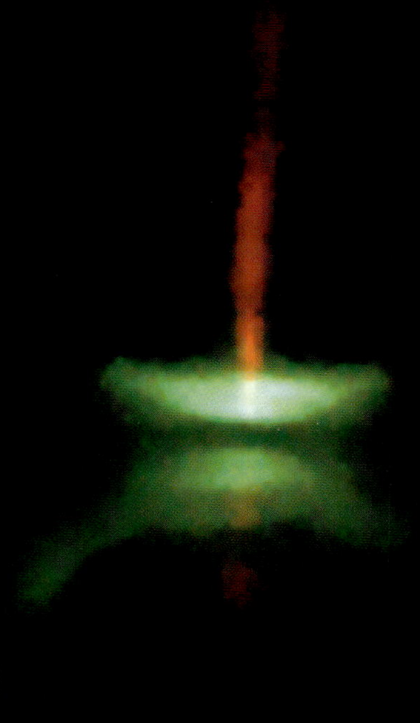

HH 30

ÉPIDÉMIES D'ÉTOILES

Avec la découverte des nuages moléculaires, les astronomes ont trouvé le lieu de naissance des étoiles. Ces énormes réservoirs contiennent assez de matière pour produire des centaines de millions de soleils. Il existe plusieurs moyens à grande échelle pour les perturber et déstabiliser leurs grumeaux. Les ondes des bras spiraux des galaxies et les collisions de galaxies sont des moyens très efficaces de provoquer de vastes campagnes de formations d'étoiles.

Quatre-vingts pour cent des galaxies en dehors des amas possèdent de magnifiques bras spiraux. Ce sont des ondes de densité semblables aux embouteillages de voitures sur une autoroute. Quand la densité des voitures dépasse une valeur critique, la moindre perturbation les fait freiner et elles s'accumulent à cet endroit. Elles se « compriment ». Le temps de réaction des conducteurs suivants fait que la zone de compression se propage en amont de la perturbation à une vitesse différente de celle des voitures. Quand elles redémarrent, elles s'écartent les unes des autres et leur densité décroît. La succession de ralentissements et de redémarrages est responsable de l'apparition d'une onde qui remonte sur l'autoroute plus ou moins vite, suivant que les chauffeurs sont attentifs ou distraits, prompts à redémarrer ou lents à la détente. C'est cette onde qui provoque une circulation en accordéon. On peut observer un phénomène semblable dans une galaxie : les étoiles et la matière interstellaire se concentrent par endroits et la zone embouteillée, en forme d'onde spirale, se déplace à une vitesse différente de celle des étoiles qui la créent. L'onde de compression perturbe les nuages. Des instabilités se créent et des grumeaux commencent à s'effondrer. Il ne faut surtout pas croire que les bras spiraux restent figés comme sur l'instantané des photographies. Ils voyagent autour de la galaxie. On observe juste derrière eux des chapelets de jeunes étoiles formées après leur passage.

À plus petite échelle, la naissance d'un groupe d'étoiles a souvent un effet d'entraînement dans son voisinage immédiat. Autrement dit, la formation d'étoiles est très contagieuse ! Nous verrons au chapitre suivant que l'intense rayonnement ultraviolet des étoiles les plus massives forme une bulle de gaz très chaud et ionisé autour d'elles. Très ténu, il n'apparaît pas en lumière visible. Seul le bord de la bulle où les électrons se recombinent aux noyaux apparaît en lumière rouge. C'est pourquoi

on a toujours l'impression que les jeunes amas d'étoiles ont fait le ménage autour d'eux et qu'ils habitent des bulles vides. Tout le gaz à la périphérie est poussé par l'expansion de la bulle et chauffé par ses rayons ultraviolets. Les grumeaux les plus denses résistent mieux que les zones diffuses qui les séparent ou que le gaz qui s'abrite dans leur ombre. On voit ainsi se former des piliers de gaz surmontés d'un chapeau dense comme les demoiselles coiffées que l'érosion de la pluie sculpte sous les roches dures en montagne. C'est le cas des antennes de l'escargot vu dans la nébuleuse de la Trifide ou dans les incroyables gros plans des piliers de la nébuleuse de la Carène. On en voit partout au bord des zones lumineuses qui pointent tous leur tête vers les étoiles brillantes. Il suffit de regarder en infrarouge pour constater que la pression de l'érosion fait imploser les chapeaux et qu'ils fabriquent des protoétoiles. Les plus massives d'entre elles, une fois nées, déclencheront de nouvelles demoiselles coiffées un peu plus loin dans le nuage et l'épidémie se propagera de proche en proche tant qu'il y aura des grumeaux à éroder et à déstabiliser, pour notre plus grand plaisir d'ailleurs car ces sculptures colorées sont magnifiques. Mais il ne suffit pas d'être dans une maternité bien équipée pour naître, encore faut-il que le milieu extérieur ne soit pas trop hostile pour que les têtes de pilier ne s'évaporent pas avant que la protoétoile ait eu le temps de s'agréger.

◀ La pouponnière de la Trifide

Toute ronde dans le ciel austral, la nébuleuse de la Trifide fut découverte en 1750 par Guillaume Le Gentil. Son nom vient des raies sombres qui séparent trois lobes lumineux. Nous aurions pu l'appeler la nébuleuse du trèfle ou trilobée, mais nous avons gardé la dénomination de John Herschel. Elle se trouve à 9 000 années-lumière dans la direction du Sagittaire. Trois étoiles illuminent les régions centrales à la manière du Trapèze d'Orion.

Les poussières des barres sombres brillent en infrarouge, mais on voit surtout que les étoiles centrales, dont l'une est âgée de 300 000 ans, ont sculpté l'intérieur du nuage et provoqué une épidémie de formation sur le pourtour. Plus de trente protoétoiles y ont été découvertes.

Contagion dans la Trifide

Un agrandissement en visible et en infrarouge du bord du nuage illuminé et sculpté de l'intérieur montre des sources infrarouges brillantes (au bout des flèches) là où il n'y a pas d'étoile visible. Il s'agit d'embryons d'étoile en train de se former dans des cocons encore opaques. Ils sont dus à l'activité des jeunes étoiles déjà nées au sein du nuage.

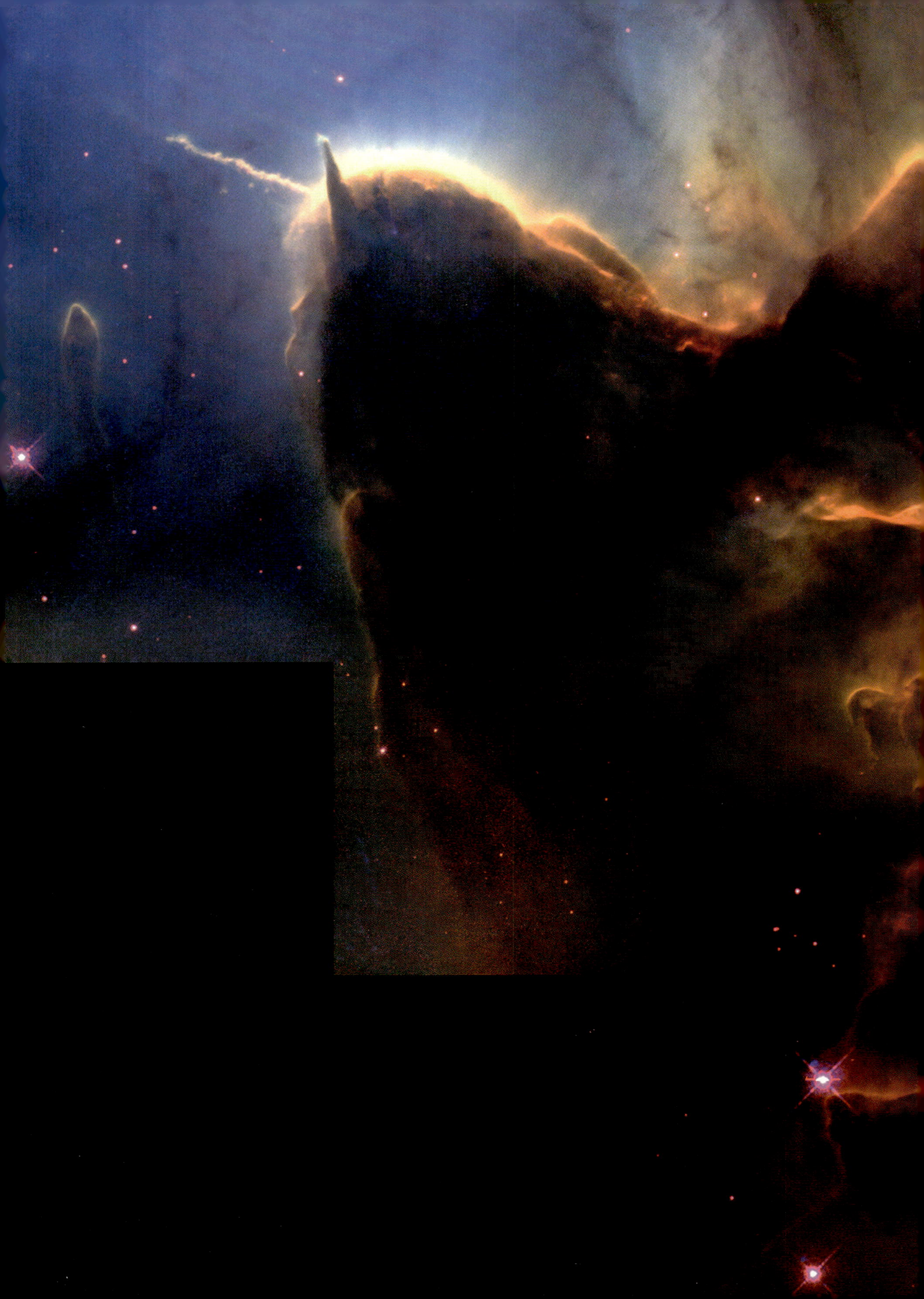

Une tête d'escargot dans la Trifide

L'antenne de droite pointe en direction de l'étoile brillante (hors image) qui illumine la tête de l'escargot. Il s'agit d'une demoiselle coiffée. Le grumeau dense au bout du pilier a protégé la colonne dans son ombre de l'érosion intense des rayons de l'étoile. Il est probable que le grumeau est en train de s'effondrer pour donner naissance à une étoile, mais il n'est pas sûr qu'il y arrive avant que l'érosion ne l'évapore complètement. Une protoétoile a réussi à se former derrière la tête de l'escargot car la seconde antenne, à gauche, n'est pas un pilier mais un jet protostellaire d'un peu moins d'une année-lumière de long.

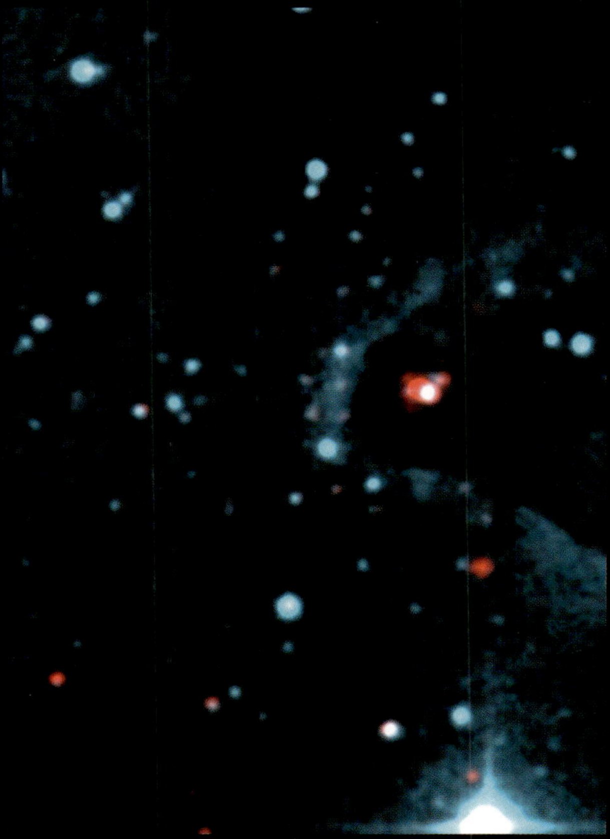

Une protoétoile enfouie

L'image composite montre le halo de gaz ionisé qui est érodé sur la tête d'un pilier et la protoétoile infrarouge qui s'est formée à l'intérieur.

L'INNÉ OU L'ACQUIS

La visite de ces pouponnières soulève de nombreuses questions : comment expliquer la démographie des étoiles ? Découle-t-elle de la structure des nuages parents ? À quel taux se forment-elles ? Comment sont fabriquées les grandes étoiles ?

On pourrait penser naïvement que les grumeaux massifs donnent naissance à de grosses étoiles et les plus légers à des étoiles naines, mais la réalité est beaucoup plus complexe qu'il n'y paraît, au point même que l'on ne sait pas aujourd'hui comment se forment les étoiles de plus de quelques masses solaires. On peut envisager la fusion de petites étoiles pour construire les grandes, car plus de la moitié des étoiles de la Galaxie vivent en couple, parfois très serrés, ou en systèmes multiples ; mais les mesures récentes ne semblent pas corroborer ce scénario. On peut aussi imaginer une course de boules de neige, les protoétoiles naissant de l'effondrement d'un globule, mais grossissant également en jouant les ramasse-miettes dans le gaz environnant. Comme il se doit, la nature est souvent injuste, la loi de la jungle prévaut à ce jeu d'accumulation. Les protoétoiles grossissent par effet boule de neige et les plus grosses au départ croîtront plus et plus vite que les petites. On parle de « croissance compétitive ». Les débats actuels sur la part d'inné, c'est-à-dire de l'effondrement d'un globule isolé, et de l'acquis, c'est-à-dire de la croissance par effet boule de neige, sont très animés, les observations ne permettant pas encore de trancher.

La part de l'inné et de l'acquis se reflète aussi dans la démographie des étoiles. Il s'en forme des petites, des moyennes et des grandes dans des proportions précises qui varient si peu d'une maternité à l'autre qu'on suppose souvent qu'elles sont universelles afin d'étudier les galaxies lointaines. Cette distribution de masses est-elle la conséquence de la répartition de la matière dans les nuages et la manière dont ils se fragmentent en grumeaux (l'inné) ? Cela semble être le cas pour les étoiles comparables au Soleil. Résulte-t-elle plutôt des effets d'environnement et de boule de neige (l'acquis) ? C'est une hypothèse à l'étude pour les minuscules étoiles et pour les plus massives.

La nébuleuse extrême de la Carène

À 7 300 années-lumière de distance, cette nébuleuse est une pouponnière exceptionnelle pour ses étoiles massives dont la fameuse η Carina, qui est l'une des étoiles les plus lourdes de la Voie Lactée. Une soixantaine d'autres mènent la vie très dure au nuage environnant.

Zooms visible et infrarouge sur le bord de la Carène, des bulles de gaz torturé, des demoiselles coiffées et des piliers de gaz convergent vers les étoiles centrales.

Zoom au centre de la Carène, des piliers et des grumeaux isolés ont résisté à l'érosion intense et flottent un peu partout.

La nébuleuse du Lagon en visible et en infrarouge

Cette maternité, visible avec des jumelles, est située à 5 000 années-lumière dans la constellation du Sagittaire. Il faut comparer la répartition du gaz à différentes échelles dans le nuage parent et la distribution de masse des étoiles pour mieux cerner les étapes de leur formation et l'efficacité globale du processus. On utilise pour cela l'émission infrarouge entre 8 et 21 microns des PAH et des poussières intimement mêlées au gaz ainsi que des images en infrarouge proche pour voir les jeunes étoiles.

◀ Les jets de protoétoiles enfouies percent les têtes de piliers dans la Carène.

LA NAISSANCE EN DIRECT DE TRÈS VIEILLES ÉTOILES

En regardant à des millions et même à des milliards d'années-lumière, nous réalisons que les étoiles naissent partout, dans toutes les galaxies, ce qui est un signe de bonne santé. On suit leur formation en direct. Pourtant, compte tenu de la durée du voyage de la lumière pour nous parvenir, bon nombre de ces étoiles sont en fait déjà mortes depuis longtemps. Plus on regarde loin dans l'Univers, plus on regarde tôt dans le passé, ce qui nous sert à montrer que la formation des étoiles a commencé très tôt dans l'histoire de l'Univers et n'a pas cessé depuis, quoiqu'elle ait décru. Quelques exemples permettent d'illustrer l'universalité du phénomène.

Les maternités géantes abondent dans les galaxies proches comme Andromède, les Nuages de Magellan et Messier 33. Un peu plus loin, à une dizaine de millions d'années-lumière, la galaxie du Sculpteur est non seulement très brillante, mais aussi très poussiéreuse, donc riche en gaz. Cette galaxie est en train de connaître un véritable « baby-boom ». On pourrait penser, vu le nombre de pouponnières découvertes dans la Voie Lactée, que cette dernière est particulièrement active et que les étoiles s'y reproduisent à un rythme effréné d'une par an. Ses performances sont en fait très modestes par rapport à d'autres galaxies des centaines de fois plus fécondes à l'issue des grandes collisions. Les marées entre les galaxies pendant la collision déclenchent de formidables poussées stellaires.

À 12 milliards d'années-lumière, aux confins de l'Univers, les astronomes ont découvert une région de formation d'étoiles des millions de fois plus active que la

Une maternité imposante

Du nom peu poétique de NGC 3603, cette nébuleuse, située à environ 20 000 années-lumière, est connue pour être l'une des plus grandes régions de formation d'étoiles de notre Galaxie. La partie centrale n'est pas extraite d'une boîte à bijoux, mais contient des milliers d'étoiles plus massives que le Soleil qui sont nées il y a moins d'un ou deux millions d'années dans une bouffée brutale de formation. L'étude démographique de tels amas fournit des contraintes précieuses sur la part d'inné et d'acquis dans la croissance des protoétoiles.

Baby-boom dans le Sculpteur

La galaxie du Sculpteur est une impressionnante galaxie spirale très prolifique. Les grandes traînées de poussières qui la parcourent sont particulièrement favorables à la formation d'étoiles. Les maternités pullulent.

L'arc du Lynx

À 12 milliards d'années-lumière, la plus lointaine et la plus massive région de formation d'étoiles jamais découverte apparaît au bout de la flèche verte sous la forme d'un arc rouge. Elle correspond à un million d'orions. La lumière en provenance de cette région a été déviée et amplifiée par la masse considérable de l'amas de galaxies visible au premier plan et situé à seulement 5 milliards d'années-lumière.

nébuleuse d'Orion. Elle apparaît sous la forme d'un étrange arc de lumière très rouge dans l'image d'un amas de galaxies situé à 5 milliards d'années-lumière en direction de la constellation boréale du Lynx. Une étude spectroscopique a révélé qu'il s'agissait de l'image déformée d'une énorme région de formation d'étoiles située loin derrière l'amas. Cette région est si éloignée que la lumière ne nous parvient pas en ligne droite, mais suit les courbes de l'espace-temps déformé par les grandes concentrations de matière que sont les amas de galaxies. Conformément à la théorie de la relativité générale d'Einstein, ils jouent le rôle de lentilles qui amplifient la lumière et grossissent les images, si bien que nous voyons de la Terre des arcs de lumière qui resteraient hors de portée sinon. Les lentilles sont également déformantes, d'où la forme d'arc de ce qui ne devrait être qu'un point de lumière à cette distance. Ces étoiles sont nées alors que l'Univers avait à peine 2 milliards d'années. Ce ne sont pas les premières, loin s'en faut, mais c'est déjà un exploit d'observer celles-là. L'arc du Lynx contient environ un million d'étoiles chaudes et massives, à comparer aux quelques étoiles chaudes qui illuminent la nébuleuse d'Orion. Heureusement que le rythme des naissances a tout de suite été élevé, sinon nous ne serions pas là pour en parler !

Le ciel pétille comme une coupe de champagne ! Effondrements d'étoiles ayant vécu trop vite et trop bien, colossales explosions de supernovæ, souffle brûlant des étoiles, bouffées soudaines de rayons gamma et superbes bulles accompagnant la vieillesse d'une étoile sage font du ciel un spectacle permanent faisant penser chaque nuit à un soir de 14 juillet.

Loin des pâles lueurs entrevues au milieu de la lumière des villes, l'espace est rempli de bulles flamboyantes aux rôles tous différents. Certaines parent les étoiles qui ont vécu paisiblement comme le Soleil et sont en train d'agoniser. D'autres sont issues de l'explosion violente d'étoiles. D'autres encore gonflent autour des étoiles les plus chaudes. Qu'elles correspondent à de paisibles figures ou à un festival d'explosions, les bulles incarnent l'activité incessante des astres. L'évolution est la règle dans le ciel. Dans le monde stellaire, la vie est l'antichambre de la mort et la mort est source de vie.

« La mort est fin et principe de vie. »

Clément Marot (1495-1544),
Chant royal

Chapitre 4

DE BULLES EN BULLES

Violence dans l'Azur

« ... Tout ce qui naît expire
De la destruction la nature est l'empire. »

Voltaire (1694-1778),
Poème sur le désastre de Lisbonne

« Patience dans l'azur... », disait le poète, faisant allusion à un ciel calme pour l'éternité. La vie des hommes est en effet si courte devant celle des astres que personne n'imaginait, il y a seulement quelques décennies, que des feux d'artifice éclataient en permanence çà et là dans le ciel, et que nous pouvions être les témoins de changements rapides. « Violence dans l'azur » serait plus approprié pour décrire notre Univers.

« De mémoire de rose, on n'a jamais vu mourir un jardinier ! », pourraient dire les fleurs qui ne vivent qu'un été. Munies de bons moyens d'observation, elles seraient pourtant capables de comprendre la fugacité de notre monde. C'est ainsi qu'en utilisant toutes les lumières, les astronomes ont eu la surprise d'observer des événements d'une violence inouïe ou des évolutions plus douces mais tout aussi inéluctables, faisant du ciel un spectacle permanent et particulièrement instructif. Loin d'être de vaines destructions, ces agitations sont souvent l'occasion de nouvelles vies.

LES ENFANTS DES ÉTOILES

Pour que notre Terre ait pu devenir ce qu'elle est aujourd'hui, il a fallu passer par deux étapes essentielles : fabriquer les atomes, briques élémentaires qui se sont assemblées pour former la Terre jusqu'à nous-mêmes et disposer d'une source de chaleur stable assez longtemps pour permettre à la vie d'évoluer. Le Soleil remplit parfaitement son rôle pour le second point. Bien avant sa naissance, des étoiles très massives ont fabriqué à des cadences infernales des atomes de toutes sortes pour finir par une gigantesque explosion et répandre dans l'espace les fruits de toute leur vie. Les étoiles se divisent en deux familles qui jouent chacune un rôle bien précis dans l'évolution de l'Univers. Les plus massives vivent sur un grand pied, dépensent beaucoup d'énergie, fabriquent sans cesse des atomes de plus en plus lourds, elles « font la fête » chaque jour, mais cela ne dure que quelques dizaines de millions d'années, moins d'un jour à l'aune de l'Univers. Les plus légères sont beaucoup plus économes, elles répandent leur chaleur avec plus de parcimonie, mais toujours au même rythme, elles peuvent même « s'ennuyer » de temps en temps et cela peut durer des milliards, voire des dizaines de milliards d'années. Elles aussi ensemencent l'espace d'atomes légers, de molécules complexes et de poussières.

Vues de la Terre, les étoiles sont des points brillants isolés dans le noir de l'espace. Leur éclat nous a longtemps empêchés de voir quoi que ce soit dans leur environnement proche. Telle une bougie posée près d'un phare, tout proche voisin de faible luminosité est noyé dans leur lumière. Mais les astronomes ont fait preuve d'ingéniosité pour explorer l'environnement immédiat des étoiles. Depuis une dizaine d'années, ils y découvrent des disques de matière, nébulosités, compagnons sombres, planètes... La diversité règne. Tel un concours d'élégance dans une assemblée de mannequins, chaque étoile est parée d'anneaux, de perles et de voiles tous différents les uns des autres.

Les observateurs du XVIIe et du XVIIIe siècle avaient bien remarqué quelques lueurs diffuses dans le ciel, mais ils n'avaient pas accordé grande importance à ces objets. Les premiers catalogues avaient été compilés pour aider les chasseurs de comètes et d'étoiles doubles dans leurs recherches en évitant ces objets. Messier ou les Herschel père et fils n'avaient pas les moyens de comprendre que ces lueurs pouvaient être de nature, de taille et de distance bien différentes. Il y a nébulosité et nébulosité ! On y trouve des galaxies, des amas d'étoiles, des nébuleuses autour d'étoiles brillantes, des restes d'explosion. Toutes sont à peine visibles avec une simple paire de jumelles, mais, en regardant en lumières invisibles, on s'aperçoit que beaucoup ressemblent à des bulles. Le milieu interstellaire est troué d'une multitude de bulles au point de pétiller comme un gigantesque verre de champagne. Toutes n'ont pas la même origine. Chacune marque une étape particulière de la vie d'une étoile. Allons voir la région du Cygne qui illustre bien cette joyeuse diversité.

UN CYGNE DANS LE CIEL

Le Cygne est l'une des belles constellations de l'hémisphère Nord qui domine le ciel d'été. Son long cou et ses ailes dessinent une grande croix. L'oiseau paraît migrer le long de la Voie Lactée vers le sud. La mythologie grecque a associé cette constellation à plusieurs oiseaux légendaires. Pour certains, Zeus s'était déguisé en cygne pour séduire la belle Léda. Pour d'autres, Orphée avait été métamorphosé en cygne après son assassinat, ou bien Cygnus avait été changé en oiseau aquatique tant il avait plongé dans le fleuve Éridan à la recherche du corps de son amant, Phaéton, qui s'était écrasé et noyé en conduisant les chevaux du Soleil. Alors qu'on ne devine en lumière visible que quelques nébulosités poussiéreuses, les images infrarouges et radio font apparaître une myriade de structures, de coquilles et de bulles qui témoignent du brassage incessant et du recyclage du gaz par la création et la destruction d'étoiles de toutes sortes. Des nodules brillants, berceaux de nouvelles étoiles, côtoient des coquilles étendues, cimetières d'étoiles qui agonisent ou qui viennent de mourir. D'autres, visiblement à l'âge adulte, soufflent sur le gaz en créant des volutes un peu partout. Cette plongée dans le Cygne nous rappelle que la matière de l'Univers est en perpétuelle évolution.

La constellation du Cygne

L'oiseau vole à tire-d'aile dans la Voie Lactée.

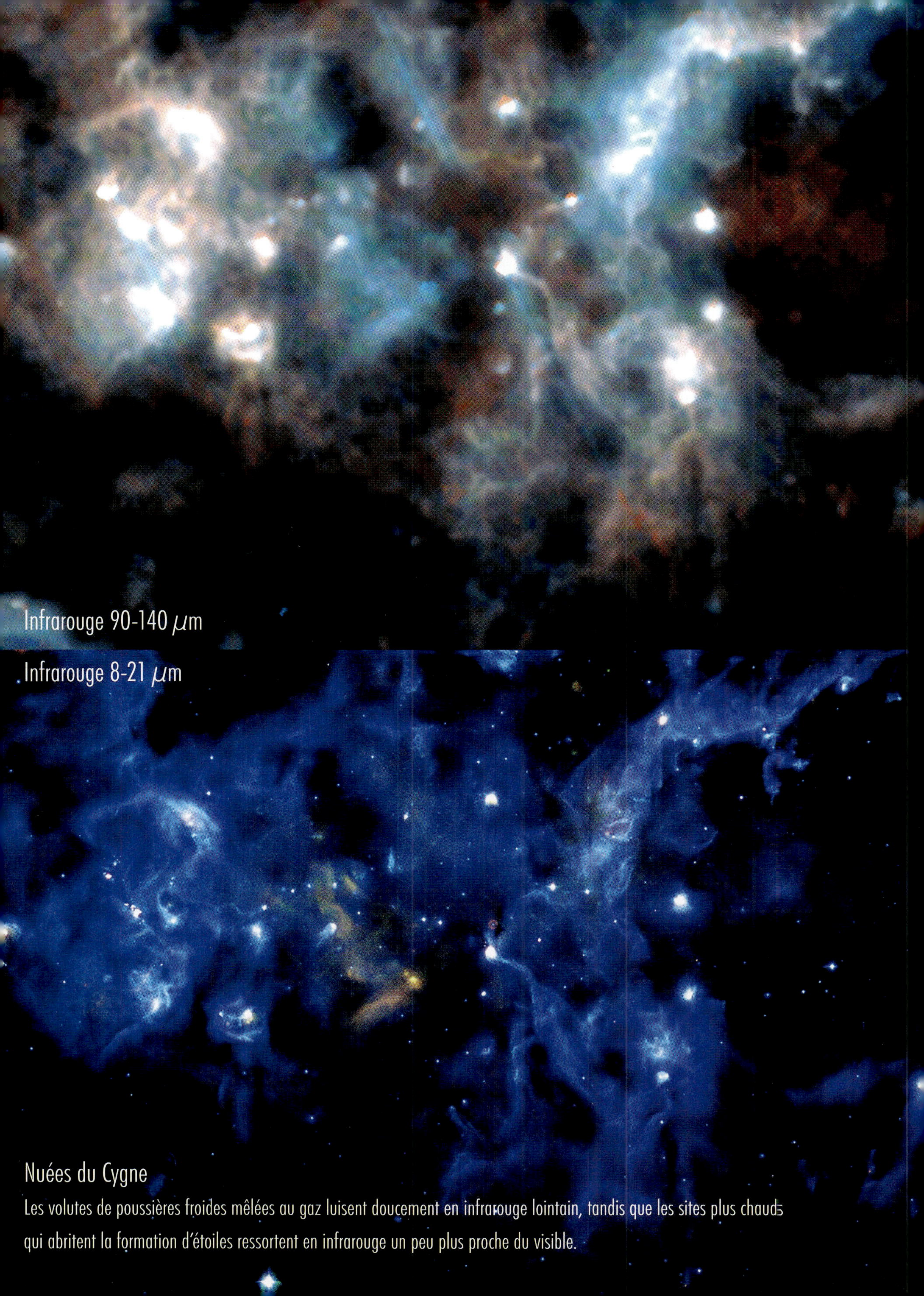

Nuées du Cygne

Les volutes de poussières froides mêlées au gaz luisent doucement en infrarouge lointain, tandis que les sites plus chauds qui abritent la formation d'étoiles ressortent en infrarouge un peu plus proche du visible.

Radio (21, 74 cm)
Infrarouge (25,60 μm)

Vieillards et enfants du Cygne

En juxtaposant les images radio et infrarouges, on met en évidence toutes les bulles qui pétillent dans les nuages. La grosse bulle blanchâtre, γ Cygni, est le résidu d'une explosion de supernova vieille de 7 000 ans, située à 5 000 années-lumière de la Terre. Les lambeaux de l'étoile, qui s'étalent sur 50 années-lumière de rayon, se répandent dans l'espace à plus de 900 kilomètres par seconde. On peut voir un autre reste d'explosion marron en bas, à gauche de l'image.

Les autres bulles ont été soufflées par des étoiles jeunes et chaudes. On peut les reconnaître car elles n'ont pas la même couleur si l'on compare la radio et l'infrarouge. La superposition des deux lumières en fausses couleurs les fait ressortir en jaune et rouge alors que les restes de supernova sont verts.

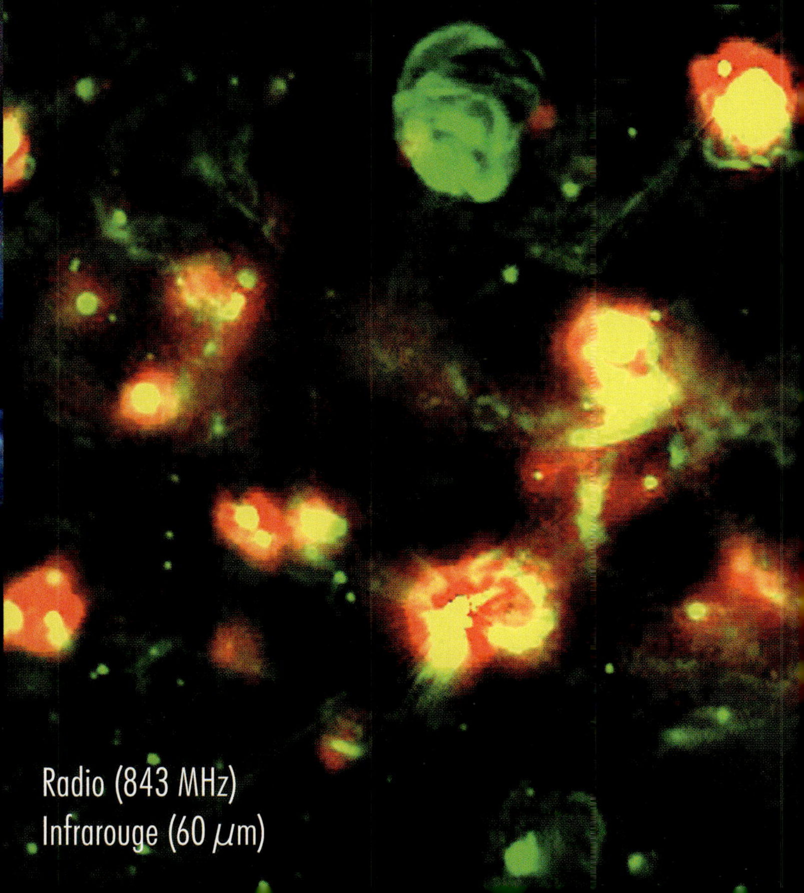

Radio (843 MHz)
Infrarouge (60 μm)

DES ÉTOILES PEINTRES ET SCULPTEURS

Au cours de leur vie, les étoiles peuvent connaître des moments de calme et d'autres plus agités qui traduisent l'activité de leur cœur nucléaire. Leur atmosphère peut être chaude ou brûlante. Le milieu interstellaire est profondément affecté par les humeurs et les coups de chaleur de ces voisines parfois capricieuses. Qu'elles irradient des photons énergétiques lorsqu'elles sont bleues ou qu'elles soufflent des vents puissants bousculant tout sur leur passage, elles illuminent et sculptent le gaz et les poussières des environs. On peut considérer ces étoiles comme de véritables artistes qui créent des sculptures hardies, aux formes étonnantes, et les peignent de pastels lumineux. On dit fort à propos d'un grand acteur ou danseur qu'il est une étoile !

Les étoiles sont aussi d'infatigables ouvrières. Leurs œuvres sont belles, mais aussi très utiles, car la fabrication de jolies bulles prépare la naissance des générations suivantes. Les étoiles les plus massives jouent dans ce domaine un rôle essentiel. L'apport d'énergie en leur cœur est tel qu'elles expulsent une partie de leur atmosphère sous forme de vents filant à des millions de kilomètres par heure pour former de vastes coquilles qu'elles alimentent à raison d'un cent millième de masse solaire par an. Éole lui-même ne ferait pas mieux. Les étoiles massives peuvent aussi souffler des bulles bien plus vastes. Très bleues, elles irradient le gaz alentour de rayons ultraviolets qui excitent les atomes et leur arrachent leurs électrons sur un rayon de plusieurs années-lumière. Les électrons libérés se déplacent dans tous les sens et chauffent le gaz à des températures de 8 000 à 10 000 °C. La bulle de gaz ionisé entre alors en expansion et enfle jusqu'à une centaine d'années-lumière. Comme un ballon supersonique, elle gonfle à Mach 8 ou 10, repoussant tout sur son passage. L'onde de choc qui la précède, tel le « boum » du Concorde, comprime le milieu interstellaire et peut y déclencher la naissance de nouvelles étoiles. La pluie de rayons ultraviolets sculpte ces superbes « demoiselles coiffées » ou piliers que l'on aperçoit au bord des maternités stellaires (voir chapitre 3). Les électrons qui retournent au bercail en se mariant à nouveau avec un proton rayonnent une belle lumière rouge qui reste visible à grande distance. Chacune des perles roses des bracelets qui habillent les bras des galaxies spirales, comme sur l'image de M 51 du chapitre 2, est une bulle chaude autour d'une ou plusieurs étoiles massives vieilles de dizaines de millions d'années. Élégance et efficacité vont de pair dans le royaume des étoiles. Les étoiles bleues s'entourent de bulles roses et chacune vit dans sa bulle !

Pour accomplir leur travail d'artiste, les étoiles peuvent s'y mettre à plusieurs. Les amas d'étoiles se parent souvent d'une gigantesque bulle qu'on peut facilement observer jusque dans les galaxies voisines.

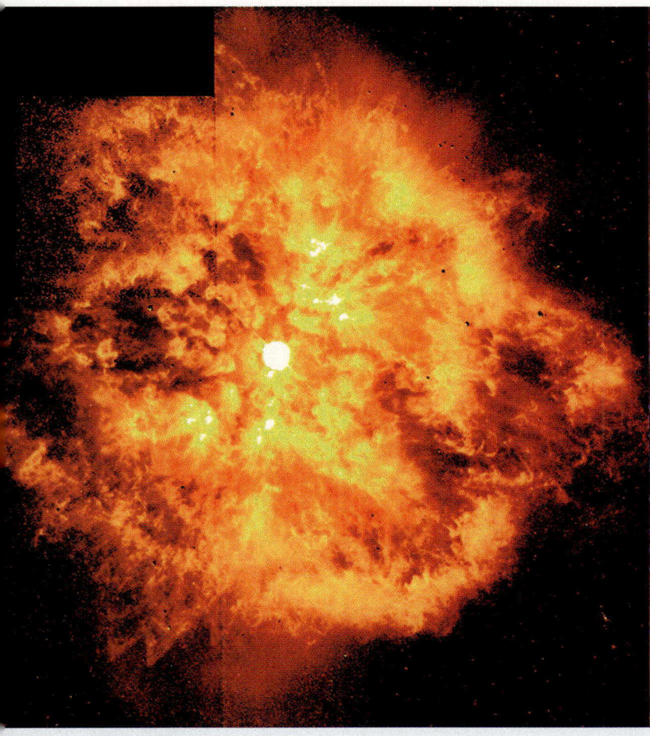

WR 224

BAT 99-2

Bulles d'Éole

Les étoiles dites de Wolf-Rayet, du nom de leurs premiers observateurs, sont des dizaines de fois plus lourdes que le Soleil. Elles vivent très peu de temps et ont des vents extrêmement puissants. Les bourrasques se suivent, se rattrapent et se chevauchent pour former des coquilles chaudes autour de l'étoile. L'étoile BAT 99-2, située dans le Grand Nuage de Magellan, est l'une des étoiles les plus chaudes connues. Son intense rayonnement ultraviolet excite tout le milieu environnant pour lui offrir un écrin rosé.

◀ Cocon ou coquelicot ?

Cette spectaculaire bulle de gaz ionisé brille à 4 000 années-lumière dans la constellation du Cygne. Elle présente la couleur rose caractéristique des électrons qui se recombinent avec les protons. Il semble qu'une étoile massive d'environ 100 000 ans d'âge, a ouvert une brèche dans un nuage moléculaire dense et l'a illuminé. Un amas d'étoiles s'y forme.

Une bulle de savon interstellaire ▲

Cette magnifique bulle, située dans la constellation de Cassiopée, est visible avec un petit télescope.
Le vent de l'étoile centrale a repoussé le gaz dans une coquille d'une dizaine d'années-lumière de diamètre.
Le rayonnement énergétique de l'étoile excite le gaz qui luit en orangé.

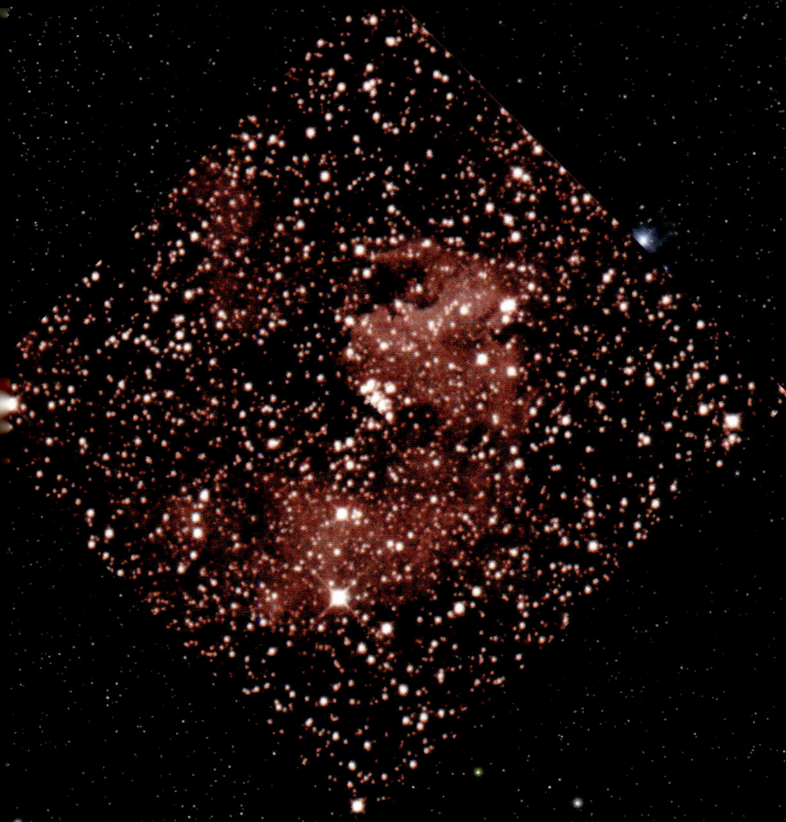

Une bouffée de bulles.

◀ A peine visible par une lueur rosée sur fond d'étoiles en optique, la grande bulle RCW 79 de la constellation du Centaure est située à 17 200 années-lumière et a un diamètre de 70 années-lumière. Elle a probablement mis un million d'années à se former sous l'action du rayonnement et des vents cumulés de jeunes étoiles chaudes au centre.

L'image composite prise en infrarouge et dans une raie du visible montre la cavité de gaz ionisé (turquoise) qui appuie sur le gaz et les poussières environnants. La poussée a déclenché la naissance d'au moins deux amas d'étoiles dans l'épaisse coquille. Les agrandissements infrarouges montrent les molécules du nuage parent du plus gros amas et l'essaim d'étoiles qui s'y forment. ▶

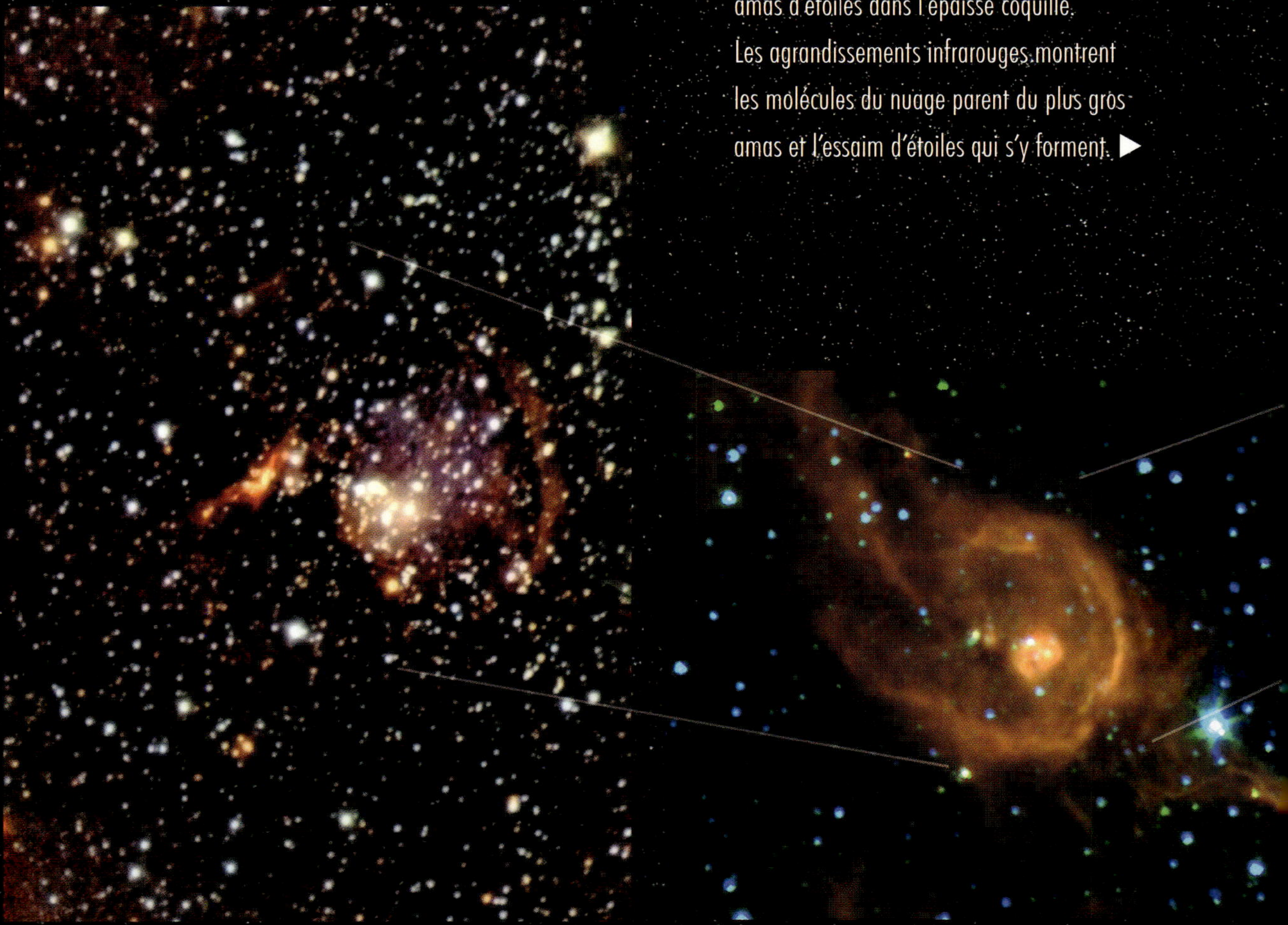

Bulles amoureuses

Ce couple de bulles, situé à un peu plus de 8 000 années-lumière, a violemment comprimé le gaz pris en sandwich entre elles et y a forgé un bel amas d'étoiles visible en infrarouge.

Une maternité géante dans Messier 33

Connue sous le nom de NGC 604 et observée depuis 1784, cette énorme bulle est située dans la galaxie du Triangle à 2,7 millions d'années-lumière de nous. Elle renferme plus de 200 étoiles massives et chaudes qui ont sculpté le nuage dans un rayon de plus de 100 années-lumière.

UNE MORT DOUCE ET BELLE

Tels des papillons sortant de leurs cocons, de superbes nébuleuses émergent des suaires poussiéreux d'étoiles à l'agonie. Les étoiles comme le Soleil finissent leur vie en rejetant leur atmosphère dans le milieu interstellaire et en se parant de riches couleurs comme les forêts en automne. Elles font preuve d'une incroyable variété de nuances et de dessins.

Les étoiles dont la masse est comparable à celle du Soleil ont une vie relativement paisible et particulièrement longue d'une dizaine de milliards d'années ou plus, pendant lesquelles elles brûlent l'hydrogène de leur cœur et le transforment en hélium. Puis elles fabriquent du carbone et de l'oxygène, avec un soupçon d'azote, à partir de l'hélium. L'astre est alors devenu une géante rouge des centaines de fois plus grande que le Soleil actuel. L'atmosphère s'étend si loin de l'attraction de l'étoile qu'elle en profite pour s'échapper et la géante perd beaucoup de masse en quelques dizaines de milliers d'années. Les vents qui expulsent la matière peuvent atteindre des vitesses de plusieurs dizaines de milliers de kilomètres par heure. L'étoile n'est pas assez massive et chaude pour déclencher la fusion du carbone en éléments plus lourds et se trouve à court de carburant. Ce qui reste de l'étoile se contracte pour donner un astre de la taille de la Terre, mais si dense qu'un dé à coudre de ce matériau équivaut à une tonne. En déplacer une cuillère à thé revient à essayer de pousser un percheron récalcitrant ! On l'appelle « naine blanche » car elle est très chaude et apparaît comme un point blanc bleuté sur les images. Il ne reste en effet que les couches profondes et brûlantes de l'ancienne étoile qui sont exposées aux regards après l'évasion des couches superficielles. La contraction de cette naine a également contribué à la chauffer. Sa température externe peut atteindre plusieurs dizaines ou centaines de milliers de degrés. L'intense rayonnement ultraviolet qu'elle produit arrache leurs électrons aux atomes et casse les molécules de l'enveloppe. Ces atomes excités émettent toutes les couleurs de l'arc-en-ciel par fluorescence. Le Soleil passera par cette étape quand il tombera à court de carburant, dans 6 à 8 milliards d'années... ce qui nous laisse un peu de temps.

Autour de la bulle de gaz ionisé qui entoure l'étoile, l'ancienne atmosphère se rassemble en élégantes coquilles où sont synthétisées toutes sortes de molécules et une grande partie des poussières de l'Univers. Elles fabriquent même des diamants interstellaires ! Cette étonnante usine chimique contient des molécules simples comme l'hydrogène moléculaire, l'oxyde de carbone, la vapeur d'eau, mais aussi des atomes de carbone, d'azote et d'oxygène. Toutes les conditions y sont donc réunies pour assembler des molécules organiques complexes, du graphite et des silicates qui vont aller enrichir le milieu interstellaire et jouer un rôle important lors de la formation de nouvelles étoiles et planètes. Cette phase de la vie d'une étoile est relativement brève : elle dure au plus quelques milliers ou dizaines de milliers d'années, mais son activité chimique fébrile influence le milieu interstellaire et les possibilités de vie ailleurs à bien plus long terme par l'apport de molécules et de poussières.

L'étoile centrale se refroidit ensuite lentement. L'enveloppe extérieure se disperse aux quatre vents en relâchant ses précieux éléments. La naine blanche devient petit à petit une « naine noire » au fur et à mesure qu'elle refroidit au fil des milliards d'années. On peut même penser que l'Univers est trop jeune pour contenir de véritables naines noires complètement refroidies.

Ces bulles circumstellaires ont été baptisées « nébuleuses planétaires » par les astronomes du XVIIIe siècle. Elles n'ont pourtant rien à voir avec les planètes. Le 12 juillet 1764, Charles Messier fut le premier à en découvrir une : la nébuleuse de l'Haltère. Elles sont souvent difficiles à observer de la Terre, non seulement parce qu'elles apparaissent comme de faibles taches diffuses dans le ciel, mais aussi parce que la lumière visible ne nous transmet qu'une information très partielle. L'utilisation des lumières invisibles permet d'y voir un peu plus clair en nous révélant l'état, les positions et les vitesses relatives de matériaux de différente composition. On peut ainsi essayer de reconstituer la succession des événements qui se déroulent au seuil de la vie d'une étoile. Les phénomènes observés sont si variés et si complexes que nous sommes loin de les avoir entièrement compris, mais leur beauté nous encourage à leur rendre visite.

À ce jour, près de 3 000 nébuleuses planétaires ont été détectées dans la Voie Lactée. Elles brillent de mille feux multicolores. On pourrait s'attendre à ce que toutes soient bien rondes, mais la grande majorité présente des formes fantaisistes où des yeux géants côtoient des tourniquets d'arrosage, des manèges, des sabliers et des papillons. Il semble que la présence d'une étoile compagnon permette d'expliquer ces formes étranges en perturbant l'évasion du gaz. Le champ magnétique peut aussi jouer un rôle important et galber les nuages ionisés.

Quatre-vingt-dix pour cent de la lumière visible d'une nébuleuse planétaire sont émis dans une seule couleur verte très précise, à 0,5007 micron de longueur d'onde, qui provient de la désexcitation de l'oxygène. À sa découverte à la fin du XIXe siècle, cette raie verte avait été attribuée à un élément inconnu baptisé « nébulium ». Il fallut attendre soixante ans pour comprendre qu'un atome d'oxygène ayant perdu deux électrons en était responsable. D'autres raies beaucoup plus faibles permettent de détecter la présence de nombreux autres éléments comme le néon ou l'azote, et bien sûr le rouge de la recombinaison de l'hydrogène. Excitée par les rayons ultraviolets stellaires, toute la région s'illumine comme les vitrines de Noël.

Qu'advient-il à ce stade d'éventuelles planètes, comètes ou astéroïdes ayant partagé leur vie avec l'étoile ? Les plus proches ont probablement été absorbées par l'étoile quand elle est devenue géante. C'est ce qui arrivera à Mercure et Vénus dans sept ou huit milliards d'années. Les autres ont-elles résisté aux derniers soupirs de l'étoile et à l'éjection violente de tant de gaz ? Ces étoiles savent garder leurs petits secrets...

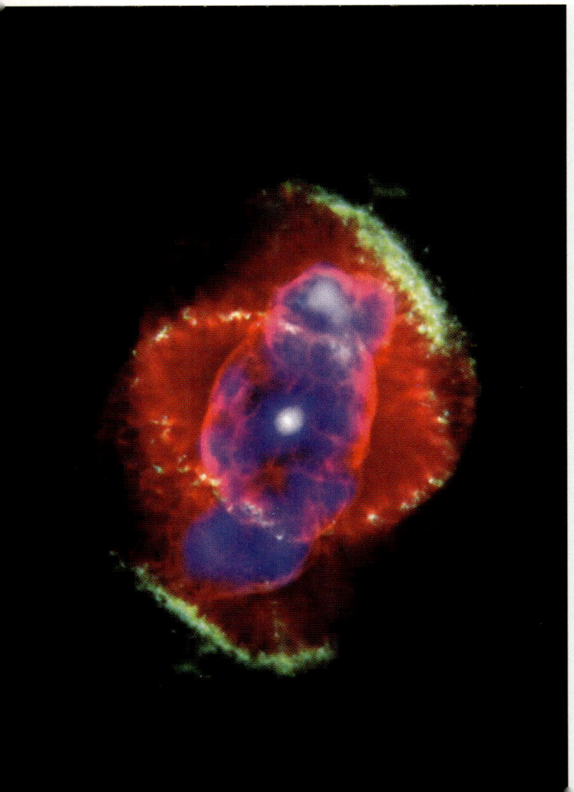

L'Œil-de-chat

Située à 3 000 années-lumière et observée pour la première fois en 1786, cette nébuleuse est officiellement appelée NGC 6543 et surnommée l'« Œil-de-chat ». Elle est 400 fois plus étendue que le système solaire. L'image optique bleue et rose montre une dizaine d'anneaux et de bulles concentriques en peaux d'oignon qui résultent probablement d'une succession d'éjections brutales à peu près tous les 1 500 ans ayant emporté chacune autant de matière que toutes les planètes du système solaire. Pour l'instant, l'étoile ne perd que 20 000 milliards de tonnes de gaz par seconde, mais elle a déjà maigri de quatre masses solaires et il ne lui en reste plus qu'une. La présence d'un compagnon pourrait expliquer les jets en tourniquet. L'image en rayons X (bleus et verts sur fond rouge en optique) révèle l'éjection assez focalisée d'un gaz brûlant.

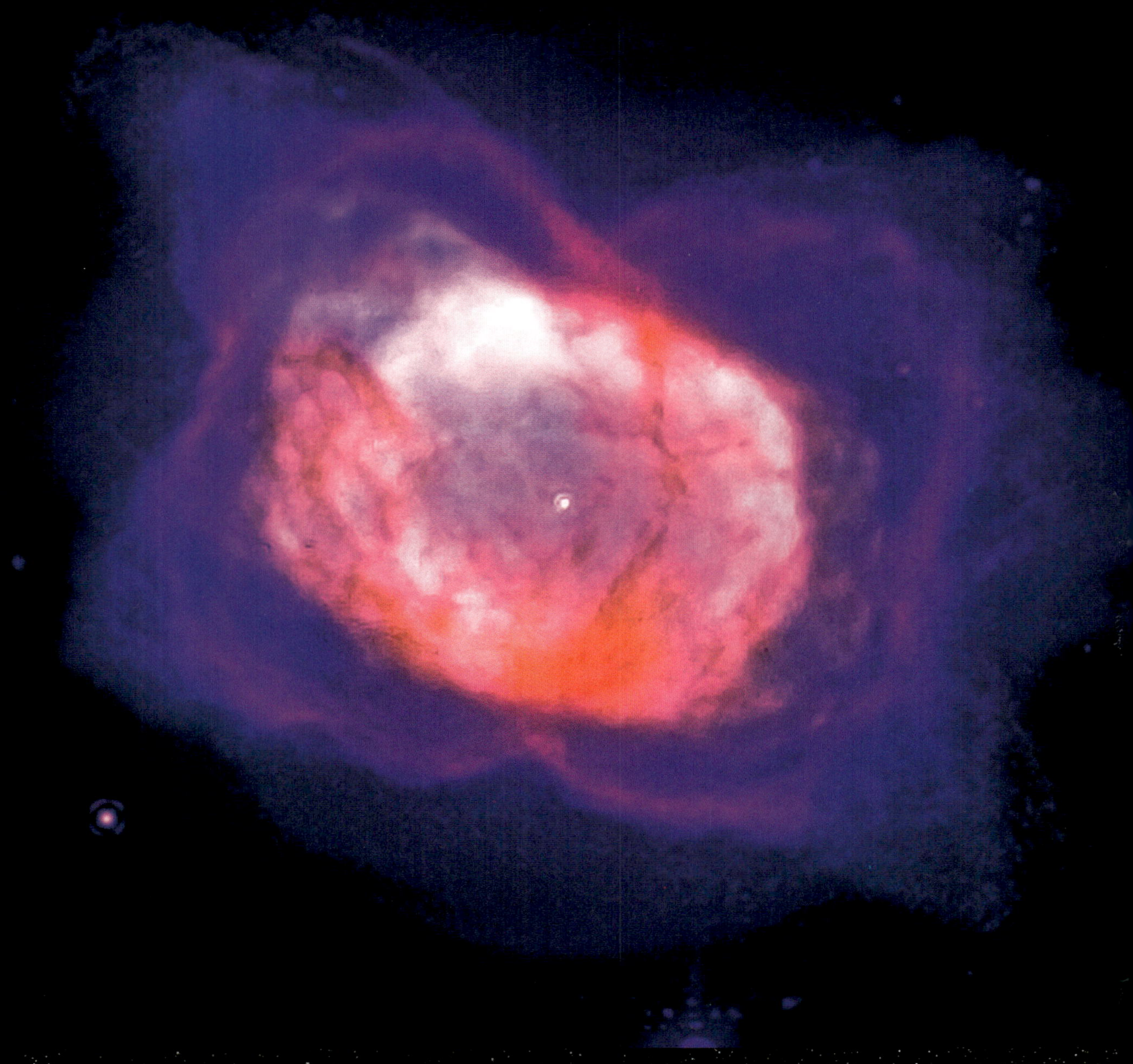

Les vents de l'exode

Une image composite de la nébuleuse NGC 7027 et de sa naine blanche au centre est obtenue par addition des lumières visible et infrarouge. Le bleu et le blanc correspondent à la partie optique et le rouge à des molécules d'hydrogène en train de vibrer en infrarouge. Le gaz récemment expulsé par l'étoile est à une température de plusieurs dizaines de milliers de degrés et l'enserre d'un anneau blanc épais. L'aspect asymétrique est probablement dû à un jet de matière perçant l'enveloppe vers le haut à gauche et le bas à droite. Discerner les détails de cette image revient à lire les caractères écrits sur une pièce de 1 euro à 40 kilomètres de distance.

Un iris géant

NGC 6751 est une nébuleuse planétaire située à 6 500 années-lumière dans la constellation de l'Aigle. D'un diamètre de 0,8 année-lumière, soit 600 fois la taille de notre système solaire, cet « œil géant » entoure l'étoile blanche en train de mourir dont la température est de 140 000 degrés. Ses rayons ultraviolets et ses éjections ont sculpté la coquille extérieure.

Poison ou régal ?

L'image montre l'émission millimétrique du monoxyde de carbone CO. Ce qui est un poison sur Terre est ici un moyen d'enrichir les environs en carbone et en oxygène, éléments essentiels à la vie. L'anneau mince, d'un diamètre d'un quart d'année-lumière, a été expulsé il y a environ 6 000 ans par une étoile géante rouge en fin de vie appelée TT Cygni et située à 1 500 années-lumière. Le point central est produit par du matériau expulsé il y a seulement quelques centaines d'années.

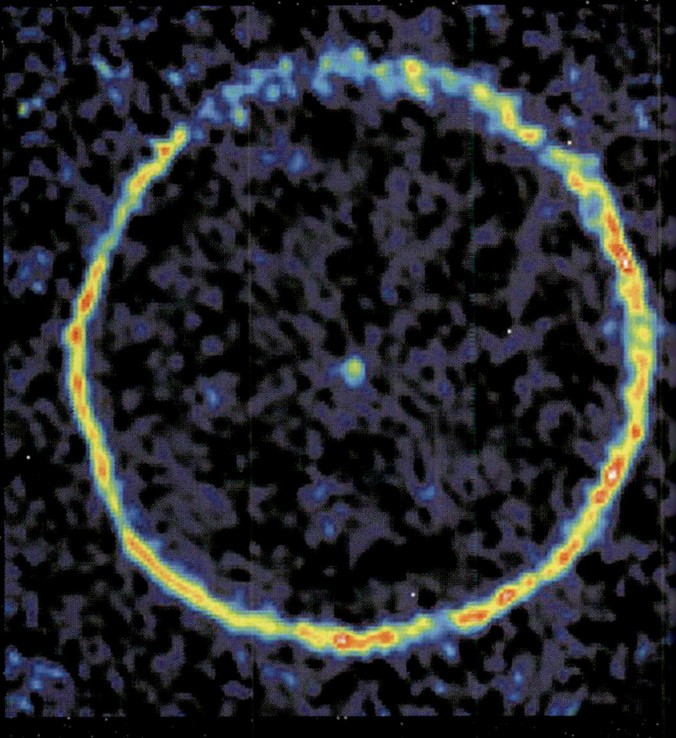

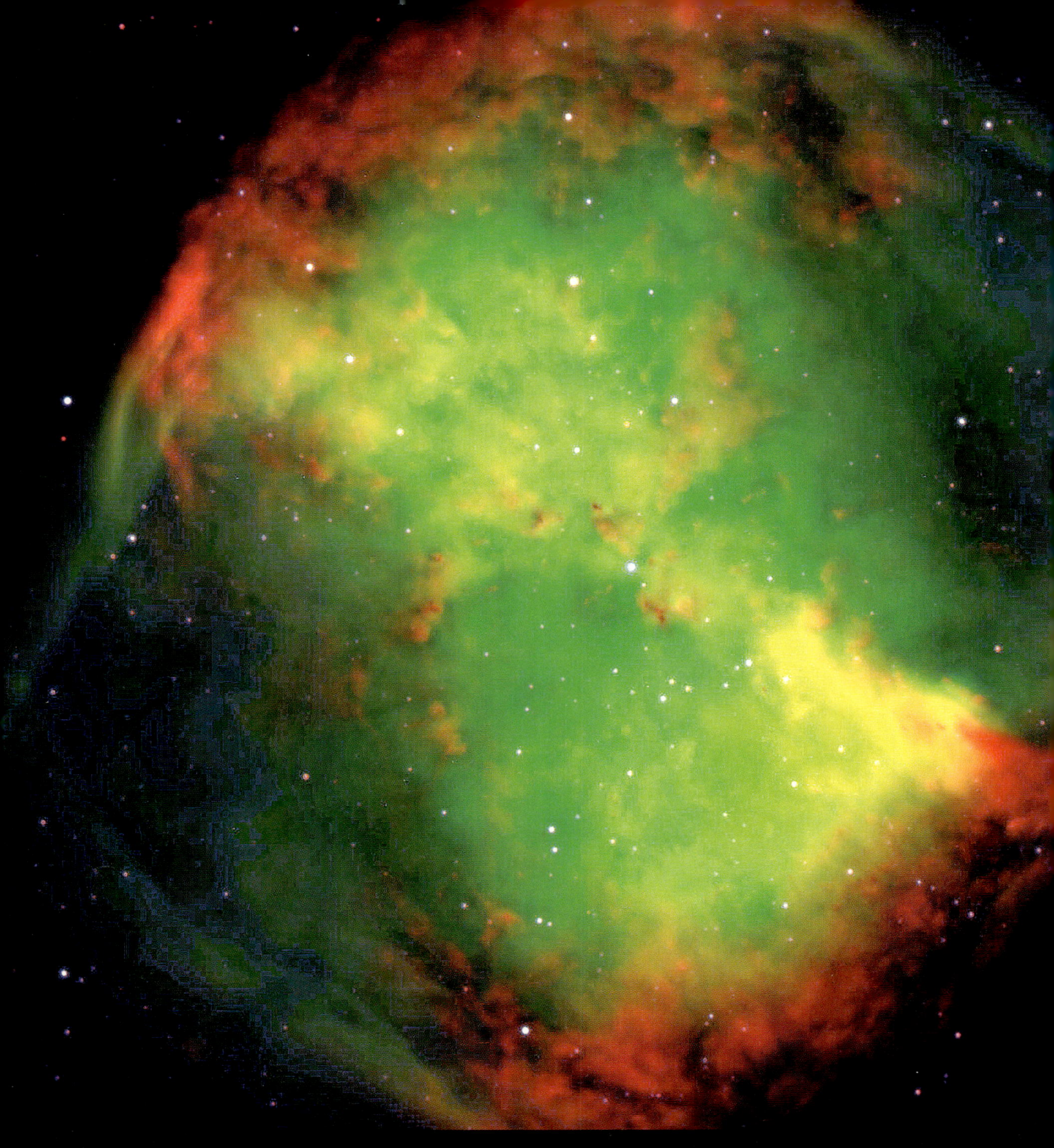

Chronique d'une mort annoncée

Cette image nous fait penser au futur du Soleil quand il sera à court de carburant. Observée dès 1764, la nébuleuse de l'Haltère, ou Messier 27, est située à un peu plus de 1 000 années-lumière dans la constellation du Petit Renard. Elle est apparue il y a quelques milliers d'années. À haute résolution, on aperçoit des nodules de gaz et de poussières d'une taille de quelques dizaines de milliards de kilomètres et d'une masse de l'ordre de trois Terres. La barre d'abondantes poussières qui la traverse rayonne nettement en lumière infrarouge.

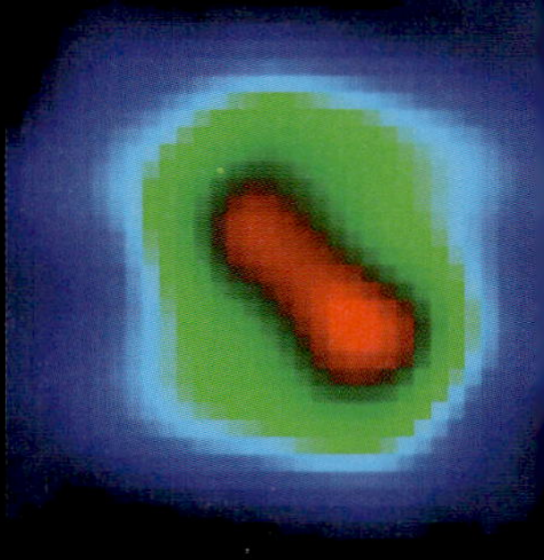

Infrarouge

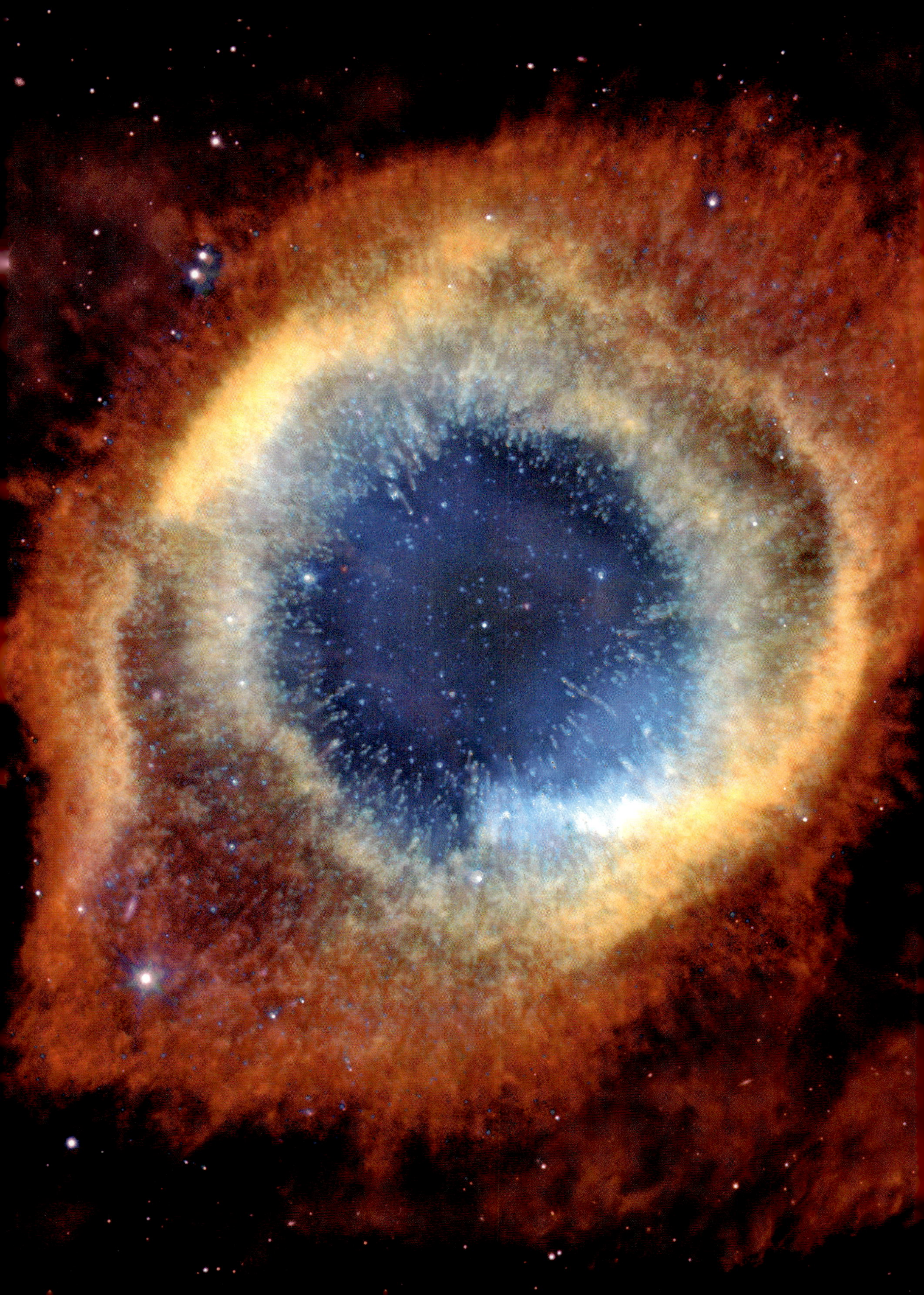

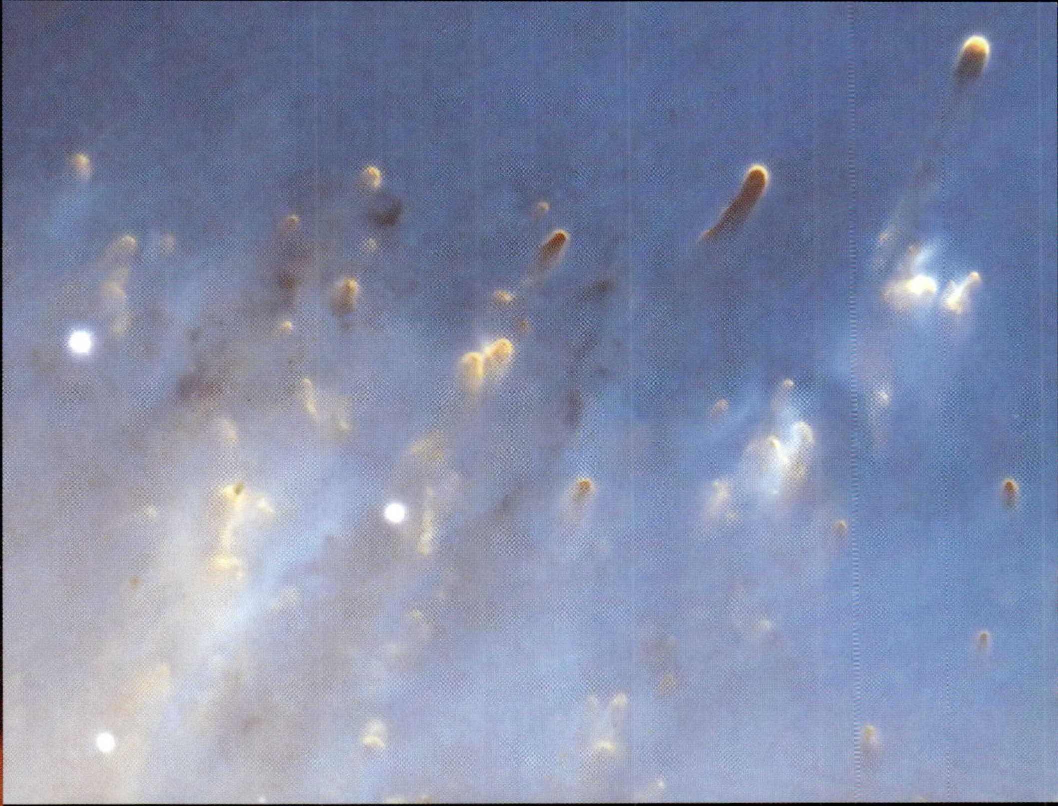

La nébuleuse de l'Hélice

Bien connue des astronomes amateurs, cette étoile mourante (au centre) est l'une des plus proches nébuleuses planétaires à environ 700 années-lumière. L'image composite infrarouge et visible montre le matériau expulsé. Des milliers de filaments issus de petits globules semblent fuir l'étoile. Chacun de ces globules a environ deux fois la taille du système solaire et une masse proche de celle de la Terre. Le gaz bleuté est très chaud et instable. La transition vers des régions plus froides et stables est marquée par le passage à la couleur jaune, puis au rouge. La lumière infrarouge nous apprend que ces coquilles sont très riches en nouvelles poussières.

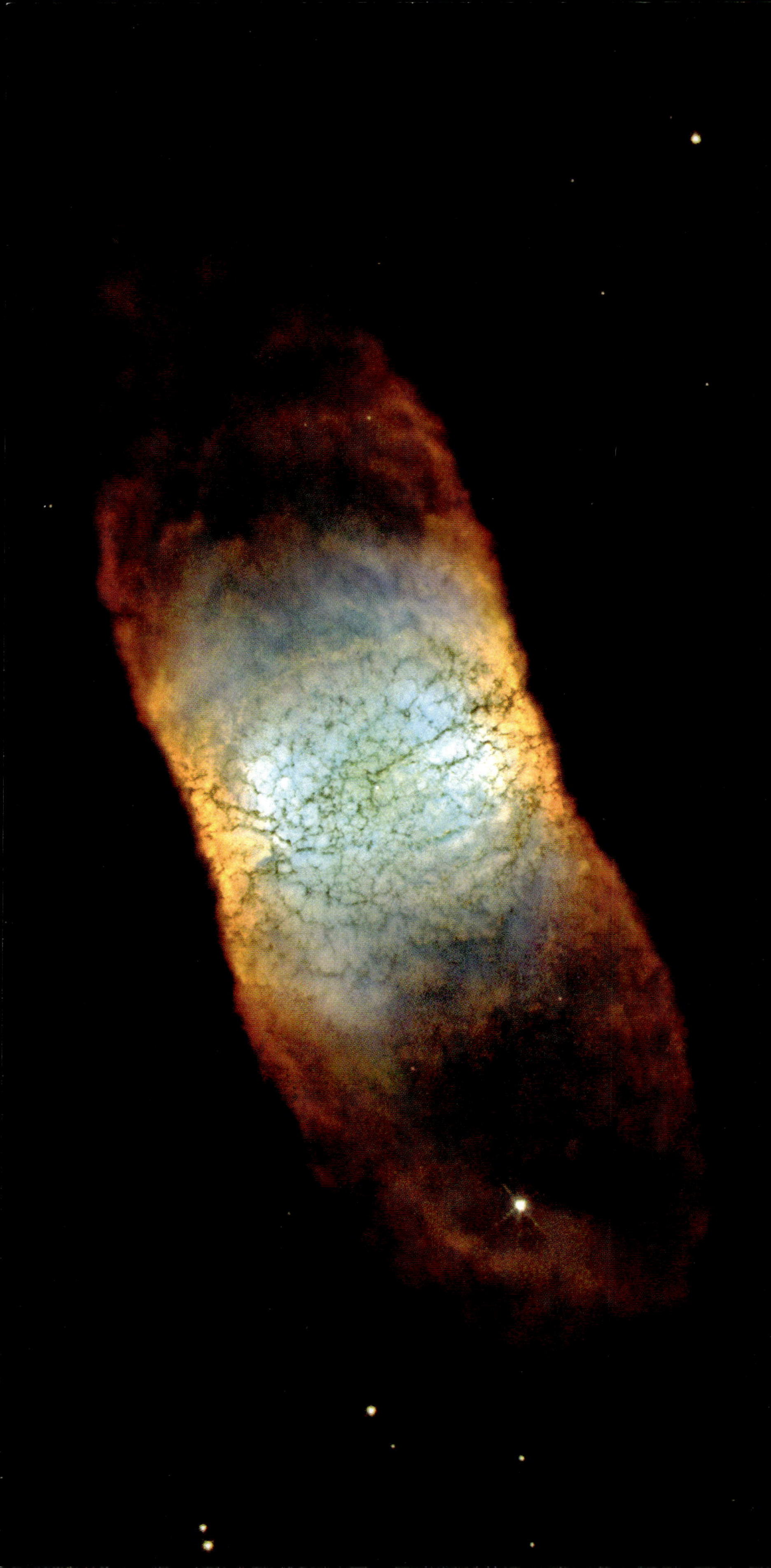

◀ La Rétine

Comment une étoile ronde peut-elle fabriquer une nébuleuse rectangulaire ? Il suffit de regarder un pneu ou un beignet de profil. Vue de face, la nébuleuse nous apparaît sous forme d'anneau épais.

L'Insecte ▶

Le gros plan sur la nébuleuse de l'Insecte montre une étoile exceptionnellement chaude, à une température de 250 000 degrés, et un tore de poussières qui semble lui pincer la taille comme un sablier. Le tore contient des « grêlons » enrobant de fines particules de poussières. La lumière infrarouge nous apprend qu'on y trouve des hydrocarbures, des carbonates, du fer et de la glace d'eau. Ce mélange de feu et de glace en fait un astre passionnant.

Une fourmi au jardin des étoiles

De la Terre, l'œil collé au télescope, on a l'impression d'observer la tête et le thorax d'une fourmi géante. On ne comprend pas la forme d'entonnoir des vents observés qui se déplacent à plus de 1 000 kilomètres par seconde et engendrent de fortes ondes de choc, tel de gigantesques avions supersoniques, en percutant le milieu ambiant. Elles créent des poches de gaz chaud, à environ un million de degrés, visibles sur l'image en rayons X.

Ce jour-là, Tycho Brahé découvrait dans la constellation de Cassiopée une étoile nouvelle visible à l'œil nu dans tout l'Occident. Cette découverte et les conséquences qui en ont été tirées marquent un tournant important dans l'histoire de l'humanité. Ce fut un coup mortel porté au dogme d'un monde céleste pur et éternel, contrastant avec le monde terrestre impur, changeant, éphémère et putrescible. Ce qu'avaient professé Pythagore, Platon et Aristote, et qui avait été repris par les Églises monothéistes, était mis à bas. Trente-huit ans plus tard, Galilée enfonçait le clou en observant des taches sur le Soleil, des cratères sur la Lune et des satellites tournant autour de Jupiter. La Renaissance scientifique du XVIIe siècle allait poursuivre le mouvement : la variabilité n'est pas l'apanage du monde des hommes. Le ciel obéit aux mêmes lois que la Terre !

De temps en temps, quatre ou cinq fois par millénaire, apparaît dans le ciel une *nova stella* tellement brillante qu'elle reste visible en plein jour. Les hommes de la préhistoire ne nous ont évidemment pas laissé de traces écrites, mais des textes gravés chinois rapportent de tels événements il y a 3 500 ans. Le 4 juillet 1054, les Chinois, les Japonais et les Indiens d'Amérique ont observé une telle apparition, mais nulle chronique n'a ouvertement relaté le phénomène en Occident – encore que des manuscrits retrouvés des siècles plus tard dans des monastères pourraient y faire référence. Pourtant, l'étoile resta visible en plein jour pendant trois semaines et la nuit pendant deux ans. Il est difficile de croire que le ciel est resté couvert aussi longtemps sur toute l'Europe, à moins qu'il n'ait été « politiquement » couvert.

Ce n'est qu'au XXe siècle que les astronomes ont compris la nature du phénomène observé par Tycho Brahé. Il n'est de semaine aujourd'hui sans qu'on observe, dans les autres galaxies, l'apparition soudaine d'une étoile presque aussi brillante

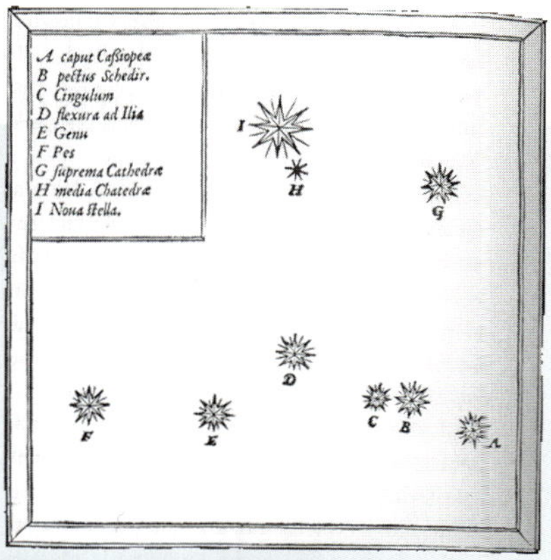

La supernova de Tycho Brahé

Ce dessin de Tycho Brahé donne la position exacte de la *nova stella* (la « nouvelle étoile ») par rapport aux étoiles connues.

que toute la galaxie qui l'héberge. Son éclat faiblit ensuite au fil des mois. Ce phénomène appelé « supernova » est une clé importante de l'évolution de l'Univers et un phénomène majeur dans le cycle de la matière. C'est le moment où tous les atomes plus lourds que le fer sont fabriqués et livrés au monde ! Le fer de l'hémoglobine, le cuivre, l'étain, l'argent et l'or des ustensiles et des monnaies, tout comme le plomb des filets de pêche ont ainsi été fabriqués bien avant la naissance du Soleil. Nous pourrions donc fièrement annoncer sur nos papiers d'identité que notre âge est compris entre 6 et 12 milliards d'années ! Avant de se fixer dans notre corps, ces atomes ont longuement vécu. Un atome dans l'œil d'une jolie femme a séjourné dans le milieu interstellaire, puis sur une comète ou un astéroïde, en passant sans doute par la queue d'un dinosaure ou le dos d'une méduse avant de se faire admirer dans sa situation présente.

Au moment de l'explosion, le dégagement d'énergie et de particules est si considérable que la vie sur Terre pourrait être mise en péril si une supernova éclatait vraiment très près du Soleil, à quelques années-lumière. Heureusement pour nous, les étoiles voisines sont particulièrement calmes et aucune n'est susceptible d'exploser. Les planètes elles-mêmes peuvent survivre à un tel événement puisqu'on en a retrouvé près d'étoiles à neutrons, vestiges de telles explosions.

Le spectacle que nous admirons dans le ciel est une conséquence directe de ce qui se passe au cœur des étoiles, là où règnent au minimum des températures de dizaines de millions de degrés et des pressions de centaines de milliards d'atmosphères. Ces valeurs considérables permettent les réactions de fusion thermonucléaire qui transforment inéluctablement les atomes plus légers en éléments plus lourds. Nous venons de voir que les étoiles les plus légères terminaient leur âge adulte quand elles avaient accumulé un cœur de carbone. N'ayant pas assez de force pour aller au-delà, elles finissent en naines blanches après une vie bien remplie. Avoir diffusé lumière et énergie pendant des milliards d'années et fabriqué nombre de molécules qui seront recyclées par les générations suivantes, elles méritent une retraite paisible ! Qu'en est-il de celles capables d'utiliser le carbone comme carburant ?

UN CŒUR BRISÉ ET UNE FIN VIOLENTE

Le centre d'une étoile est écrasé par un poids d'autant plus grand que la masse totale est plus importante, ce qui a pour conséquence d'augmenter la température et la pression centrales et de favoriser la fusion des noyaux d'atomes. Faire fusionner deux protons requiert des collisions fortes, capables de vaincre la répulsion électrique des deux charges ; mais faire fusionner deux noyaux de carbone exige de vaincre une répulsion 36 fois plus forte et nécessite une température de 600 millions de degrés que seules les étoiles massives peuvent fournir. Une telle fusion dégage plus d'énergie et les étoiles massives vont vivre comme des moteurs de formule 1, avec une puissance formidable, mais pas longtemps car ils sont très gourmands en carburant. Un moteur de 2 CV comme celui du Soleil durera bien plus longtemps, même si l'on dote celui de la formule 1 d'un plus gros réservoir. Le Soleil a assez d'hydrogène pour briller une douzaine de milliards d'années. Les étoiles bleues 60 fois plus massives que le Soleil sont près de 800 000 fois plus lumineuses et ne vivent que 4 ou 5 millions d'années. L'excès de dépense d'énergie condamne ces étoiles à une fin rapide. Presque deux générations de telles étoiles ont eu le temps de vivre et de mourir depuis que les premiers hominidés sont apparus sur Terre.

Les étoiles dont la masse dépasse huit masses solaires brillent de mille feux, vivent dans leur bulle sur un grand pied et meurent rapidement dans une spectaculaire explosion qui projette dans l'espace des flots de nouveaux atomes qui serviront de matière première aux générations futures. Cette mort est en fait une formidable source de vie.

Au cours de son évolution, une étoile massive brûle successivement son hydrogène en hélium, puis l'hélium en carbone et oxygène, le carbone en magnésium, néon et oxygène, l'oxygène en silicium, phosphore et soufre, et le silicium et soufre en argon, calcium, titane, chrome, fer et nickel, les cendres de chaque combustion servant de carburant pour la suivante. L'étoile développe une structure en oignon où chaque couche a produit un élément stable moins massif que le fer. Mais tout s'arrête brutalement avec la production du fer et du nickel, car la production d'éléments plus lourds demanderait un apport d'énergie au lieu d'en produire.

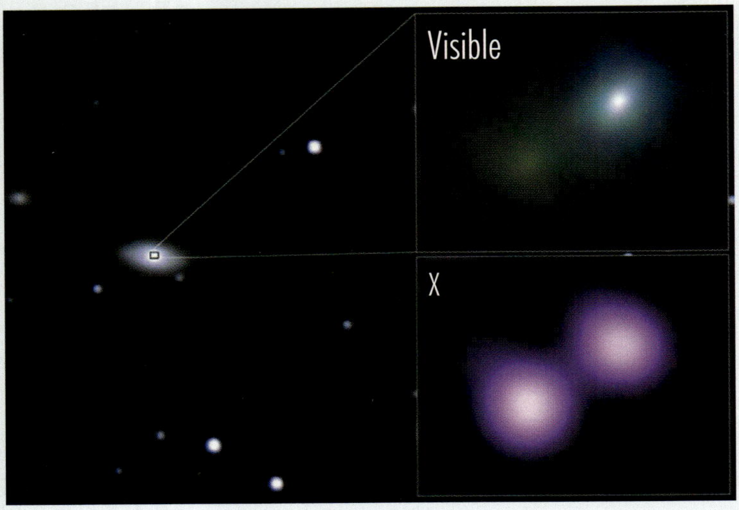

Un monstre explose
À 240 millions d'années-lumière, une étoile de cent masses solaires a explosé et l'information vient de nous parvenir en lumière X. C'est l'une des plus puissantes explosions de supernova jamais enregistrée.

UNE FÊTE SUPERBE, MAIS BRÈVE !

L'équilibre d'une étoile massive ressemble à celui d'un ballon qu'on gonfle malgré une fuite. Plus la fuite est importante, plus il faut pomper. Une étoile qui brûle son hydrogène et son hélium est comme un ballon avec une petite fuite. Aux températures produites par la combustion de ces éléments, l'énergie fuit du cœur de l'étoile par rayonnement, puis par convection près de la surface. Ces processus ne sont pas très efficaces et les fuites sont faibles : les couches externes agissent comme une couverture qui retient l'énergie. Le combustible nucléaire brûle doucement, juste assez pour maintenir l'étoile en équilibre. Un changement radical intervient avec la combustion du carbone, et au-delà, qui produit de grandes quantités de neutrinos, particules qui interagissent très peu avec la matière et vont emporter beaucoup d'énergie à travers l'étoile sans l'y déposer. Tout se passe comme si le ballon avait un grand trou. Il faut alors pomper au maximum, ce qui revient pour l'étoile à se contracter. La densité et la température augmentent au centre et les réactions thermonucléaires ont lieu à un rythme effréné pour remplacer l'énergie qui fuit. La succession des fusions s'accélère. La combustion du carbone maintient l'étoile en équilibre pendant moins de mille ans, celle de l'oxygène moins d'une année. L'étoile n'a plus que quelques jours à vivre quand s'amorce la fusion du silicium.

Lorsque le noyau central est mué en fer, plus aucune réaction thermonucléaire ne peut apporter d'énergie pour contrebalancer l'emprise de la gravitation. Le noyau s'effondre sur lui-même en un instant. Pendant l'effondrement, la température centrale dépasse les 10 milliards de degrés. Le rayonnement brise les noyaux de fer en noyaux d'hélium. Un peu comme Pénélope qui défaisait la nuit la tapisserie qu'elle avait tissée le jour, l'étoile démolit en un instant ce qu'elle avait patiemment fabriqué. La densité dépasse 10 tonnes par centimètre cube au point que les électrons et les protons fusionnent en neutrons. La fuite des neutrinos est dramatique : l'effondrement du cœur s'accélère jusqu'à des vitesses de l'ordre de 70 000 kilomètres par seconde, soit le quart de la vitesse de la lumière. Tous ces événements ont duré moins d'une seconde ! Quand la densité atteint celle d'un noyau atomique, soit 700 000 tonnes par millimètre cube, les forces de répulsion nucléaires entrent en jeu et la chute est brutalement freinée. Les couches externes qui avaient été entraînées par l'effondrement central rebondissent violemment. Une fantastique onde de choc balaie tout sur son passage jusqu'à la surface de l'étoile qu'elle atteint en quelques heures, aidée dans sa course folle par l'évasion des neutrinos du cœur qui lui cèdent malgré tout un petit peu de leur énergie en passant. Quand l'onde arrive à la surface, elle emporte avec elle plusieurs masses solaires qui jaillissent à la vitesse de 10 000 kilomètres par seconde dans une gigantesque explosion. C'est une supernova ! L'implosion centrale a laissé au cœur de la défunte étoile un objet compact, trou noir ou étoile à neutrons, d'une densité difficile à imaginer. Cela reviendrait à confiner le Soleil dans Paris ou, pire, dans les premiers arrondissements.

L'explosion produit à elle seule autant de lumière que des centaines de millions de soleils, mais elle ne représente que 1 % de la puissance mécanique disponible. La densité d'énergie et le nombre de neutrons ambiants sont tels que beaucoup de noyaux plus lourds que le fer y sont facilement synthétisés. En effet, les neutrons n'ont pas de charge électrique et ils peuvent aisément se joindre à un noyau, quel que soit le nombre de ses protons chargés. Mais il y a très peu de neutrons libres dans la nature, sauf au cœur de l'explosion d'une supernova. C'est ainsi que les éléments plus lourds que le fer, notamment ceux riches en neutrons, peuvent être fabriqués. L'or et le platine de vos bijoux sont nés dans un tel enfer, tout comme l'atome stable le plus lourd qu'est l'uranium. On comprend pourquoi ces éléments sont relativement rares dans l'Univers. Non contente de fournir aux générations suivantes tous les éléments fabriqués en son sein au cours de sa brève vie, une supernova « finit le travail » en fabriquant tout ce qui manque pendant l'explosion. Mais il ne faut pas croire que nous percevons l'intégralité de l'énergie extraordinaire d'un tel événement, ni même que les éjecta l'emportent ou que la synthèse de nouveaux noyaux en tire parti. Quatre-vingt-dix-neuf pour cent de l'énergie totale partent très discrètement sous forme de neutrinos...

UNE PASSION DÉVORANTE ET UN DIVORCE EXPLOSIF

En étudiant soigneusement la lumière des supernovæ, les astronomes ont compris que ce phénomène d'une violence inouïe n'était pas seulement dû à l'explosion des grosses étoiles. Ils ont distingué au moins deux catégories de supernovæ. Le manque d'hydrogène dans certaines explosions leur a fait suspecter l'intervention d'une vieille étoile, comme une naine blanche, ayant perdu l'essentiel de ce composant majeur. La diminution rapide de l'éclat de ces supernovæ en un mois évoque aussi la présence de nickel radioactif dans les éjecta. Mais comment faire exploser une naine blanche ? Par cannibalisme, bien sûr ! Dans un couple serré, elle peut profiter de la masse de sa compagne pour en attirer une partie, surtout si cette dernière a évolué moins vite qu'elle et est en train de gonfler en géante rouge. Dans un couple, il y en a toujours un qui « mange » l'autre, mais si on va trop loin, cela se termine mal !

Le transfert de masse va changer le destin de la naine blanche. Écrasée par le poids des couches successives qu'elle a « aspirées » et stabilisées à sa surface, la naine se tasse et se comprime. La densité au cœur devient si élevée que les noyaux présents, carbone, oxygène et silicium, se mettent à fusionner à un taux très élevé en libérant de colossales quantités d'énergie qu'aucun mécanisme stabilisateur n'arrive à freiner. Même l'importante hémorragie de neutrinos n'a pas le temps de refroidir l'étoile. La flamme de combustion nucléaire incinère son cœur et le transforme en nickel. Puis la conflagration gagne l'ensemble de l'étoile, brûlant tout ce qu'elle peut sur son passage, fabriquant du calcium, du silicium, du soufre... et tout explose en une seconde ou deux. L'énergie libérée en un instant est dix fois supérieure à ce que le Soleil peut produire au cours des dix milliards d'années de son existence !

Cette gigantesque explosion nucléaire a complètement volatilisé l'étoile. Rien ne reste après l'explosion : ses débris sont dispersés dans l'espace à des vitesses de 20 000 kilomètres par seconde. La passion entre deux étoiles peut être totalement destructrice !

Les explosions de naines sont plus lumineuses que celles des grosses étoiles à cause de l'énorme quantité de nickel radioactif qu'elles éjectent et qui se transforme rapidement en éléments plus stables en produisant de l'énergie. C'est ainsi qu'une quantité de nickel 56 pouvant atteindre des dizaines de milliers de fois la masse de la Terre est éjectée et se transforme dans les jours qui suivent en cobalt, puis en fer après quelques mois. Ces explosions sont donc la principale source du fer qui nous entoure. Elles ont aussi une autre utilité pour les astronomes. La lumière qu'elles émettent au pic de l'explosion varie peu d'un événement à l'autre, si bien qu'on peut se servir d'elles comme de chandelles calibrées pour arpenter l'Univers et mesurer son taux d'expansion sur plusieurs milliards d'années-lumière. C'est grâce à elles qu'on a eu la surprise de trouver que l'expansion accélère depuis 3 milliards d'années.

Le divorce d'un couple trop passionné

Cette supernova, observée en 2005 dans la galaxie du Tourbillon, s'est produite dans un couple serré d'étoiles. Pour avoir capturé d'énormes quantités de matière de sa compagne, une naine blanche a explosé ne laissant rien derrière elle de l'histoire de ce couple. La comparaison des observations en lumière visible et ultraviolette permet de suivre l'expansion et le refroidissement des débris de l'étoile peu après l'explosion.

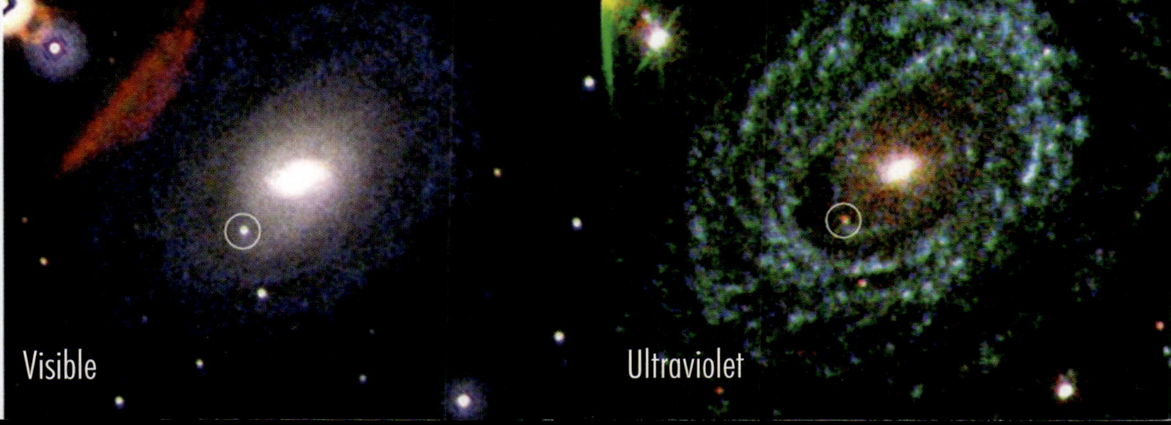

LUEURS DU PASSÉ

Le phénomène supernova est si important que les astronomes se sont mis à rechercher systématiquement dans des documents de toute nature des témoignages relatifs à l'apparition de nouveaux astres. Les écrits, mais aussi les sculptures sur les monuments ou les peintures rupestres ont été mis à contribution. La meilleure source d'information provient de Chine, car ces événements imprévus perturbaient l'harmonie du monde et devaient être dûment notés pour y déceler une quelconque périodicité qui permettrait de prédire leur apparition. On a retrouvé sur un os datant d'environ 3 500 ans la vague mention d'une « nouvelle étoile » près d'Antarès. Malheureusement, en –213, le nouvel empereur Ch'in Shih-Huang décida que rien ne devait subsister de tous les États qui s'étaient opposés à son accession au trône et il fit brûler tous les écrits officiels ou historiques les concernant, détruisant par le même coup les précieuses observations astronomiques. Avec les deux incendies de la bibliothèque d'Alexandrie, ce fut une grande catastrophe pour l'histoire des sciences.

Il est bien difficile, à la lecture des documents anciens, de distinguer les supernovæ des novæ, autre phénomène de moindre ampleur, ou même de l'apparition de nouvelles comètes. Une analyse détaillée des textes semble indiquer trois apparitions de supernovæ en 185, 386 et 393. La première, trop au sud pour être visible d'Europe, pourrait correspondre à la bulle radio RCW 86. Les deux suivantes sont contemporaines des grandes invasions des Huns, des Goths et des Alamans, à l'établissement en 380 du christianisme comme religion d'État, à l'interdiction du culte païen en 391 et à la suppression des jeux olympiques en 394. L'Europe avait d'autres chats à fouetter !

Trois autres supernovæ indubitables ont été aperçues en 1006, 1054 et 1181. L'événement de 1006 correspond à la supernova la plus brillante jamais observée, éclairant le paysage comme un croissant de Lune. Une vingtaine de textes européens, chinois, japonais, coréens et arabes la décrivent. L'événement de 1054 a été décrit en Asie et sur des peintures rupestres en Arizona et au Nouveau-Mexique. Par contre, l'absence de référence dans les pays arabes ou en Europe est mal expliquée. Les moines étaient-ils préoccupés par le schisme de 1054 entre les Églises d'Orient et d'Occident ?

L'événement de 1181 n'est lui aussi relaté qu'en Chine et au Japon. Les restes de la plupart de ces explosions ont été retrouvés dans le ciel et sont activement étudiés.

Quatre siècles plus tard, Tycho Brahé observait l'astre plus brillant que Vénus qui allait changer l'évolution des idées en Occident. Pionnier de l'astronomie moderne, il a soigneusement noté la position, l'éclat et la couleur de cette étoile qui resta visible pendant dix-huit mois. Devant tous les sceptiques qui n'arrivaient pas à admettre cette contradiction avec les conceptions aristotéliciennes, Tycho Brahé s'est dédaigneusement exclamé : « Oh ! aveugles contemplateurs du ciel... » Trois ans après sa mort, celui qui fut son élève, Johannes Kepler, eut la chance d'observer avec les mêmes émotions une « étoile nouvelle » apparue le 9 octobre 1604. L'éclat augmenta pendant trois semaines pour décroître régulièrement avant que le phénomène ne disparaisse après le 15 octobre 1605.

À l'heure où ces lignes sont écrites, soit 402 ans plus tard, aucune autre supernova n'a été vue dans la Voie Lactée, au point que les astronomes commencent à se poser des questions, d'autant qu'au moins une autre explosion a eu lieu « discrètement » vers 1668-1680 car on a retrouvé les débris de l'étoile. Comment un événement aussi lumineux a pu passer inaperçu reste inexpliqué. Chaque nuit, les astronomes et les amateurs guettent le ciel, tous les instruments modernes seront braqués dans sa direction si une supernova proche devait survenir.

RETOUR DE L'ENFER

En fait, une supernova est une étoile « disparue » plutôt que « nouvelle ». Ses cendres sont lancées dans l'espace à des vitesses de dizaines de milliers de kilomètres par seconde. Il leur faut moins d'une journée pour parcourir la distance Terre-Jupiter, là où la sonde *Voyager* a mis deux ans et la sonde *Cassini* trois ans.

Dès qu'il fut reconnu qu'une supernova était une explosion d'étoile, les astronomes en ont recherché les résidus. Ce que nous appelons aujourd'hui un « reste de supernova » a été pour la première fois détecté en 1941 près de la position indiquée par Kepler en 1604. Au cours des années suivantes, les restes des supernovæ de 1054 et de 1572 étaient eux aussi identifiés.

La distance de dizaines d'années-lumière parcourue par les débris témoigne de la violence du phénomène. Étant propulsés dans les environs à des vitesses largement supersoniques, Mach 1 000, 2 000 ou 3 000 étant des valeurs assez communes, ils sont précédés par une onde de choc qui va violemment comprimer le milieu interstellaire et le surchauffer à des dizaines ou à des centaines de millions de degrés. Cette coquille de gaz choqué, tout comme les débris de l'étoile, brille intensément en rayons X. Ces températures peuvent paraître considérables, mais le gaz est si ténu que nous pourrions y plonger la main sans risquer d'être brûlés ! En balayant les environs comme un chasse-neige, l'onde de choc s'alourdit et ralentit. En fin de parcours, après 20 000 ans, lorsqu'elle a atteint un rayon de 60 années-lumière ou plus, elle ne caracole plus qu'à une centaine de kilomètres par seconde. À partir de ce moment-là, elle rayonne beaucoup de son énergie résiduelle en lumières variées et elle se dissipe dans le milieu interstellaire en y déposant tous les atomes nouvellement fabriqués. Mais il est difficile de refroidir un gaz aussi chaud, si bien que de grandes poches à des centaines de milliers de degrés pourront persister sur cent mille ans ou plus. Les supernovæ jouent donc également un rôle important pour agiter les nuages interstellaires et faire des bulles chaudes un peu partout.

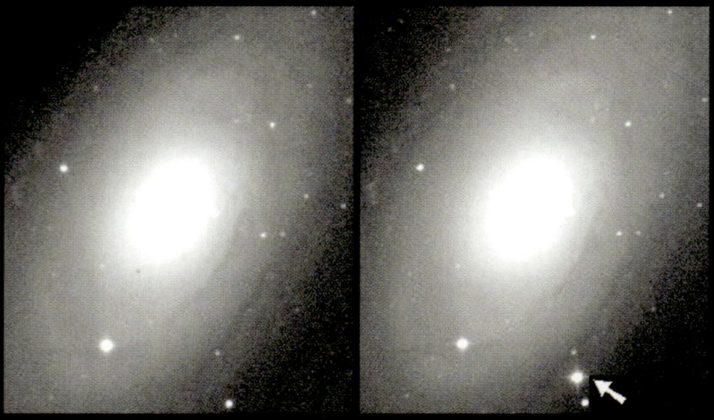

Après la fête !

Cette supernova observée dans la galaxie M 81 le 28 mars 1993 est le fruit de l'explosion d'une étoile massive. La série de clichés radio prise sur 5 ans montre l'expansion rapide des débris de l'étoile qui fusent à 11 000 kilomètres par seconde. Il semble que l'étoile ait perdu une part importante de sa masse par vent avant l'explosion et les débris vont aller bientôt percuter le gaz qui s'était déjà échappé.

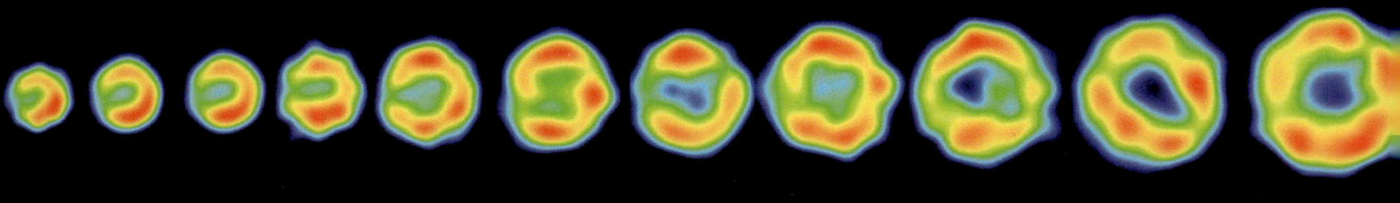

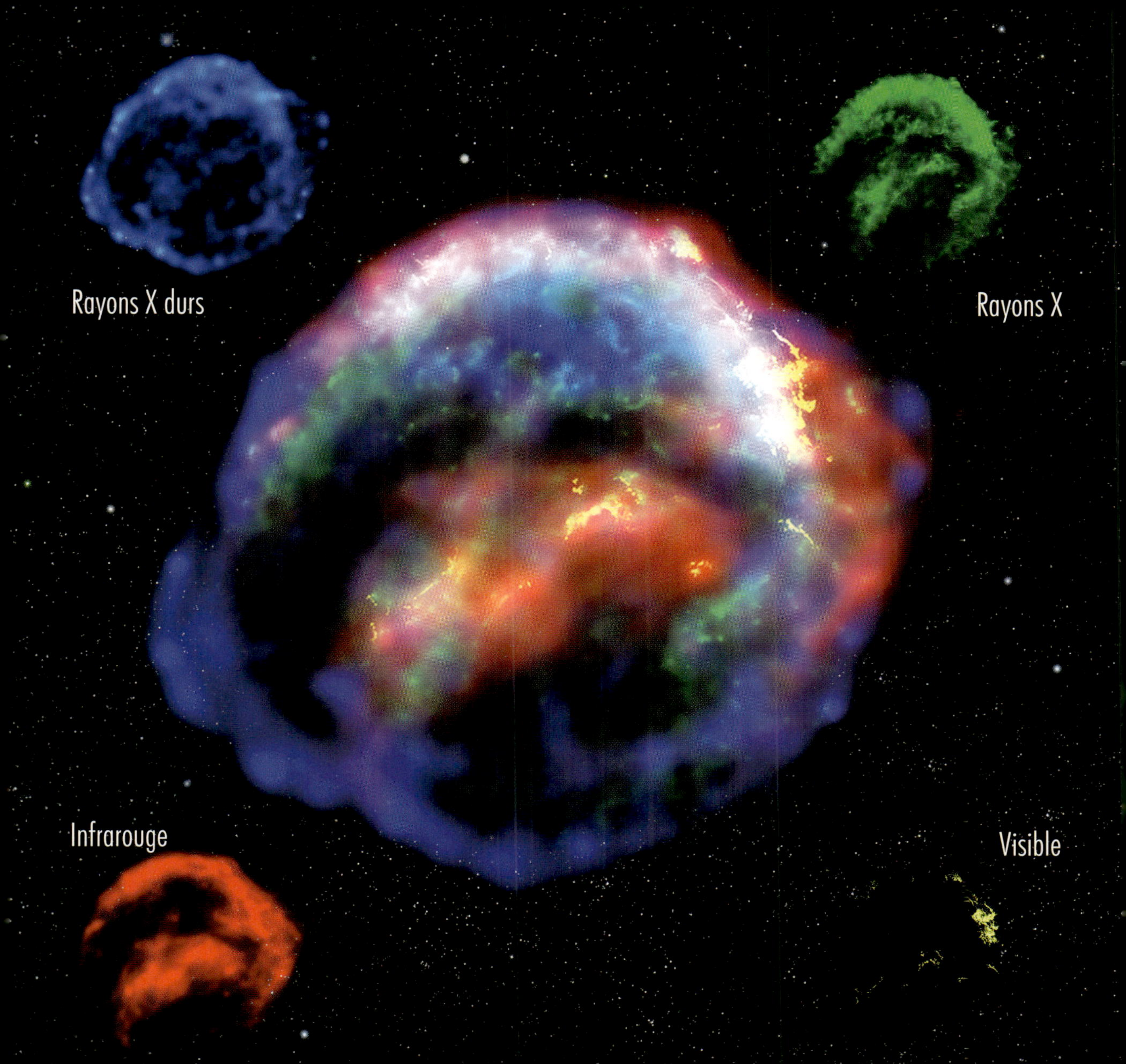

La dernière supernova vue en direct

Observée par Kepler en 1604, c'est la dernière explosion vue à l'œil nu dans la Voie Lactée. Nous attendons impatiemment les suivantes. L'image composite montre en bleu l'onde de choc qui avance à 10 000 kilomètres par seconde et l'étroite bande de gaz interstellaire balayé et surchauffé, en vert les débris de l'étoile riches en fer. Située à environ 13 000 années-lumière dans la constellation d'Ophiuchus, cette bulle nous montre comment les atomes issus de l'explosion se répandent aux alentours et comment les poussières du milieu interstellaire (vues en infrarouge) arrivent à résister au passage d'une telle onde de choc. Comme pour Cassiopée A, l'explosion n'a pas été tout à fait symétrique, des éjecta assez focalisés sont partis plus vite que les autres et dépassent sur les côtés de la bulle en lui donnant des oreilles.

Infrarouge (rouge), visible (jaune) et rayons X (bleu et vert)

Visible

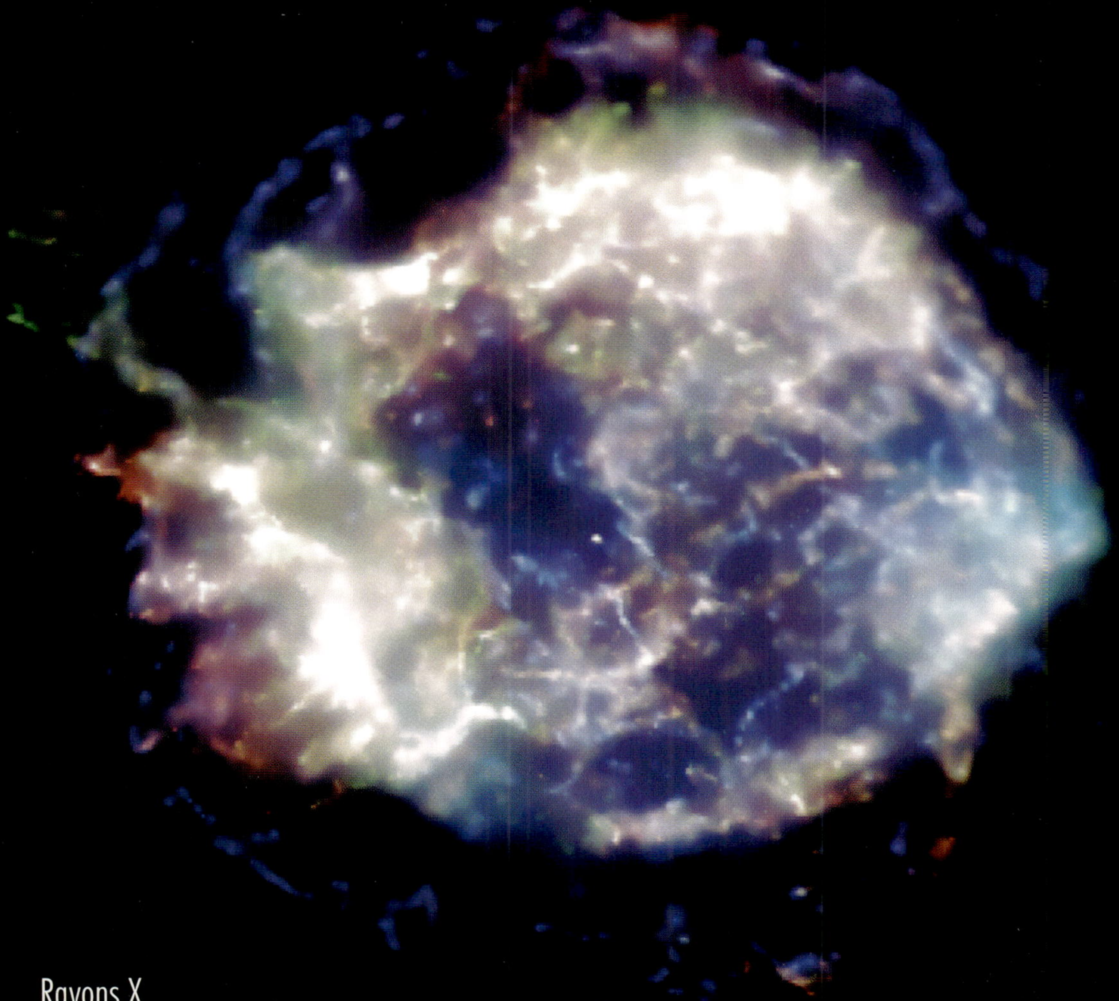

Rayons X

Le plus jeune reste de la Voie Lactée

Cassiopée A est le plus jeune reste de supernova trouvé dans notre Galaxie. Elle a explosé entre 1668 et 168C et aurait dû être vue de la Terre, ce qui, à notre grande surprise, n'a pas été le cas. La fine dentelle bleue qui ourle l'image en rayons X montre où se trouve l'onde de choc. Le gaz interstellaire qu'elle a balayé et chauffé à 50 millions de degrés s'empile derrière elle en violacé. Elle avance à 50 millions de kilomètres par heure, de quoi faire le trajet Terre-Lune en 30 secondes. La zone blanche correspond aux débris de l'étoile. On y trouve du fer, du calcium, de l'argon, du soufre, du silicium, du magnésium, du néon et de l'oxygène, dont la répartition permet de comprendre dans quelle couche de l'étoile ou de l'explosion ils sont nés. Les débris stellaires ne se mélangent visiblement pas avec le milieu interstellaire balayé. Heureusement que de nombreuses instabilités à l'interface entre les deux milieux brasseront efficacement les atomes pour que ceux nouvellement fabriqués aillent se mélanger au milieu extérieur pour les générations futures. En lumière visible et infrarouge, on voit de minces filaments plus denses et poussiéreux qui commencent à refroidir vers 10 000 degrés. Le point blanc au centre de l'image X est l'étoile à neutrons, vestige de l'ancien cœur de l'étoile.

LA NÉBULEUSE DU CRABE, RESTE D'UNE EXPLOSION MILLÉNAIRE

Dès les années 1920, les astronomes avaient remarqué des vitesses anormalement élevées de 1 500 kilomètres par seconde dans la nébuleuse du Crabe, ce qui est considérable par rapport aux vitesses d'expansion de 20 à 30 kilomètres par seconde des nébuleuses planétaires. Ils ont même pu suivre l'expansion de cette nébuleuse au cours des années suivantes et, en remontant le film à l'envers, trouver qu'ils avaient affaire à une explosion de supernova visible de la Terre au XIe siècle. La position et la date permirent sans le moindre doute de l'identifier avec l'événement de 1054 relaté par les chroniques chinoises et japonaises. Ce fut le premier astre reconnu comme provenant de l'explosion d'une supernova. En connaître la date précise est essentiel pour comprendre le déroulement du phénomène. La nébuleuse du Crabe est unique par bien des aspects. Très brillante et seulement à 6 500 années-lumière de distance, on peut suivre l'évolution des débris de l'étoile avec un luxe de détails dans toutes les lumières, même si le fait qu'on n'a pas détecté l'onde de choc qui précède les éjecta est assez déconcertant. Les filaments externes cartographiés en visible et en infrarouge sont riches en hélium, carbone, oxygène, azote, néon, soufre et autres « produits frais » de l'activité de fusion de l'étoile. Son cœur de fer implosé a donné naissance à l'étoile à neutrons la plus énergétique de la Voie Lactée qui tourne sur elle-même 30 fois par seconde. De fait, la nébuleuse du Crabe n'est pas le meilleur endroit pour étudier comment les atomes sont restitués au milieu extérieur, car l'activité de l'étoile à neutrons centrale et le vent de particules extrêmement énergétiques qu'elle propulse autour d'elle perturbent nettement l'évolution de la nébuleuse. C'est ce vent qui donne l'impression, sur l'image composite, que la coquille des débris stellaires qui brillent en visible et en infrarouge abrite une soucoupe volante en rayons X.

Explosion vedette

La nébuleuse du Crabe, située à 6 500 années-lumière, est le plus célèbre des restes de supernova. D'un diamètre légèrement supérieur à 10 années-lumière, elle enfle encore à la vitesse de 1 500 kilomètres par seconde après mille ans de voyage. Sa morphologie et les régions internes sont fortement influencées par la présence d'une étoile à neutrons, vestige de l'ancienne étoile. Les images X et radio permettent

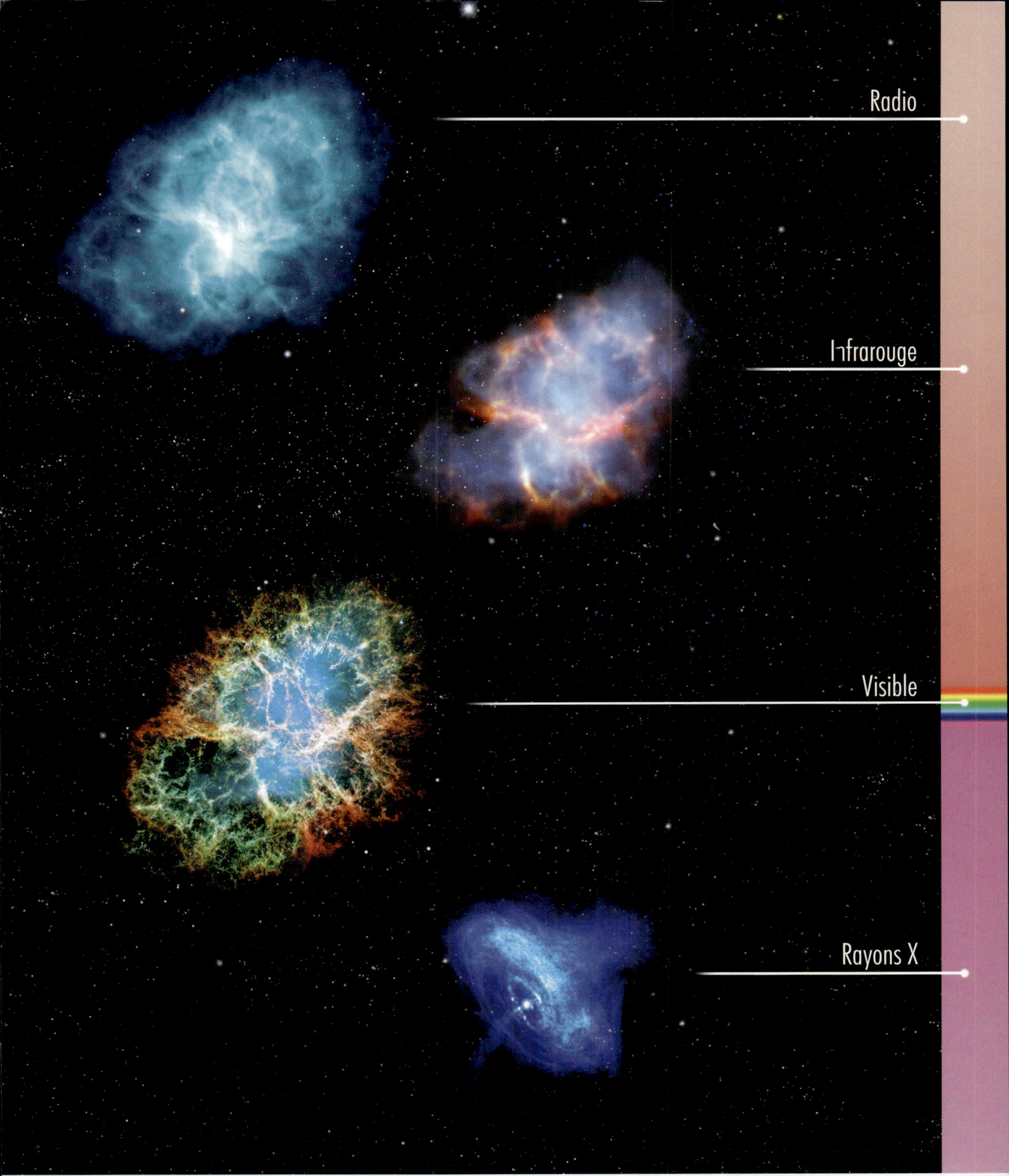

d'étudier les particules incroyablement énergétiques accélérées par cette étoile très particulière. Les images en visible et infrarouge montrent les débris de l'explosion. Les multiples doigts fins qui se tendent vers l'extérieur illustrent comment les atomes fraîchement synthétisés par l'étoile, avant et pendant l'explosion, vont se mélanger au milieu extérieur.

PARIS EN BOUTEILLE ! ÉTOILES À NEUTRONS, PULSARS ET MAGNÉTARS

L'explosion des couches externes d'une supernova massive accompagne l'implosion du cœur de fer de l'ancienne étoile. La matière y est devenue si dense (700 000 tonnes dans une tête d'épingle) que les électrons et les protons ont fusionné en neutrons. Si la masse du cœur ne dépasse pas trois masses solaires, la pression des neutrons est capable de soutenir la gravité infernale du nouvel astre qui se stabilise sous forme d'étoile à neutrons d'un rayon de l'ordre de 10 kilomètres. Cela revient à comprimer la Terre dans une sphère de la taille d'un terrain de football !

Ayant conservé l'énergie de rotation du cœur initial au cours de l'implosion, comme le patineur qui accélère sa pirouette en serrant ses bras, l'étoile à neutrons tourne comme une folle toupie des dizaines de fois sur elle-même par seconde, des centaines tout au plus car la force centrifuge la ferait voler en éclats, malgré l'extraordinaire gravité, au-delà de mille tours par seconde. La pesanteur à la surface y est infernale, mille milliards de fois celle de la Terre, elle écrase absolument tout, au point qu'aucun dénivelé de plus de quelques millimètres ne peut résister. Cet astre est une parfaite boule de billard. Y lâcher son stylo d'un mètre de haut reviendrait à faire exploser 170 tonnes de TNT. De même, l'implosion a entraîné le champ magnétique qui atteint la valeur fantastique de 100 millions de teslas, à comparer aux 20 teslas des plus forts aimants qu'on est capable de construire sur Terre. Celui-ci pourrait attraper vos clefs à 10 000 kilomètres de distance ! Des champs magnétiques encore mille fois plus extrêmes ont été mesurés dans certaines étoiles, si bien qu'on a inventé un nouveau nom pour cette classe d'étoiles à neutrons hypermagnétisées : les magnétars.

Comme la Terre et les planètes, les étoiles à neutrons possèdent une magnétosphère et des ceintures de particules, à cette différence près qu'elles sont incroyablement plus énergétiques. La rotation de l'aimant se comporte comme la dynamo des vélos, à ceci près qu'elle fournit un million de milliards de volts qui peuvent accélérer des particules électrisées jusqu'à des vitesses très proches de celle de la lumière. Ces dernières vont filer par les calottes polaires et produire d'intenses faisceaux de lumière bien focalisés et de toutes les couleurs, des rayons γ à la radio.

Lorsqu'un ou plusieurs faisceaux balayent la Terre, on voit l'étoile clignoter comme un phare intersidéral, ce qui leur a valu le nom « pulsars », contraction de *pulsating star* ou « étoile pulsante ». Leur découverte, en 1967, par une jeune étudiante anglaise, Jocelyn Bell, a valu un prix Nobel au directeur du nouveau radiotélescope et au professeur responsable de son stage – mais pas à elle.

Le clignotement rapide de ces objets avait d'ailleurs intrigué les découvreurs qui les avaient appelés « petits hommes verts » en se demandant s'ils n'avaient pas affaire à un signal intelligent. Mais la nature incroyable de l'astre clignotant s'est rapidement imposée après quelques tâtonnements théoriques et l'incrédulité des premiers mois. À ce jour, près de deux mille pulsars ont été découverts et de nouveaux sont détectés chaque mois.

Quand la masse du noyau d'une supernova massive est supérieure à trois masses solaires, plus rien ne peut s'opposer à la gravitation et à l'effondrement. L'implosion ne s'arrête pas au stade d'étoile à neutrons, mais continue en trou noir. Ce dernier n'est évidemment pas directement visible puisque la gravitation est tellement forte que la lumière ne peut s'en échapper, mais on peut repérer son impact sur les environs. Il avale tout ce qui passe à sa portée, le gaz ainsi « aspiré » se rassemblant dans un disque en rotation rapide avant de tomber dans le trou noir. Les frottements au sein du disque sont si considérables qu'il est chauffé à des millions de degrés et rayonne intensément en rayons X et ultraviolets. Comme pour les protoétoiles, le trou noir peut propulser des jets à une fraction notable de la vitesse de la lumière sur plus d'une année-lumière. On les voit en lumière radio. On peut également percevoir un trou noir s'il a une étoile compagne car celle-ci tournera sagement… autour d'apparemment rien.

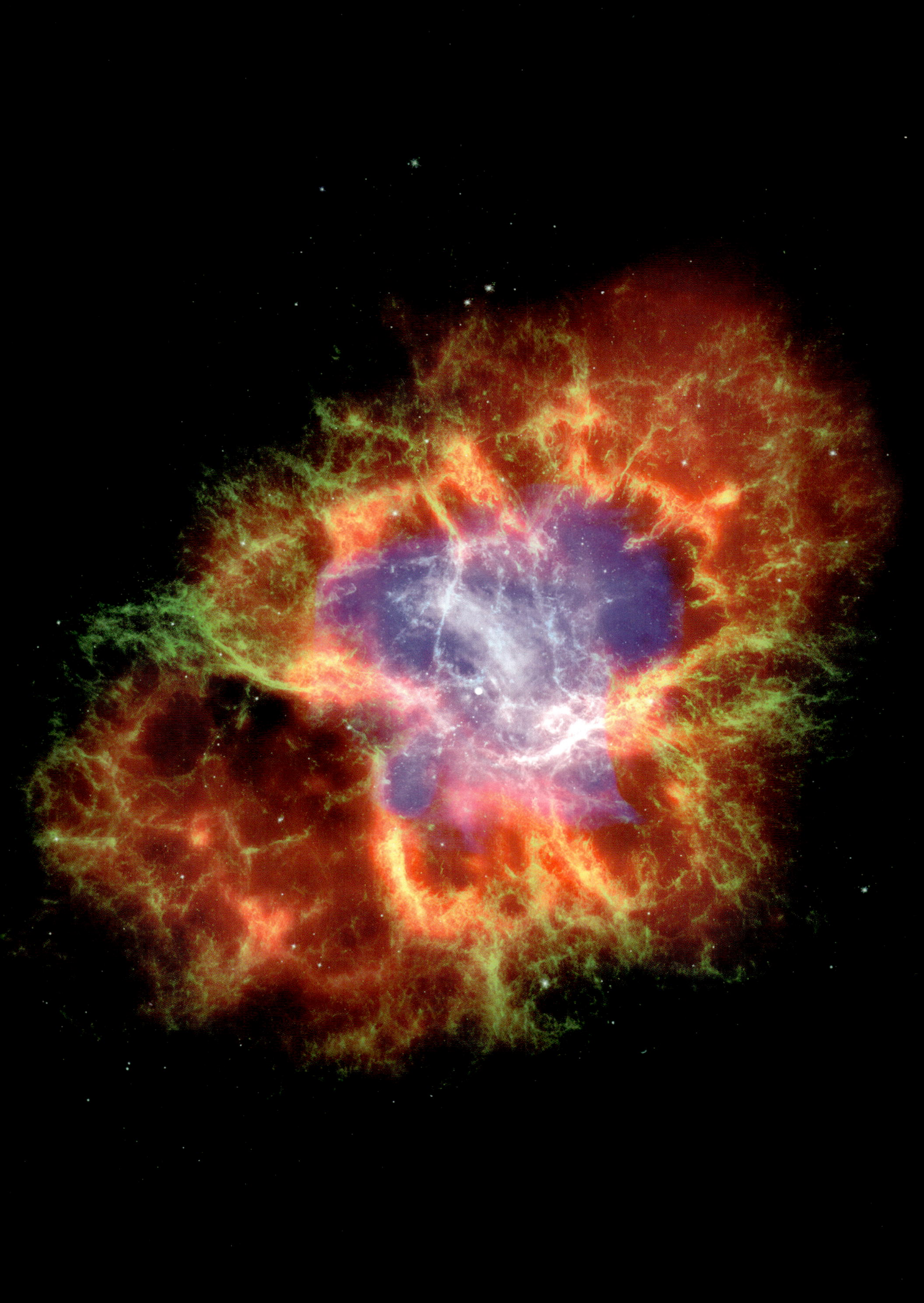

Le vent du Crabe

Une soucoupe volante de rayons X se cache au milieu des débris de feue l'étoile du Crabe ! L'agrandissement montre la brillante étoile à neutrons responsable de cette anomalie. Elle agit comme un aimant géant tournant 30 fois par seconde sur lui-même. Ce formidable générateur électrique cosmique est capable de produire un courant supérieur à 10^{19} ampères, d'accélérer des électrons jusqu'à des vitesses très proches de celle de la lumière et de les lancer sur plus d'une année-lumière dans des jets polaires et un vent équatorial qui semble faire des ronds dans l'eau en avançant à 100 000 kilomètres par seconde dans la nébuleuse. Le vent varie au fil des semaines. L'étoile à neutrons centrale clignote comme un phare intersidéral dont l'horloge ne perdra qu'une seconde en un million d'années.

Les Voiles

La région des Voiles foisonne de restes de supernova. La première image en rayons X montre une grosse bulle de 80 années-lumière de taille, le reste des Voiles ou Vela, qui correspond à l'explosion d'une étoile massive il y a 11 000 ans, à 1 200 années-lumière de la Terre. À ce stade assez évolué, les filaments qui refroidissent forment une délicate dentelle en lumière visible, qui se dilue dans le milieu environnant. Le gros plan en révèle toutes les nuances colorées. Mais le reste de la bulle demeure très chaud et brille en rayons X. L'autre petite bulle visible en lumière X correspond aux débris de Puppis A, quatre fois plus loin. Mais un reste peut en cacher un autre ! En regardant en rayons X plus énergétiques (on dit « plus durs »), on en voit apparaître un autre derrière Vela, baptisé Vela junior car il est plus jeune. Son onde de choc est assez puissante pour accélérer des particules très énergétiques qui brillent en rayons γ.

Rayons X

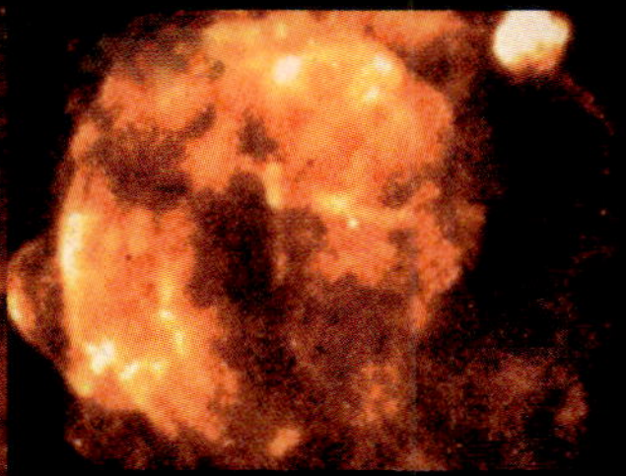

Rayons X durs

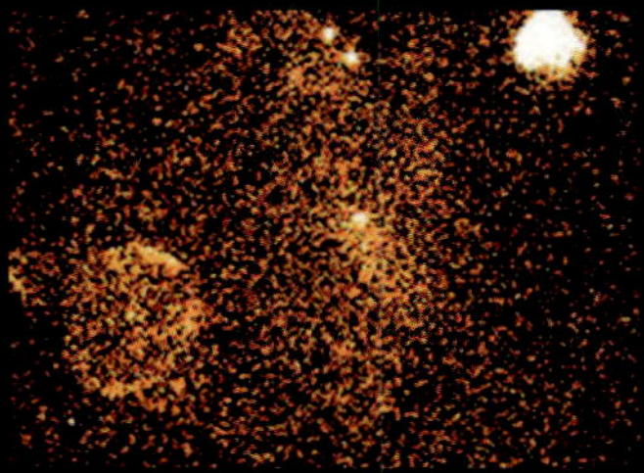

Rayons γ

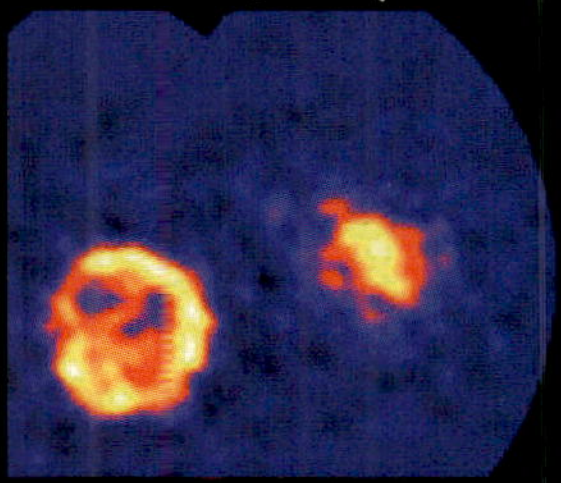

LE DERNIER GRAND ÉVÉNEMENT : LA SUPERNOVA SN 1987A

En 1987, une nouvelle étoile est brutalement apparue dans le ciel austral au milieu du Grand Nuage de Magellan. Ce fut l'un des événements astronomiques majeurs de la fin du XXe siècle : une brillante supernova venait de faire son entrée dans le monde des curiosités célestes et pouvait être étudiée en toutes lumières. Elle a fait la couverture des magazines qui, toujours à la pointe de l'actualité, annonçaient la nouvelle de cette explosion survenue en réalité il y a 160 000 ans, temps nécessaire à la lumière pour nous parvenir. Ses environs furent illuminés par la lumière de l'explosion, des échos en sont visibles autour de l'étoile. Quelques années plus tard, la coquille de débris en expansion s'est brusquement ourlée de points brillants variables. L'étoile qui a explosé était en effet très massive, un vent fort a emporté une partie de ses couches externes avant l'explosion. Ces dernières furent rattrapées par l'onde de choc des débris. La collision flamboie comme un feu d'artifice, notamment en rayons X. Nous avons ainsi pu comprendre ce qui se passait juste après l'explosion. Des neutrinos en provenance directe du centre de l'explosion ont même été détectés sur Terre, nous offrant pour la première fois un bref aperçu de l'implosion du cœur d'une étoile massive au moment de sa mort et confirmant les modèles théoriques. On a pu également mesurer qu'une quantité équivalente à 25 000 fois la masse de la Terre de nickel radioactif a été éjectée et s'est transformée dans les jours qui ont suivi en cobalt, puis, après quelques mois, en fer.

LES PROCHAINES EXPLOSIONS

Les étoiles massives connaissent une succession de violentes pertes de masse tout au long de leur vie, avec des vents pouvant souffler à plus de 1 000 kilomètres par seconde, emportant plusieurs fois l'équivalent de la Terre chaque année. La lumière pousse la matière hors de l'étoile, un peu à la manière des petits radiomètres qui se mettent en mouvement quand on les éclaire. Ici, le phénomène est d'une ampleur plus considérable : l'énorme quantité de lumière émise par l'étoile l'emporte sur la

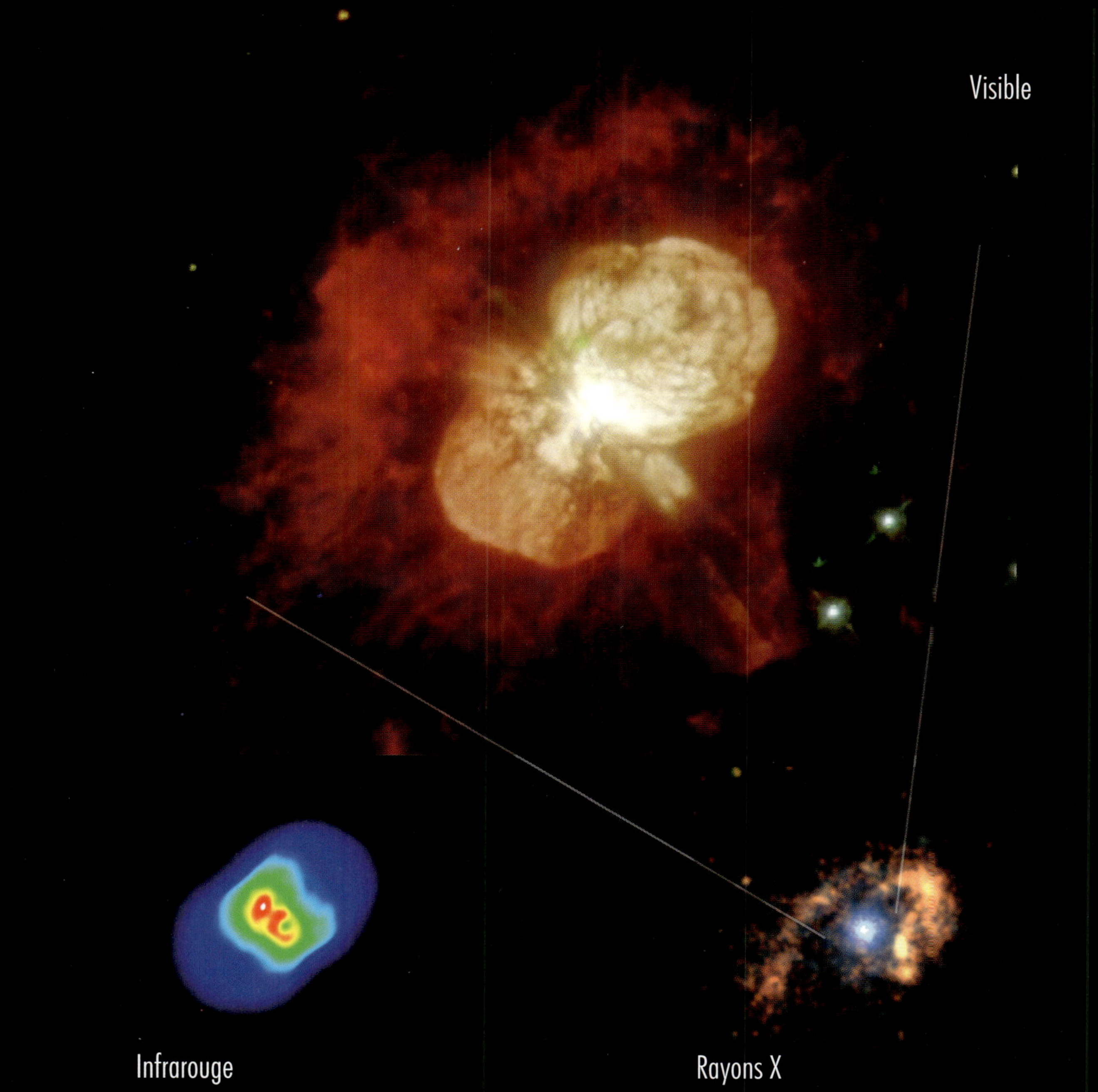

Les humeurs de la candidate

Carina est l'une des étoiles les plus étonnantes de notre Voie Lactée. Notée comme variable en 1677 par Edmund Halley, elle est devenue la deuxième étoile la plus brillante du ciel après Sirius entre 1837 et 1856. Invisible à l'œil nu en 1940, elle a connu depuis un regain d'activité. Située à environ 8 000 années-lumière de la Terre, elle a une masse de près de cent fois celle du Soleil. Après une série d'éruptions violentes, cette étoile massive devrait prochainement (à l'échelle astronomique) devenir une supernova. Les deux bulles de vent qui lui donnent une forme de cacahuète géante de 3 mois-lumière de taille brillent en lumière visible. Un tore de poussières lui enserre la taille en infrarouge. La température y varie de 60 à 3 millions de degrés du centre au bord. La lumière X permet de suivre les restes d'une série d'éruptions antérieures comme l'arc brillant en fer à cheval de 2 années-lumière de diamètre qui a été projeté il y a mille ans.

gravitation et entraîne avec elle les couches superficielles. L'étoile peut ainsi maigrir de moitié avant d'exploser.

L'étoile η de la Carène, située au cœur de la nébuleuse de la Carène vue au précédent chapitre, est sans doute une excellente candidate pour admirer une prochaine supernova. Elle enfle et perd beaucoup de masse depuis deux siècles, ce qui est un signe probable de vieillesse avancée. En avril 1843, elle est devenue l'étoile la plus brillante du ciel après la proche Sirius bien qu'elle soit 800 fois plus distante. Sa luminosité a décru depuis, mais elle est encore visible avec une paire de jumelles. Presque cent fois plus massive que le Soleil et 3 millions de fois plus lumineuse, elle devrait exploser dans un futur proche à l'échelle astronomique, c'est-à-dire dans un million d'années ou, espérons-le, beaucoup moins.

Il existe d'autres candidats comme l'étoile Pistol de 80 masses solaires située près du centre de la Voie Lactée, ou peut-être l'étoile V838 Monoceratis, jusqu'alors peu lumineuse et à peine plus chaude que le Soleil, mais qui est devenue en quelques mois l'une des plus brillantes de la Galaxie avant de pâlir tout aussi brutalement.

SUPER ET HYPERNOVÆ !

Il y a beaucoup d'autres phénomènes violents dans le monde des étoiles. Nous ne parlerons pas ici du phénomène de *nova* qui se produit quand deux étoiles d'un couple échangent de la matière. La chute d'hydrogène sur une naine blanche, en quantités beaucoup plus faibles que dans les supernovæ, peut déclencher une explosion thermonucléaire locale à la surface de la naine, mais qui n'embrase pas toute l'étoile comme dans le cas d'une supernova. Les observateurs verront apparaître une « nouvelle » étoile dans le ciel, mais le processus n'est pas destructeur et la nova réapparaîtra quand le transfert de matière reprendra, une fois le calme revenu.

Les superlatifs fleurissent chez les publicitaires. Nous avons connu les marchés, puis les supermarchés et maintenant les hypermarchés. Les astronomes sont en train de les imiter avec les novæ. Des novæ peuvent surgir dans le ciel, des supernovæ peuvent exploser ; les astronomes en sont maintenant à inventer la notion d'hypernova pour désigner des explosions encore plus énergétiques. Pendant plus de trente ans, des flashs de rayons γ d'une durée de quelques secondes ont été détectés un peu partout dans le ciel, à raison d'un tous les deux ou trois jours, sans qu'on puisse en identifier la source. La localisation du phénomène en rayons γ n'était pas assez précise et les observateurs n'avaient pas le temps de pointer d'autres télescopes avant que tout ne soit fini. Leur répartition uniforme dans le ciel impliquait des distances considérables dans l'Univers, dans les galaxies lointaines, donc des puissances phénoménales. Ce n'est qu'en 1997 qu'un satellite italo-hollandais, Beppo-SAX, put localiser une source de rayons X correspondant à un sursaut γ. Les télescopes optiques au sol confirmèrent l'origine extragalactique du phénomène. Là aussi, l'utilisation de toutes les lumières a permis de dissiper le mystère. Mais un événement aussi brillant et aussi lointain plaçait les astronomes devant un nouveau défi : comment expliquer la production d'une telle quantité d'énergie ? La brièveté du flash et de ses soubresauts à une échelle inférieure à la seconde impose une dimension maximum de milliers de kilomètres pour la source d'émission. Le bilan d'énergie impose aussi que la lumière soit émise en un fin pinceau focalisé comme celui d'une lampe torche. Un formidable jet de matière issu d'une explosion peut répondre à ces critères et le fait qu'on ait très récemment observé des supernovæ juste après quelques-uns de ces flashs corrobore l'idée d'hypernova, c'est-à-dire de l'implosion du cœur d'une étoile de plus de vingt-cinq masses solaires qui plonge en trou noir. Comme toujours lorsque la matière chute sur un astre compact, une partie forme un disque autour du cœur en train de s'effondrer et l'autre fuse vers l'extérieur en jets étroits à la vitesse de la lumière, ou presque. Le reste des couches externes de l'étoile commence par plonger aussi vers le centre, puis rebondit et suit le jet un peu plus tard pour exploser en supernova normale. La lumière du jet, cent fois plus brillante que toute l'explosion qui suit, peut être ainsi aperçue sur des milliards d'années-lumière et nous renseigne sur le destin des premières générations d'étoiles de l'Univers. La fréquence quasi quotidienne de ces hypernovæ pourrait donner le vertige, car on ne voit de la Terre que celles dont le jet jaillit dans notre direction, mais cela correspond modestement à un événement tous les cent mille ans dans une galaxie comme la nôtre. Reste à trouver les débris des hypernovæ passées de la Voie Lactée.

Un monstre noir est tapi au centre de la Voie Lactée qui tourne sans répit autour de lui comme un manège bien réglé. Modeste trou noir de dix fois la taille du Soleil, mais deux millions et demi de fois plus massif, il avale goulûment tout ce qui a le malheur de passer à sa portée. En ce moment, il est tristement à la diète et se contente de gober un astéroïde par jour, autant dire presque rien.

Ce phénomène est commun dans l'Univers. Des trous noirs bien plus énormes règnent au centre de nombreuses galaxies où ils ont emprisonné l'équivalent de milliards de soleils. Véritables Gargantuas, ils avalent comme des gloutons tout ce qu'ils peuvent attraper. À chacun de leurs repas, nous assistons à un spectaculaire embrasement qui les fait briller autant que des dizaines ou des centaines de galaxies et projeter des jets de matière dans les grands espaces intergalactiques. Quasars et noyaux de galaxies nous offrent ainsi çà et là des flambées de lumière visibles sur des milliards d'années-lumière.

Gargantua peut aussi vivre au pays de Lilliput : les plus grosses étoiles finissent leur vie en petits trous noirs, modèles réduits des monstres galactiques.

« Je bois éternellement. Ce m'est éternité de beuverie, et beuverie d'éternité. »

François Rabelais (1494-1553),
Gargantua

Chapitre 5

LES GARGANTUAS CÉLESTES

D'immenses trous noirs au centre des galaxies

« L'imagination… trouve plus de réalité à ce qui se cache qu'à ce qui se montre. »

Gaston Bachelard (1884-1962),
La Terre

Les hommes ont toujours trouvé la beauté et cherché la vérité au cœur des choses. Ne dit-on pas chercher le cœur d'un problème ou recentrer sa vie ou un discours sur ce qui compte ? Qu'il s'agisse d'un empire, de la Terre ou du système solaire, ils ont toujours été fascinés par la notion de centre. Les Chinois se considéraient comme l'« Empire du Milieu », Jules Verne décrivait des merveilles dans son voyage au centre de la Terre et les hommes ont longtemps placé la Terre au centre de l'Univers.

Les astronomes n'ont eu de cesse de trouver ce qu'il y avait au centre d'un objet aussi majestueux que la Voie Lactée. Depuis la fin des années 1920, en étudiant le mouvement des amas d'étoiles tout autour de la Galaxie, ils ont compris que le centre était dans la direction des constellations du Sagittaire et du Scorpion, si belles dans le ciel austral. Malheureusement, les nuages de gaz et de poussières qui s'interposent entre la Terre et le centre galactique bloquent toute la lumière visible émanant de ces régions. Il a fallu utiliser différentes lumières pour percer ces nuées et inventer de nouvelles techniques d'observation pour discerner les détails de ces régions très encombrées. Les surprises se sont succédé avec la découverte d'impressionnants amas stellaires, de volutes de gaz brûlant, de bulles en tout genre jusqu'à la détection, en 2003, d'un objet sombre dominant son voisinage.

Le centre galactique

Situé à 26 000 années-lumière près de la flèche du Sagittaire et de la queue du Scorpion, le centre galactique se cache dans la bande sombre de nuages qui barre la Voie Lactée.

À travers les voiles

Cette vue infrarouge, beaucoup moins sensible aux effets d'obscurcissement du gaz et des poussières interstellaires que la lumière visible, fait ressortir plus de 500 millions d'étoiles dans le disque de la Voie Lactée et dans son bulbe central. À vous de compter.

BOUSCULADE AU CENTRE-VILLE

En explorant les environs du Soleil, on trouve des étoiles en train de naître ou de mourir. D'autres, encore pleines de vie, décorent leurs alentours. Le spectacle est-il le même partout ailleurs ? Pour en avoir le cœur net, voyageons vers le centre en utilisant toutes les lumières. Une technique récente, l'optique adaptative, permet de corriger la déformation des images due aux turbulences atmosphériques et de distinguer des détails aussi fins que quelques jours-lumière à 26 000 années-lumière de la Terre. Inventée par des astronomes, cette technique connaît de nombreuses applications, en particulier pour mieux ausculter la rétine au fond de l'œil. Cette plongée vers le centre galactique est l'une des plus impressionnantes qu'on puisse imaginer puisqu'elle revient à distinguer du sommet de la tour Eiffel deux bouteilles de champagne placées côte à côte à Reims. Elle aboutit à un superbe trou noir qui occupe le centre de la Voie Lactée.

Les images infrarouges sont indispensables pour percevoir les étoiles à travers la matière interstellaire de la Galaxie et voir les poussières des nuages. Le rayonnement radio peut également traverser la Galaxie pour suivre l'activité du trou noir central, repérer les bulles de gaz tiède et les restes de supernova, pour mesurer la quantité de gaz des nuages et suivre les volutes du champ magnétique qui les sculptent. Les rayons X et γ énergétiques révèlent les explosions stellaires et les multiples facettes de l'activité des étoiles à neutrons et trous noirs stellaires issus de ces explosions.

Les 2 000 années-lumière qui entourent le centre sont d'une extraordinaire diversité et richesse comme si la Voie Lactée voulait offrir là un condensé de tout ce dont elle est capable ailleurs. Les étoiles les plus variées pullulent. Les complexes de nuages sont imposants et les amas stellaires rangent ceux d'Orion dans la catégorie des poids plume. Mais ces régions abritent aussi des phénomènes qu'on ne trouve pas ailleurs.

Ce secteur est très animé. Les dizaines de millions de masses solaires de gaz qui y résident sont continuellement alimentées par le reste de la Voie Lactée et se transforment au fur et à mesure en étoiles. Un nuage ne peut pas survivre beaucoup plus de 100 millions d'années sans être déchiré par les forces de marée et la forte turbulence des multiples explosions d'étoiles. Les images en rayons X sont truffées

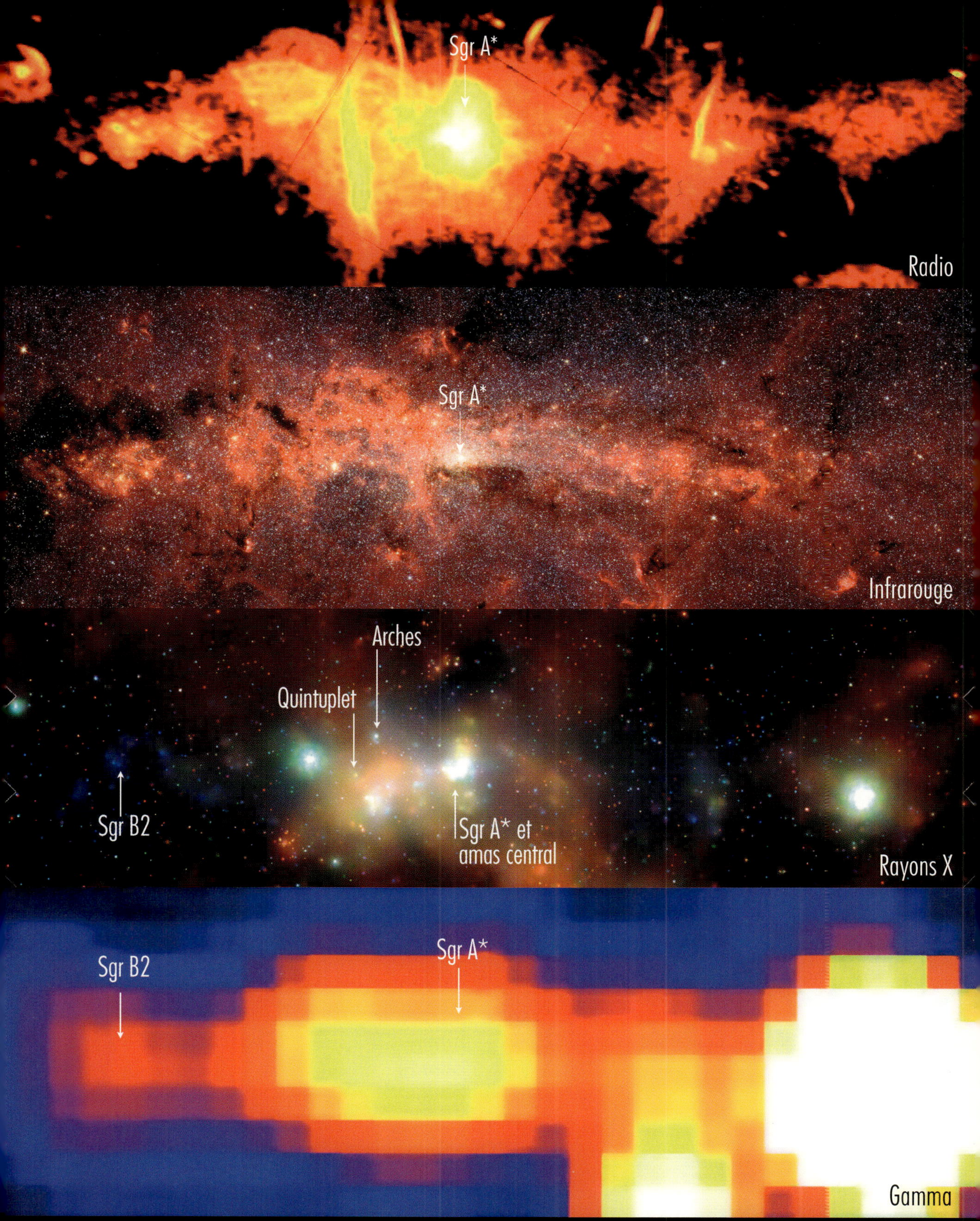

Zoom sur les 450 années-lumière autour du centre de la Voie Lactée.

Quintuplet

Arches

Bijoux près du centre

L'amas des Arches et du Quintuplet, situés à 80 et 100 années-lumière du centre, sont si incroyablement denses et peuplés d'étoiles très massives qu'il ne doit jamais faire nuit sur les planètes de ces régions. L'étoile du Pistolet, de couleur blanche, brille intensément en bas à gauche de l'amas du Quintuplet. Elle est réputée pour être la plus lumineuse de la Galaxie.

de poches de gaz chaud, mais aussi d'un gaz très diffus et véritablement brûlant, à près de 100 millions de degrés, qui percole un peu partout et dont l'origine reste mystérieuse. Quand il n'est pas brassé par les explosions, le gaz est sculpté par le champ magnétique intense en longs filaments perpendiculaires qui pointent hors du disque de la Galaxie comme des flammèches s'échappant des braises.

En se rapprochant à moins de 200 années-lumière du centre, la densité de population et l'activité augmentent. Avec ses 3 millions de masses solaires, Sagittarius B2 est l'un des plus gros nuages de la Galaxie et un véritable chaudron de sorcière fabriquant les molécules les plus diverses. Plus de 45 ont déjà été identifiées comme le monoxyde de carbone, l'eau, l'ammoniac, l'acide cyanhydrique, l'acétone, un sucre ou peut-être encore la glycine qui est l'acide aminé le plus simple. C'est un laboratoire idéal pour savoir s'il est possible de fabriquer des acides aminés dans le milieu interstellaire. Le nuage est sans doute aussi en train de produire un riche amas d'étoiles. On a pu voir une cinquantaine de bulles de gaz chaud irradiées par de jeunes étoiles massives, ce qui est considérable par rapport aux pouponnières de nos contrées. Peut-être le nuage est-il en train de former un amas équivalent à ses remarquables voisins que sont les Arches et le Quintuplet ?

L'amas des Arches est l'un des plus beaux de la Voie Lactée, il est incroyablement riche et dense. Des dizaines de milliers d'étoiles y sont nées depuis 2,5 millions d'années et se tassent dans un rayon d'une année-lumière alors que le Soleil est tout seul dans un rayon quatre fois plus grand. La nuit n'existe pas là-bas, surtout que 150 de ces étoiles sont dix mille fois plus lumineuses que le Soleil ! L'amas du Quintuplet est aussi extraordinaire et contient en plus les cinq étoiles étonnamment rouges qui lui ont valu son nom. Il s'agit probablement d'étoiles très massives enfouies dans une coquille de matière que leur vent a expulsée. L'étoile du Pistolet vit aussi dans cette région. D'un blanc très brillant, elle est candidate au titre d'étoile la plus lumineuse de la Voie Lactée, produisant autant d'énergie en 6 secondes que le Soleil en un an. Âgée de 1 à 3 millions d'années, elle n'en a plus que pour la même durée avant d'exploser. Toutes ces étoiles jeunes sont très orageuses. De grandes éruptions agitent continuellement leur atmosphère et les font scintiller en rayons X.

Un cœur en rayons X

Dans les 100 années-lumière centrales, les nombreuses explosions d'étoiles ont perforé le gaz de bulles à des millions de degrés. On trouve aussi un peu partout du gaz très diffus à 100 millions de degrés dont on ignore l'origine. Deux mille points lumineux correspondent à des étoiles jeunes très turbulentes et à des astres compacts, trous noirs de quelques masses solaires ou étoiles à neutrons, aspirant la matière d'une étoile compagnon. Deux grands lobes de gaz à 20 millions de degrés s'évadent du centre sur une quarantaine d'années-lumière de part et d'autre du disque galactique. Ils peuvent provenir d'anciennes éruptions du trou noir central ou d'explosions stellaires dans son voisinage immédiat.

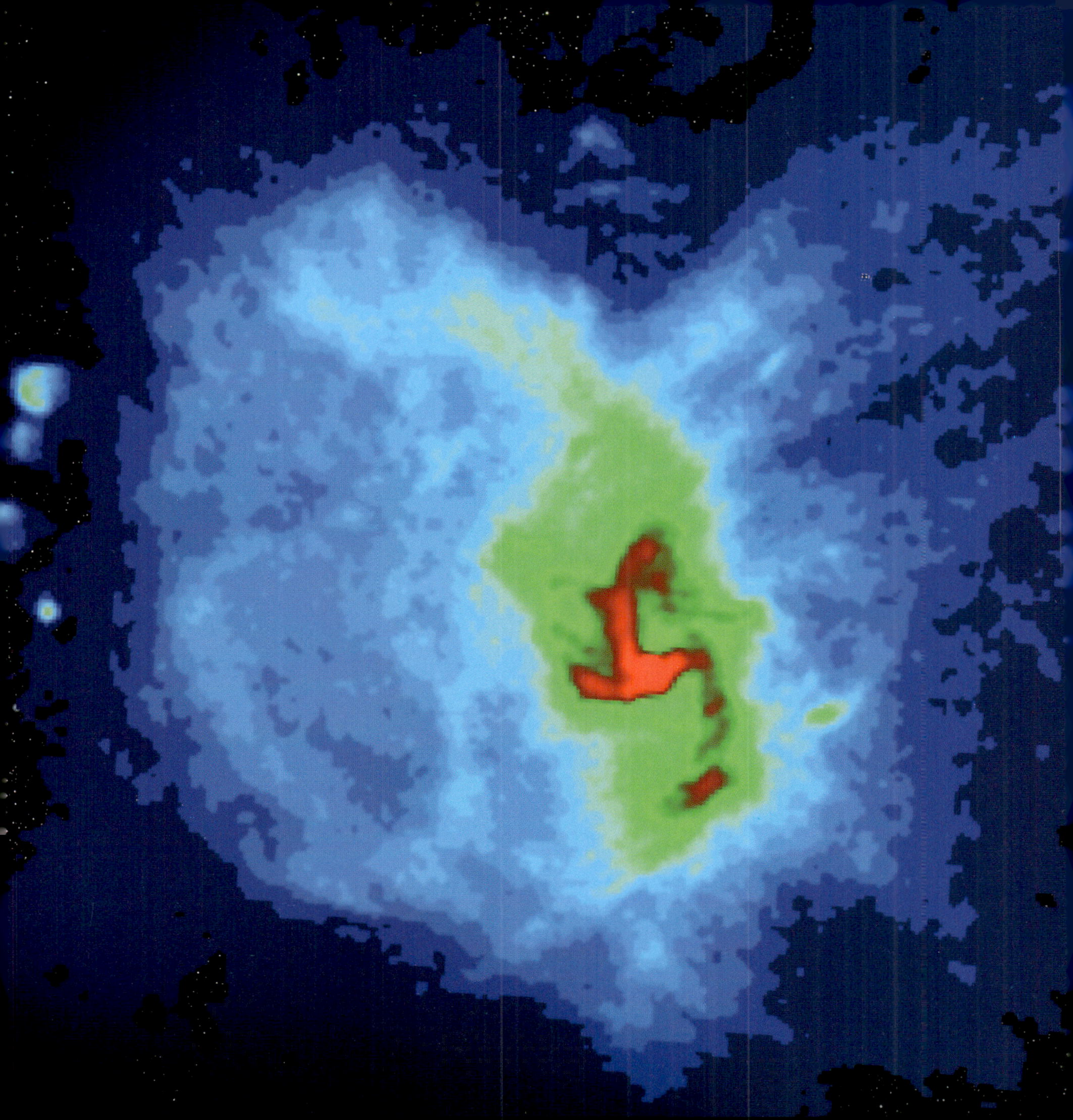

Une bulle en radio

La plupart des ondes radio passent aisément à travers la Galaxie. Elles nous montrent une bulle de 30 années-lumière de taille qui correspond au reste d'une supernova ayant explosé il y a moins de 10 000 ans, peut-être même au Moyen Âge. Cette bulle englobe aujourd'hui l'amas d'étoiles et le trou noir central situés à la croisée des filaments rouges.

En s'approchant à moins de 30 années-lumière du centre, on se trouve à l'intérieur du reste d'une supernova, appelée Sagittarius A Est, qui a explosé il y a quelques milliers d'années et dont la bulle chaude apparaît très nettement en rayons X et en radio. Une étoile massive s'est peut-être un peu trop approchée du trou noir central et a explosé sous son emprise gravitationnelle. La bulle contient une structure de gaz étonnante sans rapport avec les débris de l'étoile défunte. On dirait une minuscule galaxie avec un anneau dense externe et des bras spiraux qui convergent vers le centre. L'anneau de gaz, d'une dizaine d'années-lumière de rayon, fait tourner un million

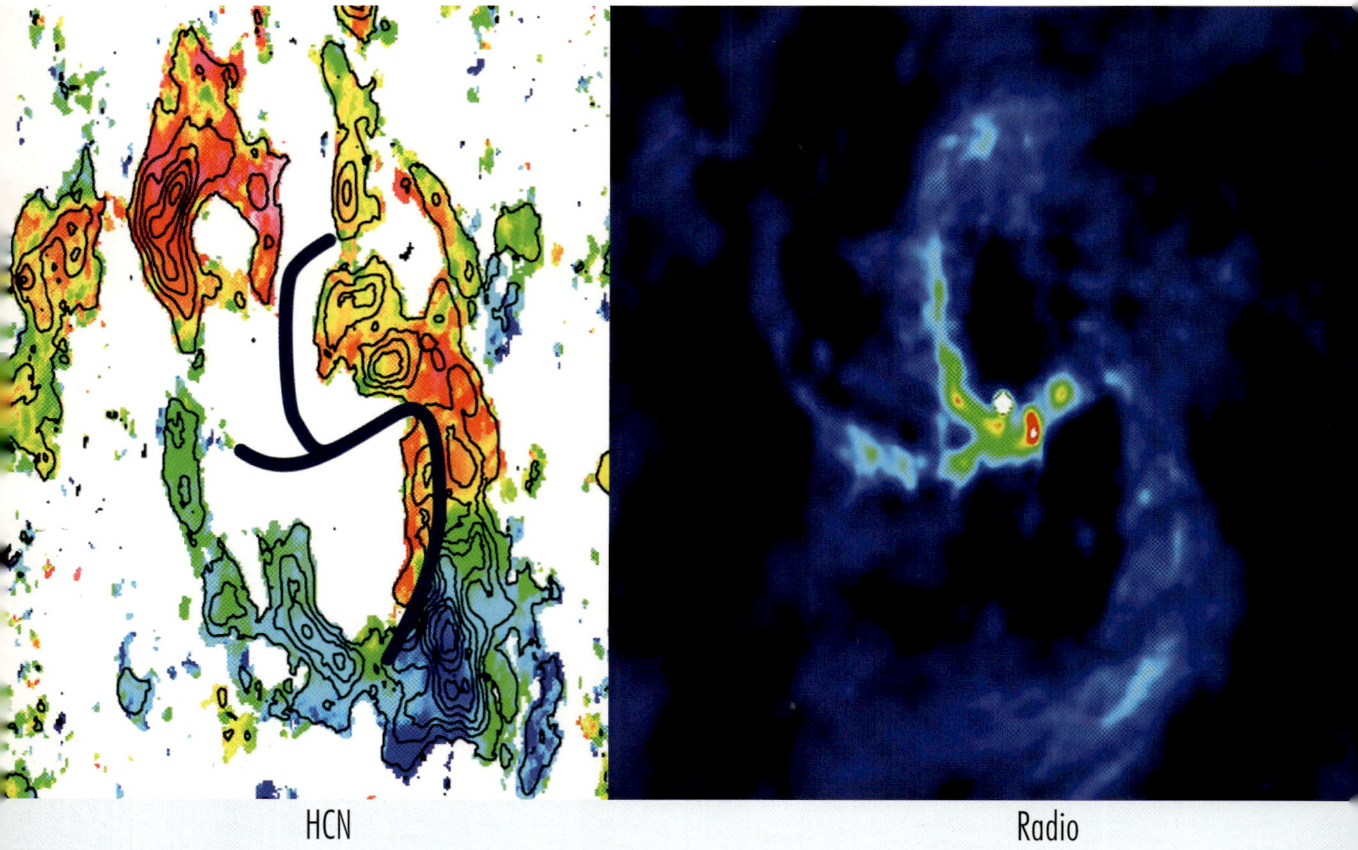

Tour de piste près du centre

À 10 années-lumière du centre, le gaz interstellaire s'organise en un anneau d'un million de masses solaires de molécules. On a utilisé l'émission de l'acide cyanhydrique HCN pour cartographier la structure alimentée par la chute de gaz venant de l'extérieur. Le gaz poursuit ensuite son chemin vers le centre à la vitesse de 1 000 kilomètres par seconde en suivant les bras d'une minispirale bien visible en lumière radio.

de masses solaires de molécules à 110 kilomètres par seconde autour du centre Il est probablement alimenté par la chute de gaz venant de l'extérieur. À l'intérieur se trouve une cavité dans laquelle les molécules ne peuvent pas survivre et où seul un gaz d'atomes, avec ou sans leurs électrons, subsiste et glisse inexorablement vers le centre en suivant les bras de la minispirale.

À moins de 2 années-lumière du centre, on trouve de nouveau un amas extraordinaire de dizaines de milliers d'étoiles. Nombre d'entre elles sont très massives et soufflent d'intenses vents stellaires qui se mélangent en une bulle de gaz très chaud

Infrarouge

Infrarouge proche

Au cœur du cœur

À moins de 2 années-lumière du centre, l'image infrarouge proche montre un superbe amas d'étoiles très riche et très dense près de la croisée des filaments de la minispirale dont les poussières apparaissent en rouge et en marron sur les deux images infrarouges. Le trou noir central, Sagittarius A*, est situé dans le creux des filaments, au bout de la flèche.

visible en rayons X. Elles ont été formées récemment. On retrouve des épisodes de formation entre 3 et 7 millions d'années et un peu plus tôt, il y 100 millions d'années. Leur jeunesse pose un problème. Les colossales forces de marée du trou noir central devraient inhiber la formation d'étoiles dans la région, il n'est pas possible de les former plus loin et de les faire migrer à leur place actuelle, car le temps de voyage est supérieur à leur durée de vie. Les images X du secteur posent un autre problème : elles font apparaître quatre astres compacts, étoiles à neutrons ou trous noirs stellaires, issus d'explosions antérieures, qui aspirent du gaz d'une étoile compagne. Quatre, c'est peu, mais c'est trop. Il est probable que, dans un environnement aussi peuplé, ces astres compacts, à l'origine isolés, se sont tout simplement servis en capturant une compagne qui passait près d'eux.

Petits trous noirs autour d'un gros trou noir ?
Comme s'il faisait des émules, Sagittarius A* est entouré de petits trous noirs stellaires provenant de l'explosion d'étoiles massives de l'amas central. D'autres explosions ont donné des étoiles à neutrons. Tous ces objets peuvent briller en rayons X lorsqu'ils attrapent la matière de leur étoile compagnon. Quatre (encerclés en rouge) ont été trouvés à moins de 3 années-lumière du centre. La nébulosité visible en lumière X est due aux forts vents des étoiles massives encore en vie.

En s'approchant encore plus près du centre, on aperçoit de véritables étoiles kamikazes valsant au péril de leur existence au bord d'un gouffre noir ! Leur mouvement, suivi depuis une douzaine d'années, n'est pas celui attendu au cœur d'un amas. Elles se déplacent plutôt autour du centre, comme les planètes autour du Soleil. Chacune suit une orbite obéissant aux lois trouvées par Kepler en 1610, ce qui prouve la présence d'une masse centrale compacte qu'on peut estimer à 2,6 millions de masses solaires. L'une des étoiles est passée en rase-mottes à seulement 17 heures-lumière du centre. Compte tenu du minuscule volume disponible pour une telle masse, l'objet ne peut être qu'un trou noir dont le rayon effectif est de 8 millions de kilomètres. On l'appelle Sagittarius A* du nom de la source radio découverte en 1974. Bien entendu, cette lumière ne sort pas du trou noir mais provient du repas qu'on est en train de lui servir. Telle l'eau qui tourne autour de la bonde d'une baignoire avant de s'y engouffrer, la matière qui tombe sur le trou noir se rassemble dans un disque et chute en spiralant. Dans ce mouvement, les frottements chauffent le gaz à haute température et le font rayonner sur une large gamme de lumières.

Les premières questions qui viennent à l'esprit sont de savoir quel est le menu de l'ogre central et si ses repas sont fréquents. On observe en effet tous les deux ou trois jours des bouffées de rayons infrarouges et X pendant quelques heures. L'énergie dégagée correspond à la masse d'un astéroïde comme Junon. Il est possible que le trou noir déshabille les étoiles voisines quand elles le frôlent et qu'il capture des astéroïdes ou des comètes par effet de marée. Ces petits corps ne constituent qu'un piètre hors-d'œuvre, mais aucun plat plus substantiel ne lui a été servi depuis des années. Un tel régime de diète peut s'expliquer par la présence du reste de supernova Sagittarius A Est et des nombreux vents stellaires de l'amas central qui empêchent l'arrivée de matière fraîche. On peut rechercher des traces d'activité plus soutenue dans le passé. Comme pour les protoétoiles, la chute de gaz sur un objet central s'accompagne souvent d'expulsions sous forme de jets plus ou moins étroits. Le trou noir a peut-être en effet éjecté les grands lobes de gaz très chaud qui s'évadent du centre sur plus de 40 années-lumière. Cette activité passée peut recommencer, un peu comme un volcan qui connaît une succession de périodes de calme et de regain d'ardeur.

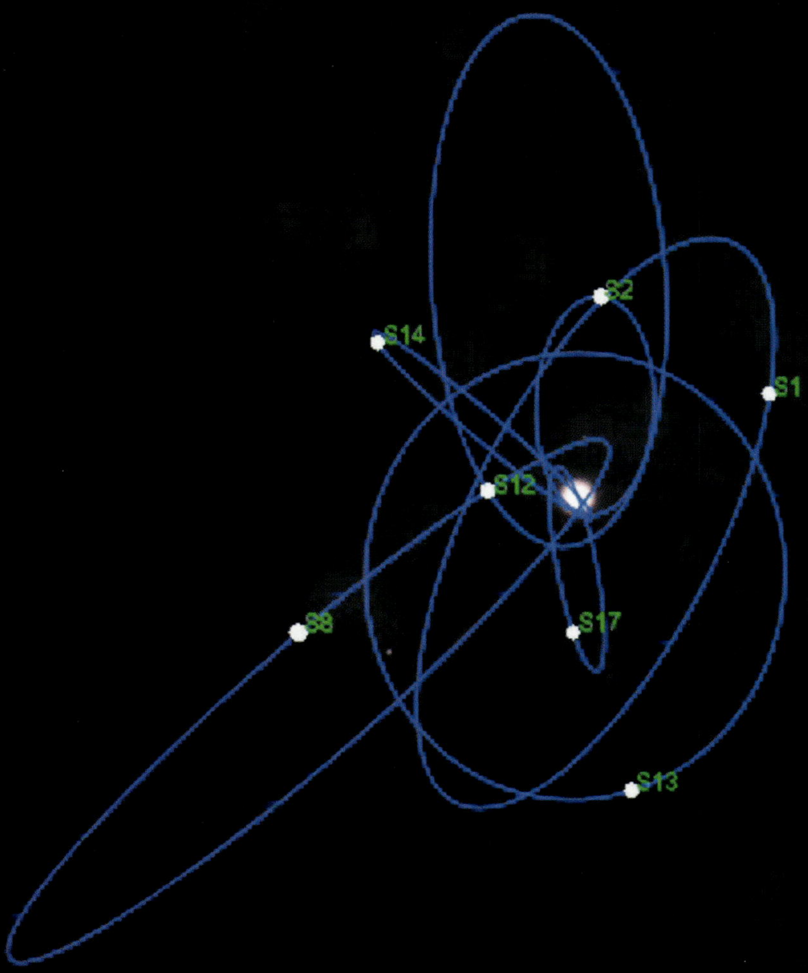

Les kamikazes de l'extrême

Le mouvement des étoiles les plus proches du centre a été suivi pendant une douzaine d'années pour confirmer la présence d'un trou noir central et estimer sa masse. Il a emprisonné l'équivalent de 2,6 millions de soleils.

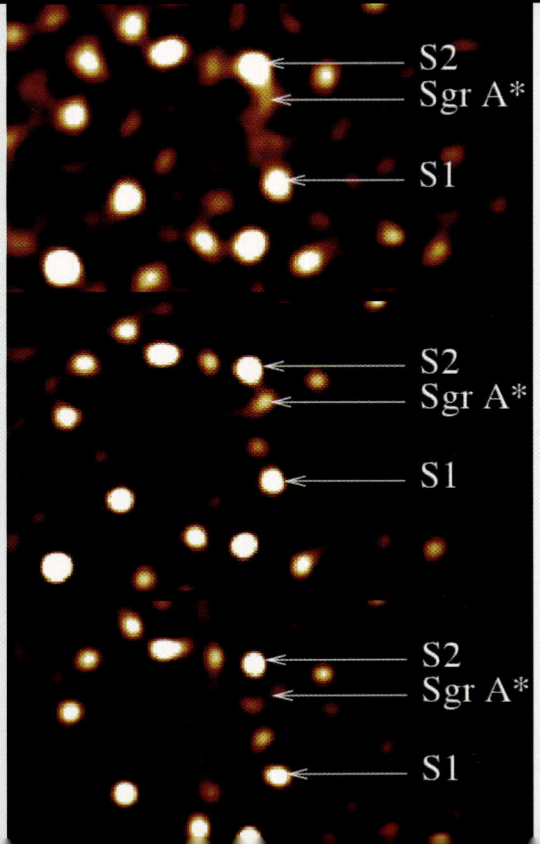

20 juin 0 h 00

20 juin 0 h 15

20 juin 1 h 13

Mise en bouche pour trou noir

Presque tous les jours, le trou noir avale l'équivalent de la masse d'un astéroïde comme Junon. Avant de disparaître, la matière chauffée émet une bouffée de lumière de quelques heures qu'on capte en infrarouge et en rayons X. On remarque ici la variation d'éclat de Sagittarius A* par rapport aux étoiles stables S1 et S2.

TROUS NOIRS GÉANTS

Loin d'être de paisibles assemblées d'étoiles se promenant dans l'espace, les galaxies manifestent souvent des signes d'étonnante activité. Trois découvertes importantes, *a priori* indépendantes et longtemps restées inexpliquées, ont permis de comprendre quelle ardeur les anime. Tout a commencé dans les années 1940 avec la détection de noyaux brillants au centre de galaxies dites « de Seyfert » du nom de leur découvreur. Ils brillaient à eux seuls autant que tout le reste de la galaxie et présentaient d'importantes variations d'éclat au fil des jours et des mois. Dans les années 1950, les astronomes ont repéré de nombreuses galaxies particulièrement lumineuses en radio qu'ils ont évidemment appelées « radiogalaxies ». Elles sont souvent la source de fins jets de matière qui s'étendent loin d'elles, sur des millions d'années-lumière. Enfin, dans les années 1960, la découverte des fameux quasars complétait le tableau. Leur nom vient de la contraction de l'expression anglaise « *quasi-stellar radio source* » pour radio source quasi stellaire. Le hasard a voulu qu'en 1963, la Lune passe devant la source 3C 273. Les instants de disparition et de réapparition de la source radio ont immédiatement fourni une position très précise de l'astre et permis de l'identifier avec un petit « point » anonyme ressemblant à une étoile dans les catalogues photographiques, mais dont la distance correspondait à une lointaine galaxie. Au cours des années 1980 et 1990, l'observation de ces objets dans toutes les lumières a permis de rassembler les pièces du puzzle et de découvrir ce qui se passait dans les noyaux particulièrement actifs de ces galaxies.

Il était difficile d'admettre que ces objets fussent aussi éloignés, car cela impliquait la production d'une quantité phénoménale d'énergie qu'aucun processus thermique ou nucléaire ne pouvait expliquer. Malgré leur aspect ponctuel, ces noyaux étaient aussi lumineux qu'une galaxie, voire que des milliers de galaxies. Il fallut pourtant accepter l'évidence en 1966 lorsque la distance de 3C 273 fut estimée à presque 2 milliards d'années-lumière. Ces énormes quantités d'énergie étaient stupéfiantes, mais elles le devinrent plus encore après avoir mesuré la petitesse de la région d'émission à l'échelle astronomique : elle pouvait tenir dans le système solaire ! Comment mesurer une si petite chose à si grande distance ? Il suffit de prendre une montre. L'éclat des quasars varie parfois en quelques heures, ce qui implique que la taille de la source ne peut pas dépasser quelques heures-lumière à cause de la vitesse finie de la lumière. Il faut donc imaginer un phénomène capable de briller comme des centaines ou milliers de galaxies, de centaines de milliards d'étoiles chacune, le tout confiné à l'intérieur de l'orbite de Neptune ou d'Éris. Seule la gravitation est capable de produire un tel enfer. Des solutions plus ou moins exotiques ont dû être éliminées les unes après les autres, ne laissant qu'une possibilité, aussi impensable fût-elle : celle d'un monstrueux trou noir ayant piégé des centaines de millions ou des milliards de soleils. Seule la chute de matière sur un objet aussi dense peut fournir assez d'énergie avec un rendement d'environ 10 % bien supérieur à la valeur de 0,7 % qu'on peut tirer de la matière dans les réactions de fusion nucléaire.

Même si l'idée a émergé assez tôt, il a fallu de longues années pour s'y habituer, les observations finissant par convaincre les plus indécis. En prenant la même technique que les gendarmes au bord des routes qui exploitent l'effet Doppler-Fizeau pour mesurer la vitesse des voitures, on a pu estimer dans les années 1990 la vitesse des étoiles proches du centre de plusieurs galaxies actives et en déduire la masse impressionnante de ces trous noirs qui peut atteindre, par exemple, 3 milliards de masses solaires dans le cas de Messier 87.

Un chaudron bouillonnant

L'image composite de Messier 77 mêle les observations en rayons X (bleu et vert) et en visible (rouge) pour faire ressortir un puissant vent de gaz chaud provenant des régions centrales. Confiné par un épais tore de poussières, il s'évade hors du disque de la galaxie dont on reconnaît les bras spiraux en rouge.

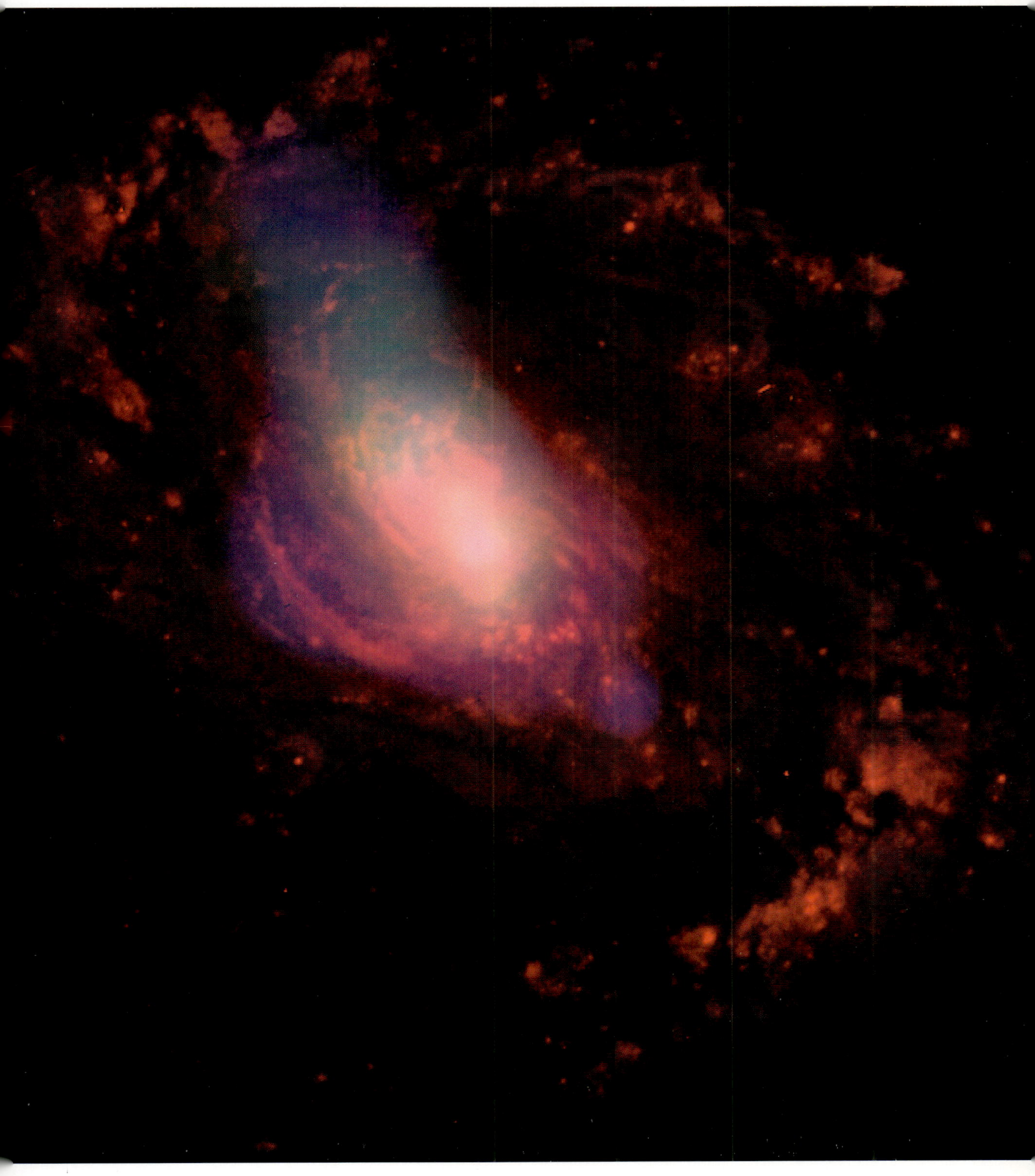

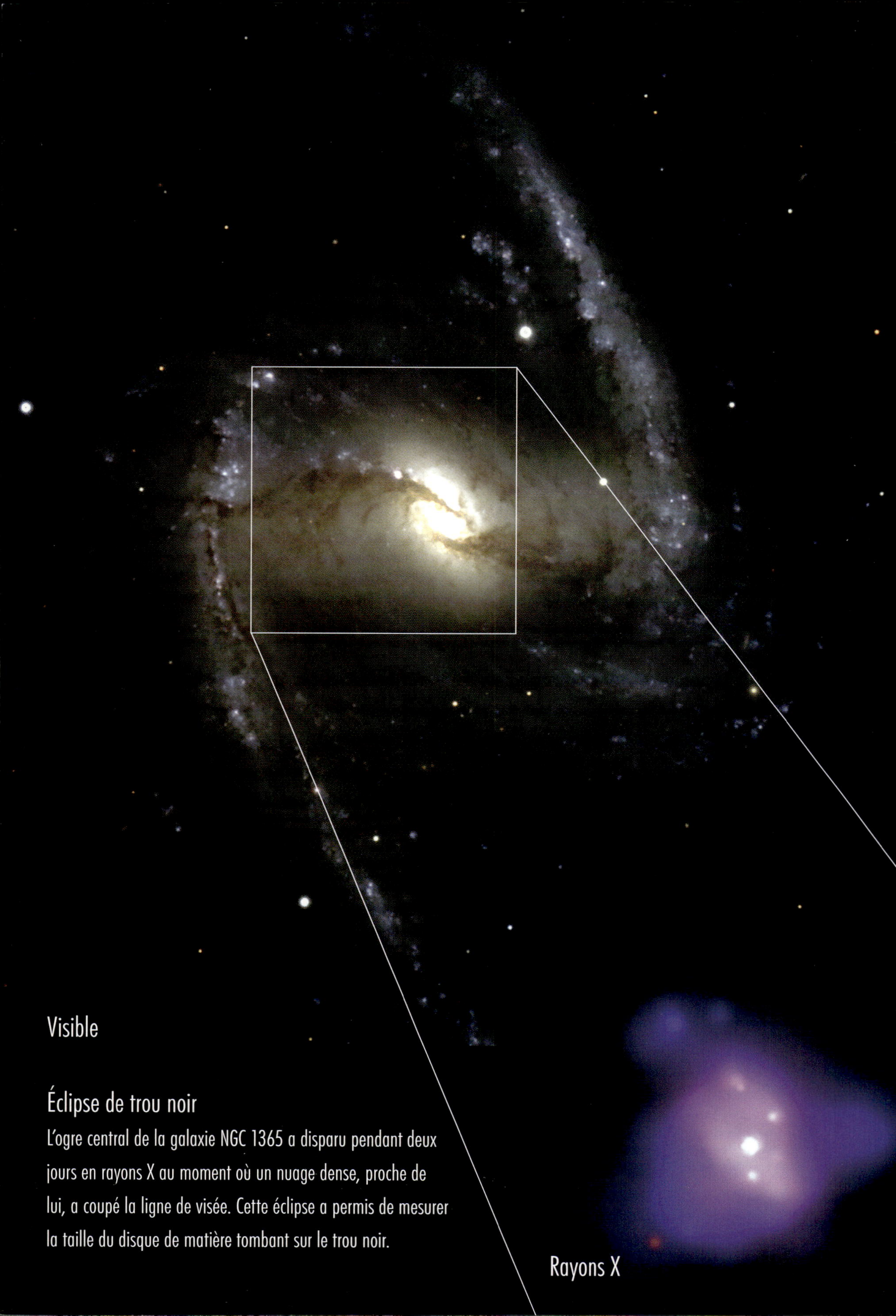

Éclipse de trou noir

L'ogre central de la galaxie NGC 1365 a disparu pendant deux jours en rayons X au moment où un nuage dense, proche de lui, a coupé la ligne de visée. Cette éclipse a permis de mesurer la taille du disque de matière tombant sur le trou noir.

PLONGÉE DANS UN TROU NOIR

Certains rêvent de mettre Paris en bouteille : un trou noir fait beaucoup mieux en logeant tout le Soleil dans les premiers arrondissements. Il est étonnant de constater combien l'appellation « trou noir » fascine les hommes. Le choix de ces mots par Wheeler en 1967 n'est pas étranger à leur popularité. Le public est friand de ces objets. Il n'est pas une conférence d'astronomie où une question ne soit posée à leur sujet. Les journalistes et les auteurs de science-fiction ont rempli des pages sur ces astres à l'intérieur desquels le temps lui-même perd son sens habituel. L'existence de ces monstres qui attirent leurs proies dans un tourbillon sans retour pour les déchiqueter et les avaler nous rappelle peut-être quelques-unes des frayeurs irrationnelles de notre enfance. Nulle lumière se s'échappant de ces objets mythiques, nous ne les verrons jamais et ne recevrons aucune information directe sur ce qui se passe à l'intérieur. Pourtant, nous avons la preuve de leur existence et nous en savons chaque jour un peu plus sur eux. Pour faire un mauvais jeu de mots, il serait troublant de voir un trou noir, mais cela ne nous empêche pas de les connaître. À nouveau, il n'est pas nécessaire de « voir » directement un astre pour le détecter et l'étudier.

La notion d'un astre dont rien ne peut s'échapper, pas même la lumière, semble un défi au bon sens. Le concept n'est pourtant pas nouveau. Dès la fin du XVIIIe siècle, Pierre-Simon Laplace et John Mitchell avaient imaginé indépendamment l'existence de tels corps. En homme prudent à une époque agitée, Laplace mentionne ces astres dans la seconde édition de sa célèbre *Exposition du système du monde*, au moment où la Révolution est dans sa phase la plus progressiste et il se garde bien d'en reparler dans les éditions suivantes, alors que le régime en place est plus conservateur. L'intuition de Laplace et de Mitchell était remarquable, mais fondée sur deux erreurs qui se compensent. Ils utilisaient la loi de la gravitation de Newton qui s'applique mal à ce cas et ils faisaient l'hypothèse fausse qu'un grain de lumière a une masse.

En fait, seul l'emploi de la théorie de la relativité générale, énoncée en 1915, permet de comprendre ce qui se passe et de suivre la trajectoire de la lumière sur la toile de l'espace-temps creusée par la présence du trou noir comme une toile de trampoline sous les pieds de l'athlète. L'approche théorique montre que le rayon d'un trou noir est proportionnel à sa masse tandis que, par définition, son volume est proportionnel au cube du rayon. Un trou noir léger est donc beaucoup plus dense qu'un gros. Si nous voulions que la Terre devienne un trou noir, il faudrait condenser toute sa masse, mille milliards de milliards de tonnes, dans un morceau de sucre ! Mais nous n'avons pas à craindre ce sort funeste car aucun trou noir de cette dimension ne semble exister.

Si un trou noir est d'une pudeur extrême, il manifeste par contre sa présence sans retenue en gobant brutalement la plupart des objets ayant le malheur de s'aventurer à sa portée. Le monstre mange de manière si gloutonne et son repas est tellement chauffé qu'il en devient lumineux. Finalement, ils sont un peu comme les hommes : la manière dont ils se tiennent à table trahit leur personnalité. S'ils dînaient avec retenue, nous ne les aurions pas encore repérés.

On pourrait imaginer la chute d'un explorateur aventureux dans un trou noir. Ce qui se passe défie l'imagination. Les notions d'espace et de temps auxquelles nous sommes habitués sont complètement bousculées. Si vous précipitiez votre pire ennemi dans un trou noir, sa chute vous semblerait durer un temps cruellement infini tandis qu'elle serait pratiquement instantanée pour lui. Mais il ne pourrait pas s'en rendre compte car il s'éparpillerait en morceaux infiniment petits avant d'arriver dans ce monde étrange.

Les effets de marée, bien connus sur Terre sous l'influence de la Lune, sont extrêmes au voisinage d'un trou noir. Alors que son satellite se contente de déformer la Terre de quelques mètres, un trou noir est beaucoup plus efficace. En descendant vers lui, les effets de marée l'emportent sur les forces de cohésion entre molécules, les liaisons entre atomes d'une molécule sont détruites, puis les atomes qui restent voient leurs électrons les quitter et, enfin, les protons et les neutrons qui composent le noyau sont dissociés. Il ne devrait plus rester à l'intérieur du trou noir que les particules les plus élémentaires et il faudrait inventer un impossible scaphandre permettant de pénétrer sans dommage dans la bête pour aller les explorer... sans pouvoir communiquer les informations aux collègues restés dehors !

Le tourbillon fatal

Tout est entraîné sans retour dans l'illustration de « Descente dans le maelström » d'Edgar Poe. En réalité, les effets de marée sont si considérables au voisinage d'un trou noir que tout imprudent serait littéralement déshabillé et désintégré.

COMMENT FAIRE BRILLER UN TROU NOIR

La chute de matière dans un trou noir ressemble un peu, dans sa géométrie, à l'effondrement d'un grumeau de gaz sur une étoile en formation dont le disque et les jets ont pu être photographiés dans Orion (chapitre 3). Lorsqu'on ouvre en grand un robinet au-dessus d'un évier, la majorité de l'eau tournoie au fond avant de filer dans la bonde mais une partie rebondit sur les parois et rejaillit de l'évier. Il en est un peu de même pour la matière aspirée par un trou noir même si les causes physiques sont différentes. En tombant en spirale, le gaz forme un disque plat à l'intérieur duquel les frottements sont intenses, ce qui le chauffe énormément. Une

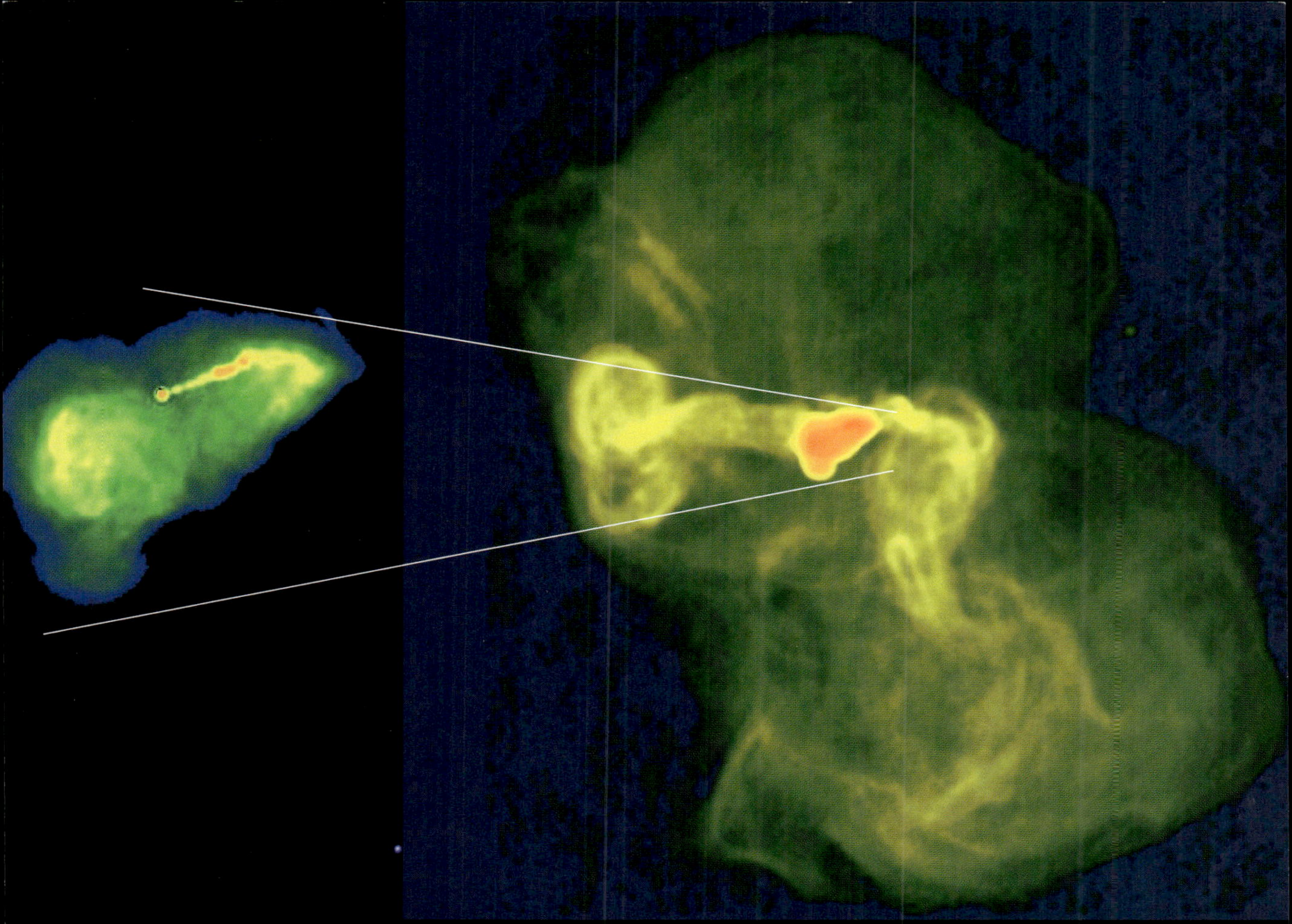

Le chalumeau de Messier 87

Son observation dans toutes les lumières permet de mieux comprendre sa formation à moins de 3 mois-lumière du trou noir central et son déplacement à travers le milieu environnant sur 250 000 années-lumière de longueur. Les éruptions successives du trou noir l'ont alimenté tous les quelques millions d'années et provoquent des turbulences au cours du trajet. Le jet s'évase rapidement après quelques milliers d'années-lumière et va ensuite sérieusement perturber le gaz chaud de l'amas de galaxies de la Vierge dans lequel se trouve M 87.

partie de l'énergie de la chute est ainsi transformée en chaleur qui fait rayonner le disque en rayons ultraviolets. Pour une raison encore très mal comprise, mais liée à la rotation du champ magnétique du disque près du trou noir, une partie de son gaz se soulève avant d'être très violemment expulsée en jets étroits à une vitesse proche de celle de la lumière sur des distances considérables. Les jets sont guidés par le champ magnétique comme sur une rampe de lancement, les plus puissants d'entre eux filent tout droit pour ne s'arrêter qu'après des centaines de milliers ou des millions d'années-lumière, c'est-à-dire bien au-delà des limites de la galaxie qui abrite le trou noir. On peut admirer ces superbes jets sur une très large gamme de lumières, allant de la radio jusqu'aux rayons X ou gamma.

Pour compléter l'image de la machine centrale, les parties externes du disque gagnent en épaisseur et s'évasent pour devenir une énorme « chambre à air » de gaz et de poussières qui entoure le système à quelques dizaines d'années-lumière de rayon. Il s'agit de la réserve alimentaire du trou noir qu'on observe en infrarouge car les poussières sont chauffées par les rayons ultraviolets des régions internes.

Ce modèle a été patiemment construit depuis les années 1980 pour rendre compte de la grande variété de types de noyaux actifs observés dans la nature et de leurs différents comportements. En effet, le spectacle change complètement selon l'angle sous lequel nous voyons le système. Par la tranche, l'épais tore de poussières masque complètement le disque central et la chute ultime du gaz, mais on aperçoit les jets, s'ils existent, se déployer majestueusement sur le fond du ciel. Avec un très fort grossissement pour quelques noyaux actifs proches, on a pu voir le tore comme une ombre chinoise dans le bain de lumière qui émane du centre. Une vue de trois quarts est idéale car elle permet d'étudier aussi bien le tore que le disque d'accrétion et, tout près du trou noir, ses instabilités qui produisent les jets. Dans les plus rares cas où nous voyons le système du dessus, le jet qui pointe vers la Terre nous éblouit et masque souvent les autres composantes, mais il donne lieu à des paradoxes amusants comme des mouvements du jet à des vitesses apparemment supérieures à celle de la lumière. Ce n'est qu'un effet de perspective, mais il a beaucoup surpris quand il a été découvert. C'est un moyen très pratique pour mesurer l'orientation du jet et sa vitesse réelle... heureusement inférieure à 300 000 kilomètres par seconde !

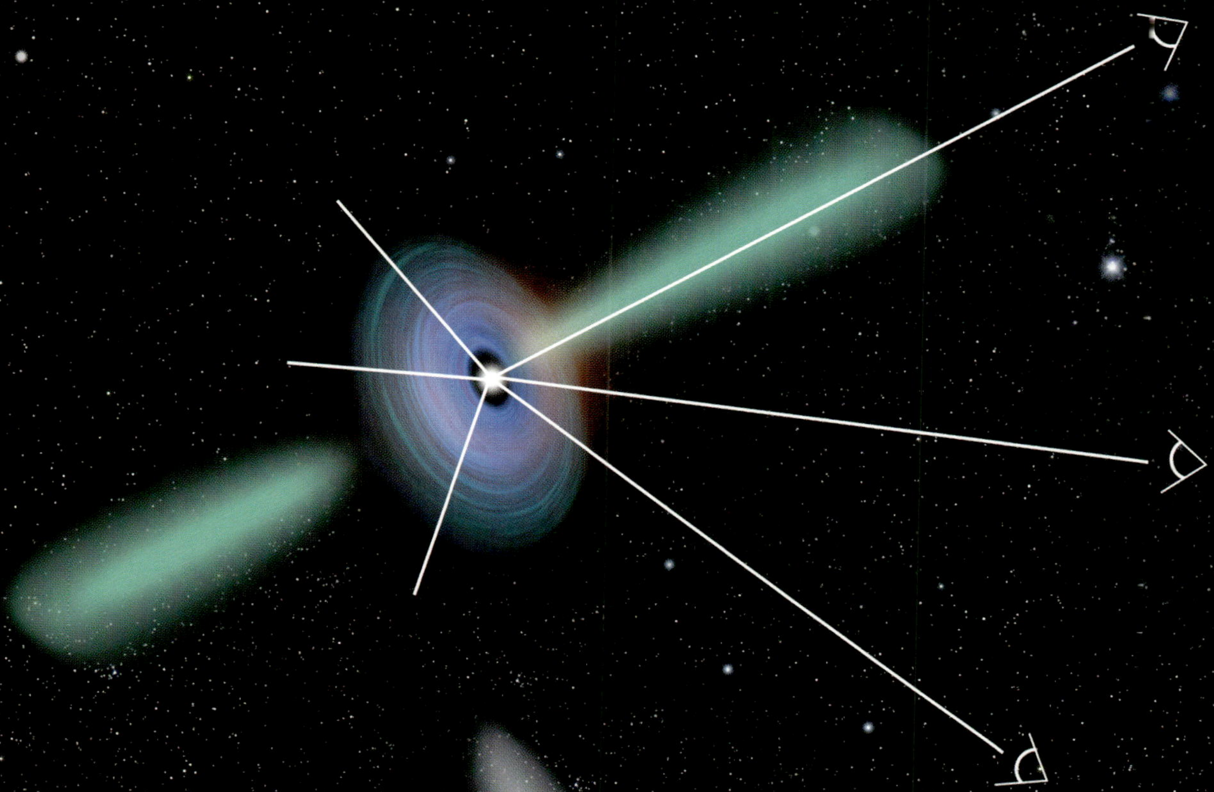

La machine centrale

L'environnement immédiat d'un trou noir comprend un tore de gaz et de poussières qui sert de garde-manger, un disque de gaz chaud qui tombe en spiralant vers le trou noir et d'étroits jets qui expulsent au loin la part de matière rejetée par le trou noir. Selon l'orientation sous laquelle on regarde le système, on voit des facettes différentes. De profil, le tore masque l'activité centrale, mais les jets se déploient largement dans le ciel. Près de l'axe des jets, ils se réduisent à un point, mais on peut admirer la chute du gaz sur le trou noir en jouant sur les différentes lumières.

Un beignet galactique

La juxtaposition des images radio (rouge) et visible (blanc) montre l'incroyable extension des jets éjectés sur 70 000 années-lumière hors de la galaxie NGC 4261. L'agrandissement en lumière visible révèle le tore de poussières sombres qui cache l'environnement immédiat du trou noir central sur un rayon de 200 années-lumière.

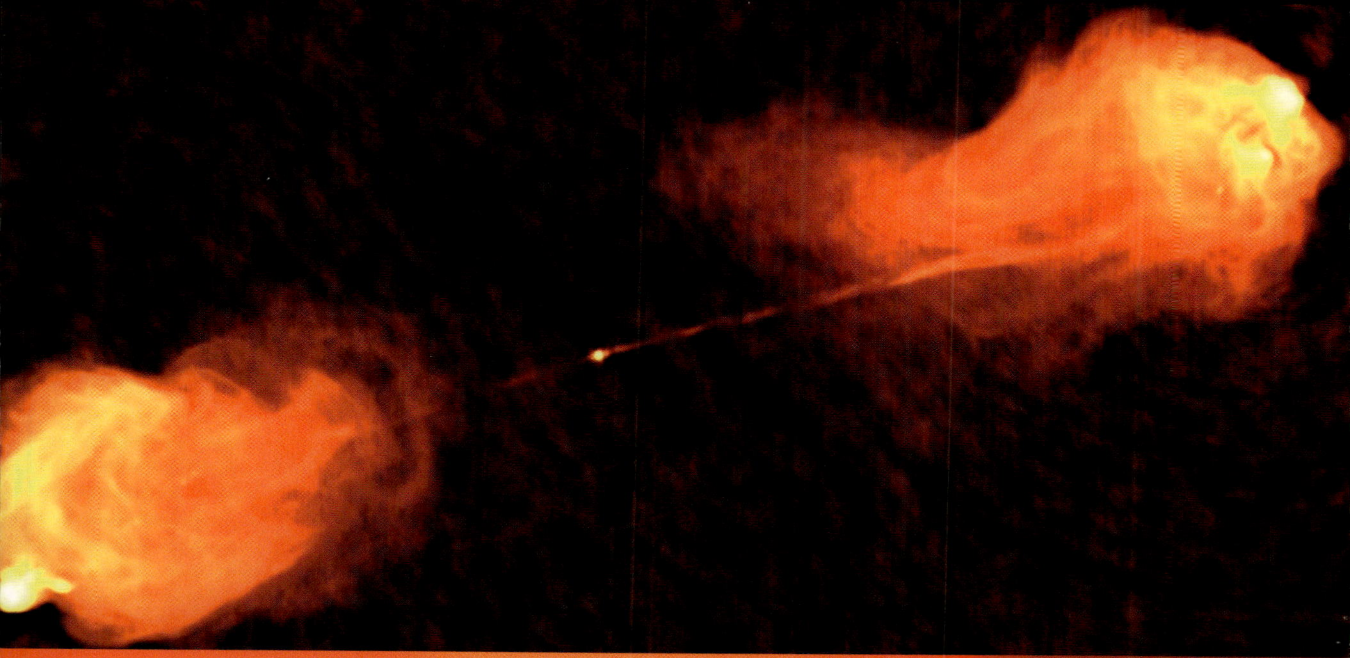

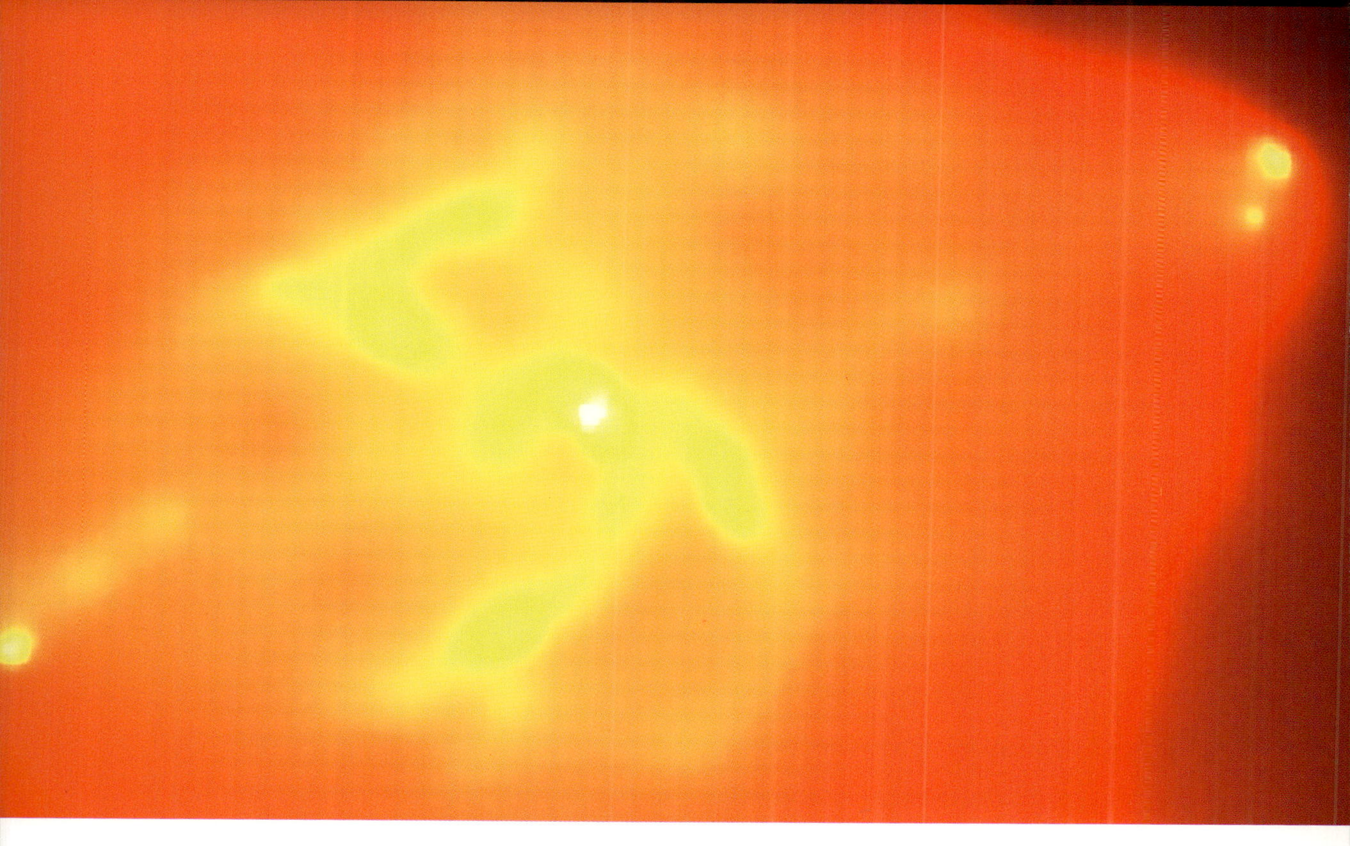

Cas d'école

Cygnus A est une galaxie située à 700 millions d'années-lumière dont le trou noir central a projeté d'immenses jets radio sur 150 000 années-lumière de distance. Ils ont servi d'exemple depuis leur découverte en 1953. Les jets radio restent très droits et fins jusqu'à ce qu'ils soient arrêtés par la pression du milieu intergalactique. Le gaz s'étale alors dans de vastes plumeaux. On voit grâce au gaz chaud émetteur de rayons X combien les jets perturbent tout l'environnement de la galaxie.

Ce modèle donne des résultats très encourageants, mais cela ne signifie pas pour autant qu'il soit complet ou correct. Il reste beaucoup de points noirs et il suffira d'une seule observation en contradiction avec ses prédictions pour le mettre à bas. Comme toujours, un scientifique peut affirmer qu'une théorie est fausse, mais il ne peut jamais prétendre détenir la vérité !

PETIT, MAIS INFLUENT

Les quasars les plus actifs et ceux dont le jet pointe vers nous sont si brillants qu'on peut les détecter sans difficulté à très grande distance. Ils peuvent donc servir de buttes témoin de l'activité passée des galaxies et des étoiles aussi bien que de bornes d'arpenteur pour comprendre la géométrie de l'Univers à grande échelle. Plusieurs ont été vus au-delà de 13 milliards d'années-lumière et le record avoisine les 13,4 milliards, mais il demande à être confirmé. Dans tous les cas, les mesures montrent que des trous noirs géants avaient déjà une masse d'un milliard de soleils quelques centaines de millions d'années à peine après le Grand Boum et que des molécules complexes et des poussières de plusieurs générations d'étoiles avaient déjà enrichi leur galaxie hôte. Comment former de tels systèmes aussi vite est une question cruciale qui reste encore sans réponse.

La densité de quasars était maximale il y a environ 11 milliards d'années où 20 % au moins des galaxies abritaient un trou noir actif. Ce taux a décru depuis. Actuellement, une galaxie sur cent possède un noyau actif et 10 % d'entre eux crachent des jets. Leur histoire semble être intimement liée à celle de la formation des étoiles dans l'Univers, puisque le taux de formation stellaire et la densité des quasars suivent des évolutions comparables et parce que la masse du trou noir central est liée à la quantité de vieilles étoiles présentes dans le bulbe de la galaxie hôte. Or les galaxies se construisent et grandissent souvent par collisions avec leurs voisines et par fusions successives (voir le chapitre suivant). Ces grands carambolages font croître le bulbe central et brassent violemment le gaz interstellaire qui se met à former des étoiles à un rythme endiablé. Du gaz frais est également injecté dans les régions centrales pour y nourrir le trou noir. La fréquence et l'abondance des repas pourraient donc être liées aux épisodes d'interaction ou de fusion que vit la galaxie hôte. Plus il sera nourri, plus vite il grossira ! Mais la relation n'est pas à sens unique car, une fois activé, le trou noir perturbe à son tour fortement l'évolution de son hôte en projetant ses jets à travers le milieu interstellaire de la galaxie et, plus loin, dans le gaz intergalactique où elle baigne. Ses jets creusent de véritables trous dans son environnement qui peuvent inhiber la pluie de gaz frais qu'elle reçoit du milieu intergalactique entre deux carambolages.

L'évolution des galaxies et de leurs trous noirs pourrait donc résulter d'un jeu subtil entre eux. De même, dans la mesure où il y a plus de gaz intergalactique justement là où la densité de galaxies, donc de collisions, est plus forte, la proportion de croissance douce à long terme par rapport aux brusques accès de fièvre n'est pas claire.

Dans la mesure où toutes les galaxies évoluent selon ce scénario, on peut s'attendre à ce qu'une grande majorité d'entre elles abrite un trou noir plus ou moins géant et que son niveau d'activité dépende simplement de son approvisionnement.

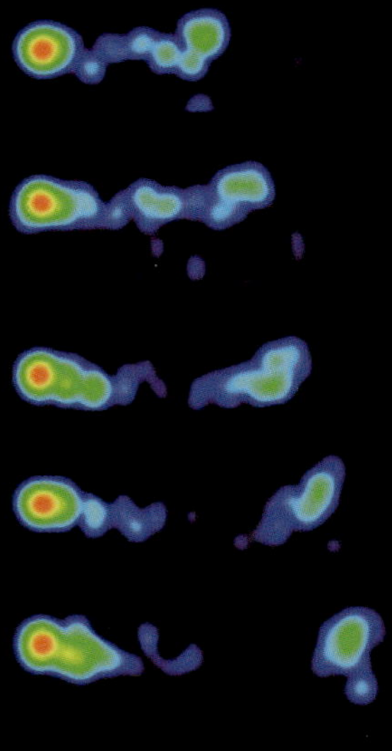

Des jets presque dans l'œil

Les jets de quasars 3C 273 et 3C 279 pointent presque vers la Terre et apparaissent très courts malgré leurs centaines de milliers d'années-lumière de longueur. La moindre variation d'activité près du trou noir est perceptible sous cet angle. On voit des éruptions sortir de 3C 279 et s'écarter au fil des observations. On peut aussi suivre la perte d'énergie du jet de 3C 273 pendant son voyage puisqu'il émet des lumières de moins en moins énergétiques, des rayons X (en bleu) aux infrarouges (rouge) en passant par le visible (jaune).

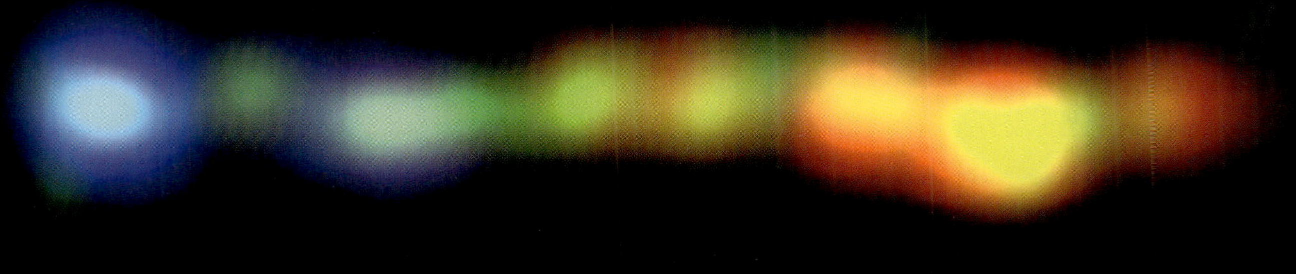

Comment nourrir un Centaure

L'image composite de la galaxie Centaurus A combine les observations en lumière radio (vert), visible (jaune), et X (bleu). Le trou noir supermassif est enfoui au centre d'une belle galaxie elliptique qui a sans doute subi des épisodes de collision ou de fusion avec une autre galaxie il y a plusieurs centaines de millions d'années. L'interaction a violemment perturbé le gaz interstellaire et alimenté les régions centrales, ce qui pourrait expliquer la réactivation du jet il y a une dizaine de millions d'années. Il dépose son énergie et sa matière à 25 000 années-lumière du centre et fait baigner la galaxie dans un halo de gaz chaud.

Jets jumeaux

L'image radio (en rose) et en rayons X (en bleu) du quasar 3C 75 montre un ballet de jets radio enlacés émis par les deux trous noirs géants de la galaxie centrale de l'amas Abell 400 dont le gaz chaud apparaît en rayons X. La fusion de deux galaxies qui, chacune, possédaient leur trou noir a conduit au mariage des deux géants.

Arrosage galactique

L'image composite (visible en jaune, infrarouge en rouge, radio en violet et X en bleu) de Messier 106 illustre comment réagit une galaxie aux puissants jets issus du trou noir central. Ils percutent le gaz interstellaire rencontré sur leur trajet, le choquent et le chauffent. C'est ainsi que la galaxie s'est ornée de deux bras supplémentaires, ici bleutés.

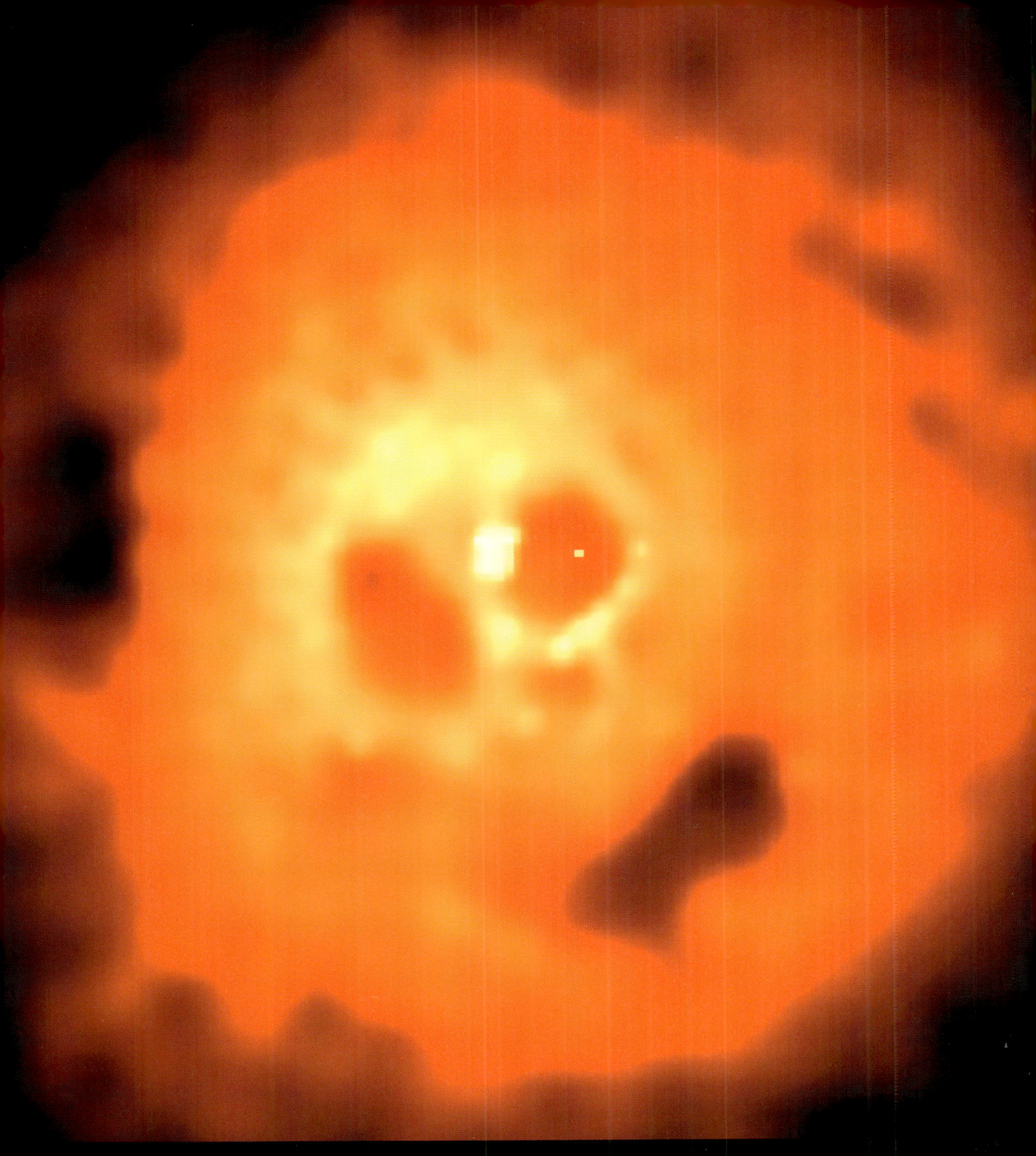

Le crâne de Persée

Situé à 320 millions d'années-lumière, l'amas de galaxies de Persée est rempli d'un gaz porté à 50 millions de degrés et qui apparaît sur cette image en rayons X mais dans lequel les grands jets peuvent creuser des trous. Ceux-ci font penser à un crâne céleste aux yeux et à la bouche béants. Les deux bulles sombres des « yeux » ont été soufflées par les jets du trou noir tapi au cœur de la source brillante située entre les deux yeux. Le « nez sombre » est l'ombre d'une galaxie tombant inexorablement vers celle qui abrite le trou noir

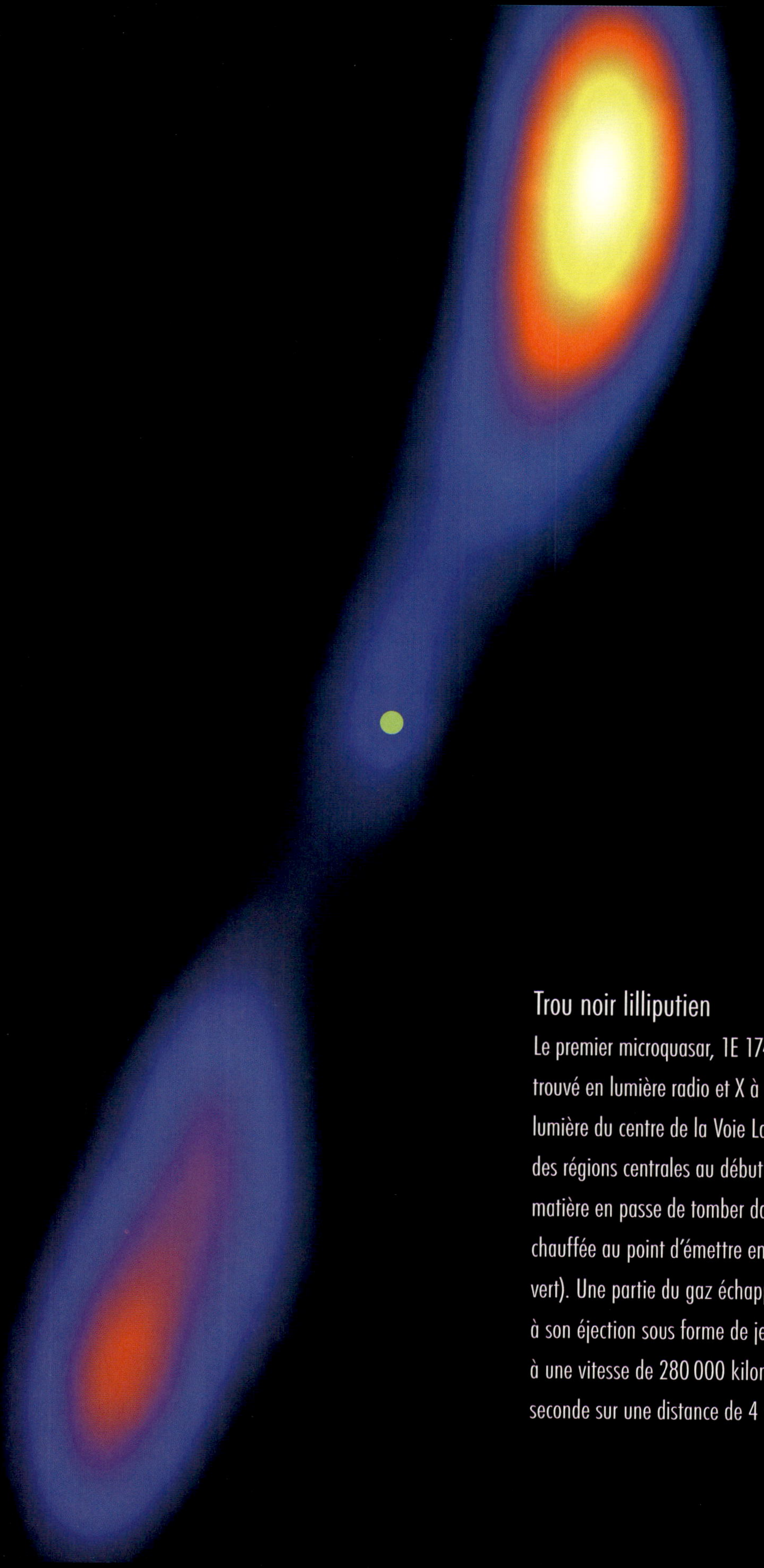

Trou noir lilliputien

Le premier microquasar, 1E 1740-2942, a été trouvé en lumière radio et X à 300 années-lumière du centre de la Voie Lactée (voir le zoom des régions centrales au début du chapitre). La matière en passe de tomber dans le trou noir est chauffée au point d'émettre en rayons X (point vert). Une partie du gaz échappe à ce sort grâce à son éjection sous forme de jets radio propulsés à une vitesse de 280 000 kilomètres par seconde sur une distance de 4 années-lumière.

GARGANTUA AU PAYS DE LILLIPUT

Deux types de trous noirs ont pour l'instant été détectés. Les uns ont une masse de l'ordre de quelques masses solaires et la taille de la ville de Paris. Ce sont les restes d'étoiles massives ayant explosé. Les autres siègent au centre des galaxies et contiennent des millions ou des milliards de masses solaires. Les plus gros tiendraient à l'intérieur de l'orbite d'Uranus.

Les lois de la physique étant universelles, on retrouve, à échelle réduite, autour des « petits » trous noirs stellaires les mêmes comportements qu'autour des noyaux de galaxies. C'est ainsi que les microquasars, véritables modèles réduits des quasars, ont été découverts dans la Voie Lactée dans les années 1990. Avec un trou noir central de quelques masses solaires, un disque d'accrétion et des jets radio, ils présentent les mêmes caractéristiques que leurs grands cousins à la seule différence que le disque est beaucoup plus chaud et brille en lumière X plutôt qu'en rayons ultraviolets ou bleus. Ils sont particulièrement intéressants à observer car ils évoluent rapidement, avec des échelles de temps du jour au mois, là où il faudrait observer les quasars sur des durées de 100 000 ans ou de millions d'années pour étudier des phénomènes semblables. Grâce à leur proximité, il est possible d'étudier le comportement du trou noir et la façon dont il avale la matière avec des détails impossibles à percevoir à des distances extragalactiques. C'est ainsi qu'on a pu observer le repas du microquasar 1E 1740-2942, qui mange l'équivalent d'une Lune par an sous forme de petites lampées de la masse de l'Everest toutes les vingt minutes environ.

Toute promenade cosmique conduit à rencontrer de-ci de-là des galaxies de forme étrange et des lambeaux de voies lactées. Nous nous rendons alors compte que les galaxies se précipitent souvent les unes contre les autres, et subissent de formidables collisions. La Voie Lactée n'y échappe pas. Elle avale tout ce qui passe à sa portée et se nourrit de petites naines.

À une vue statique de gigantesques ensembles d'étoiles fort éloignés les uns des autres et flottant dans l'espace s'est substituée la vision d'immenses mondes en perpétuelles interaction et activité. Les galaxies s'interpénètrent tels des fantômes lors de leurs rencontres. Loin d'être catastrophiques, ces carambolages cosmiques rythment leur vie et leur assurent une cure de jouvence, car ces baisers fougueux conduisent à des flambées de naissances d'étoiles. Mais l'Univers est impitoyable : les galaxies sont cannibales et les grosses mangent les petites !

De l'histoire de notre Terre à celle des amas de galaxies, les collisions ont façonné les astres et aucun n'échappe à ce sort violent. Elles peuvent être sources de destruction, elles sont aussi de formidables moteurs de l'évolution !

« Le baiser frappe comme la foudre...
puis la vie, de nouveau, recommence ainsi qu'avant. »

Guy de Maupassant (1850-1893)

Chapitre 6

DES BAISERS FOUGUEUX… MAIS EFFICACES

Collisions de galaxies

« Le seul vrai langage au monde est un baiser. »

Alfred de Musset (1810-1857)

Les Gaulois avaient peur que le ciel ne leur tombe sur la tête. Ils avaient raison de penser qu'il pouvait tomber, mais ils avaient tort d'avoir peur ! Comme en témoignent les cratères d'impact observés sur toutes les surfaces du système solaire, les collisions n'ont pas cessé depuis la formation des planètes. Tout au long des 4,55 milliards d'années de l'histoire du système solaire, le bombardement a été continu, aucune partie de la surface d'une planète ou d'un satellite n'y a échappé. Mais à l'échelle de la vie d'un homme ou même de la durée d'une civilisation, la probabilité de « recevoir un caillou sur la tête » est pratiquement nulle. Chaque jour, des centaines de tonnes de poussières et de cailloux frappent la Terre à des vitesses comprises entre 10 et 70 kilomètres par seconde ! Mais peu atteignent le sol. Heureusement, la haute atmosphère est un bouclier très efficace où beaucoup de projectiles sont chauffés et détruits par le frottement sur l'air. Un objet venu de l'espace ne peut atteindre le sol que si sa taille est supérieure à quelques décimètres. Les corps de taille supérieure à plusieurs dizaines de mètres forment un cratère en heurtant les terres émergées. Une collision catastrophique, non pour la Terre elle-même, mais pour les espèces vivantes dans la mince couche qu'est la biosphère, n'a lieu en moyenne qu'une fois tous les 40 ou 50 millions d'années. Nous avons même atteint le moment où notre technologie devrait nous permettre de prévoir de tels événements et donc d'essayer de réagir à temps. En aucun cas ces collisions ne peuvent nous effrayer. Admirons au contraire le spectacle !

Tous les satellites, astéroïdes et comètes du système solaire sont criblés de cratères d'impact au point que la cratérisation est le processus géologique dominant dans le système solaire, même si ce phénomène est extrêmement rare à l'échelle humaine. Les cratères ne s'effacent que par érosion par les eaux ou le vent, ou encore si l'activité géologique est importante et gomme leur trace. Ces carambolages cosmiques, qui pourraient nous effrayer ou même menacer notre espèce, sont en fait une merveilleuse source de vie. La Terre a été formée, comme toutes les planètes, par une succession de collisions entre des corps de toutes les tailles qui se sont rassemblés, souvent avec violence, pour s'accumuler en une planète (voir *Enfants du Soleil*, Odile Jacob, 1999). Sans ce bombardement incessant, nous ne serions pas là pour en parler.

MÊMES LES ÉTOILES PEUVENT SE HEURTER !

L'espace entre les étoiles paraît vide. L'étoile la plus proche du Soleil, Proxima du Centaure, est actuellement à 4,2 années-lumière et n'a aucune chance d'entrer en collision avec lui. Dans une galaxie comme la nôtre, la distance moyenne entre les étoiles est de quelques années-lumière et si grande par rapport à leur taille de quelques secondes-lumière que les astronomes ont longtemps cru qu'elles ne pouvaient pas se rencontrer.

Mais que se passerait-il si cela arrivait ? Les dernières observations nous montrent qu'il existe des régions du ciel où les étoiles ont une bonne chance de se heurter. C'est le cas dans les amas des régions centrales de la Voie Lactée où la densité stellaire est très supérieure à la valeur locale. Elle reviendrait à ajouter une vingtaine d'étoiles entre nous et Proxima du Centaure. C'est le cas aussi dans les amas très denses où, tel un essaim d'abeilles furieuses, les étoiles tournent dans tous les sens autour du centre. Certains peuvent être bondés ! La densité d'étoiles peut y être un million de fois plus forte qu'au voisinage du Soleil, si bien que quelques-unes doivent inévitablement se heurter de temps en temps. Il est difficile d'imaginer le résultat de telles collisions ! Loin d'être une catastrophe, il semble que les étoiles fusionnent pour donner naissance à un nouvel astre. Les étoiles les plus massives terminant leur vie sous forme de trous noirs, on peut même envisager la collision de deux de ces objets exotiques.

Par exemple, NGC 6397 est un vieil amas globulaire au sein duquel seules les étoiles les plus légères sont toujours en train de brûler leur hydrogène en hélium en leur cœur. Ces étoiles sont de couleur orangée ou jaune comme le Soleil. On y observe aussi des géantes rouges qui brûlent leur hydrogène dans des couches intermédiaires de l'étoile et d'autres éléments plus lourds en leur centre. Par contre, la découverte de six jeunes étoiles massives, brillantes et bleues, en train de brûler de l'hydrogène au centre a été une surprise. Toutes les étoiles d'un amas ayant le même âge, elles auraient dû le consumer depuis longtemps. La seule explication possible est d'imaginer un apport frais de matériau. Les astronomes pensent que ces étoiles, appelées des « traînards bleus » (*blue stragglers*), sont issues de collisions récentes.

Jeunes traînards dans une maison de retraite

Ce vieil amas d'étoiles, NGC 6397, situé à environ 6 000 années-lumière dans la constellation de l'Autel, contient des petites étoiles de couleur jaune et des géantes rouges, toutes anciennes et contemporaines de la naissance de l'amas, il y a bien longtemps. La présence de jeunes étoiles bleues au centre de l'amas s'explique par la collision récente d'étoiles qui sont mortes pour former ces belles bleues !

NOTRE GALAXIE A DE L'APPÉTIT

De longues traînées d'étoiles qui s'étirent au loin hors de notre Galaxie attestent que les collisions ne l'ont pas épargnée. En y regardant de plus près, on peut retrouver les traces de nombreuses rencontres datant de plusieurs milliards d'années. Cette Voie Lactée qui paraît si belle et si calme est en réalité un monstre qui avale tout ce qui a l'infortune de passer dans son voisinage et se nourrit de la mort de jeunes galaxies naines. Celles du Sagittaire et du Grand Chien nous ont légué des agglomérats d'étoiles. Certains, piégés autour de la Voie Lactée, ont formé de grandes arches ou antennes, d'autres se sont mélangés aux étoiles du disque. Dès ces repas frugaux achevés, d'autres s'annoncent.

Nous connaissons ses proies à venir. Les Nuages de Magellan nous ont déjà frôlés dans le passé et sont devenus des satellites de la Voie Lactée. Ils seront avalés dans quelques centaines de millions d'années. Déjà des ponts de matière les relient à nous. Le phénomène est curieux à observer : au fur et à mesure que les nuages de Magellan s'approchent, ils perturbent l'orbite des étoiles de notre Galaxie qui deviennent de plus en plus agitées, un peu comme si les papilles de notre Galaxie s'échauffaient à la perspective du bon repas qui se prépare.

Contrairement à l'immense majorité des étoiles dont la taille est minuscule devant les distances qui les séparent, les galaxies sont relativement proches les unes des autres et leurs tailles ne sont pas négligeables par rapport à leur espacement. Il faudrait mettre côte à côte près d'une centaine de millions de soleils pour atteindre les étoiles les plus proches, alors que la distance de notre voisine, la galaxie d'Andromède, n'est qu'à une vingtaine de fois la taille de la Voie Lactée. Une collision encore plus gigantesque aura donc lieu dans 3 milliards d'années. L'étude du mouvement relatif de ces deux galaxies montre qu'une idylle est en train de naître. Cette rencontre entre deux mondes de taille comparable devrait nous offrir un ciel particulièrement spectaculaire avec deux voies lactées visibles en même temps et des flambées de naissances d'étoiles dans toutes les directions. Notez le rendez-vous sur vos agendas !

Cicatrices du passé

Des lambeaux de galaxies accompagnent notre Voie Lactée et attestent du cannibalisme passé. Les trajectoires de nos dernières victimes, les galaxies naines du Sagittaire et du Grand Chien, laissent des traînées d'étoiles jusqu'à 150 000 années-lumière autour de notre système. Pour avoir eu l'imprudence ou la malchance de se trouver au mauvais endroit au mauvais moment, elles ont été déchirées et avalées sans pitié.

Ballet du futur

En s'approchant l'une de l'autre dans 3 milliards d'années, notre Galaxie et celle d'Andromède se déformeront en lançant de grands bras de gaz et d'étoiles dans l'espace. Leur ballet les amènera à se frôler deux fois avant de fusionner pour de bon dans 5 milliards d'années. Une flambée de naissances d'étoiles résultera de cette union.

CARAMBOLAGES GALACTIQUES

Nos lunettes en lumières invisibles nous révèlent de-ci de-là des lambeaux de galaxies, des endroits où les maternités stellaires abondent et sont très actives, d'immenses halos de gaz chaud qui enrobent les voies lactées, d'étranges ponts de matière jetés entre des mondes lointains et bien d'autres phénomènes qui nous permettent maintenant de comprendre que les galaxies interagissent fortement les unes avec les autres. Loin d'être d'immenses amas d'étoiles fort éloignés les uns des autres et flottant dans l'espace, elles se précipitent souvent les unes contre les autres et évoluent à chaque rencontre ou à chaque impact. Ce qui ne semblait être jusqu'à ces dernières années qu'un phénomène marginal s'avère aujourd'hui l'un des mécanismes essentiels de l'évolution de l'Univers. Les interactions, les collisions et les fusions de galaxies sont nombreuses depuis le début de leur histoire. De la même manière que les cailloux et glaçons de la nébuleuse primitive du système solaire se sont agglomérés en planètes, les collisions ont construit les grandes galaxies spirales et elliptiques que nous connaissons à partir des petites unités formées un milliard d'années après le Grand Boum (Big Bang). De plus, ces collisions permettent aux galaxies de suivre de temps en temps des cures de jouvence.

Dans leur mouvement incessant, les galaxies peuvent se frôler, se heurter ou se traverser. On retrouve les situations les plus diverses, du frémissement d'un frôlement à un choc frontal. Le résultat peut donner une nouvelle galaxie unique ou une myriade d'objets selon leur histoire passée, leur masse et leur vitesse relatives et leur angle d'impact. Il serait possible de reconstituer votre portrait, cher lecteur, en modélisant la rencontre de deux galaxies à condition de bien choisir les conditions initiales ! Ces interactions offrent une immense diversité de figures et de formes dont les illustrations ci-jointes ne présentent qu'un petit échantillon. On peut admirer des structures en anneaux, des ponts de matière, de longues queues, des traînées de gaz choqué, des sillons de poussières, des flots d'étoiles expulsées, des ondes de marée ou encore de densité. À la beauté des images visibles s'ajoutent les observations radio et infrarouges qui permettent de suivre le gaz et les poussières éjectées au loin, et celles en rayons X qui nous dévoilent la violence des chocs qui compriment et chauffent le gaz. Nous pouvons ainsi étudier le passé et le futur de ces rencontres.

Quand deux galaxies se frôlent à distance, elles se déforment par effet de marée ; leurs étoiles empruntent des trajectoires de toutes sortes qui les projettent souvent très loin de leur hôte, puis le nouvel ensemble revient doucement à un état plus normal avant la collision suivante. Une petite galaxie s'approchant d'une grosse sera mangée, ce phénomène de cannibalisme est fréquent car la nature est impitoyable : les plus grosses pourront davantage attirer les petites pour les absorber et grandir plus vite que leurs victimes... et mieux attirer les suivantes. Bien que violentes et rapides à l'échelle astronomique, ces collisions se déroulent au ralenti pour nos yeux d'humains puisqu'elles durent des dizaines, voire des centaines de millions d'années. Nous n'apercevons qu'une image instantanée de l'événement, de la même manière que la photographie de l'animation d'une rue au XIXe siècle ne révèle qu'un instant de la vie de nos ancêtres. À nous d'imaginer ce qui s'est passé juste avant et après la prise de vue. C'est possible pour les galaxies, car les principaux effets sont d'origine gravitationnelle et les marées y jouent un rôle prépondérant. Ce sont elles qui déclenchent les ponts de matière, ondes, antennes et longues queues. Partout dans l'Univers et à toutes les échelles, les effets de marée ont une grande influence : ils ont déterminé la durée du jour et du mois entre la Terre et la Lune et contraint les satellites du système solaire à toujours présenter la même face à leur planète, ils resserrent les orbites des couples excentriques d'étoiles et offrent des cures de jouvence aux galaxies.

Quand une galaxie a un long moment de répit, elle se présente sous la forme d'un ballon de rugby ou d'un disque plat. Dans le premier cas, elle contient surtout des vieilles étoiles et relativement peu de gaz ; dans le second, des bras spiraux rassemblent de grandes quantités de gaz et de poussières où se forment de nombreuses étoiles. Nous comprenons maintenant que les formes parfois très irrégulières d'autres galaxies, souvent très riches en étoiles jeunes, résultent de collisions récentes. Un chaos indescriptible règne pendant la rencontre, des multitudes d'étoiles s'allument, puis les survivantes ou le nouvel ensemble reprennent une vie de célibataire.

Un couple en interaction

Ces deux galaxies, NGC 1531 et NGC 1532, situées à 55 millions d'années-lumière dans la constellation d'Éridan, sont si proches l'une de l'autre qu'elles se perturbent sans cesse. Leur lutte gravitationnelle provoque la formation de nouvelles étoiles au sein d'amas stellaires qui excitent des bulles de gaz ionisé rose le long des bras spiraux.

Visible

Deux spirales amoureuses

La grande NGC 2207 et la petite IC 2163 ont dansé l'une autour de l'autre et s'approchent maintenant dangereusement. Elles s'étaient déjà frôlées il y a 40 millions d'années, ce qui avait fortement perturbé leurs nuages respectifs qui se sont mis à faire des étoiles à tour de bras. Ces deux galaxies vont probablement fusionner pour ne former qu'un seul objet entouré de satellites.

Infrarouge

Une franche accolade ▶

Les deux protagonistes de taille comparable, NGC 6622 et NGC 6621, sont situés à 280 millions d'années-lumière dans la constellation du Dragon. Leur plus courte approche vient d'avoir lieu il y a une centaine de millions d'années et a laissé derrière elle une franche pagaille, une bouffée de formation stellaire entre elles et une belle queue de marée qui s'enroule très loin dans l'espace. Leur union future est écrite dans les étoiles…

◀ Les souris

Ces deux galaxies, membres de l'amas de Coma et situées à environ 300 millions d'années-lumière dans la constellation de la Chevelure de Bérénice, vont bientôt fusionner. Connue officiellement sous le nom de NGC 4676, la longue queue de marée a fait penser à une souris, d'où leur surnom. Les amas de jeunes étoiles bleutées qui s'égrènent le long de la queue se sont formés par effondrement des nuages de gaz emportés par la marée. Ils ont la taille de galaxies naines.

Après la collision : une flambée de naissances

L'anneau de jeunes étoiles bleues entoure une boule de vieilles étoiles jaunes et rouges. C'est le résultat d'une collision frontale. Les deux galaxies se sont traversées et le gaz comprimé a engendré un anneau bleu de jeunes étoiles. Les vieilles étoiles des galaxies qui sont entrées en collision se sont rassemblées près du centre. Cette galaxie, AM 0644-741, est située à 300 millions d'années-lumière et s'étend sur plus de 150 000 années-lumière.

Rencontres répétées

NGC 6745, située à environ 200 millions d'années-lumière et de 80 000 années-lumière de taille, vient d'être traversée par la petite galaxie visible en bas à droite, entraînant dans son sillage des nuages où des étoiles massives bleues viennent de naître. Plusieurs collisions se sont succédé pour arriver à ce résultat. Bien que violente, la collision semble figée à nos yeux puisqu'une traversée prend typiquement quelques dizaines de millions d'années.

FLAMBÉES D'ÉTOILES

Les cicatrices des rencontres passées sont encore visibles et les prémisses des chocs futurs sont déjà là. On pourrait imaginer que la collision de deux galaxies provoque d'irrémédiables catastrophes. C'est vrai pour le milieu interstellaire, mais pas pour les étoiles. Elles sont si éloignées les unes des autres que les deux galaxies peuvent se traverser en se déformant sans se détruire, comme les fantômes des châteaux écossais qui traversent les gens et les murs en souriant facétieusement. Les trajectoires des étoiles sont évidemment fortement perturbées, mais il y a très peu de véritables collisions. La réaction des nuages interstellaires est beaucoup plus dramatique, car leur impact à grande vitesse les comprime et les chauffe, ou bien les marées les déchirent en les entraînant au loin. Dans tous les cas, ils sont violemment déstabilisés, une partie s'effondre pour déclencher des bouffées de formation d'étoiles dont les plus massives, de courte durée de vie, illuminent leurs environs de leurs rayons bleus. Mais certaines galaxies sont timides et masquent ce phénomène spectaculaire derrière un rideau de poussières.

LES ANTENNES

L'exemple de collision le plus frappant, et l'un des premiers étudiés, est celui des Antennes. Bien connues des astronomes amateurs avec leur tête d'insecte aux grandes antennes, les galaxies NGC 4038 et NGC 4039, situées à environ 63 millions d'années-lumière, viennent de subir une collision violente et sont en passe de fusionner. Il a fallu de nombreuses années aux astronomes pour comprendre la nature de cet astre si particulier. Jusqu'au milieu des années 1970, des théories plus ou moins exotiques, et même l'existence d'une cinquième force (*sic* !), ont été invoquées par des théoriciens peu réalistes, à l'imagination débordante. Mais, comme très souvent en science, l'explication la plus simple était la bonne. Avec les Antennes, nous assistons en direct à une rencontre et à des marées entre galaxies. Juste avant leur collision, elles ont été déformées et ont projeté de grandes antennes, puis les parties centrales

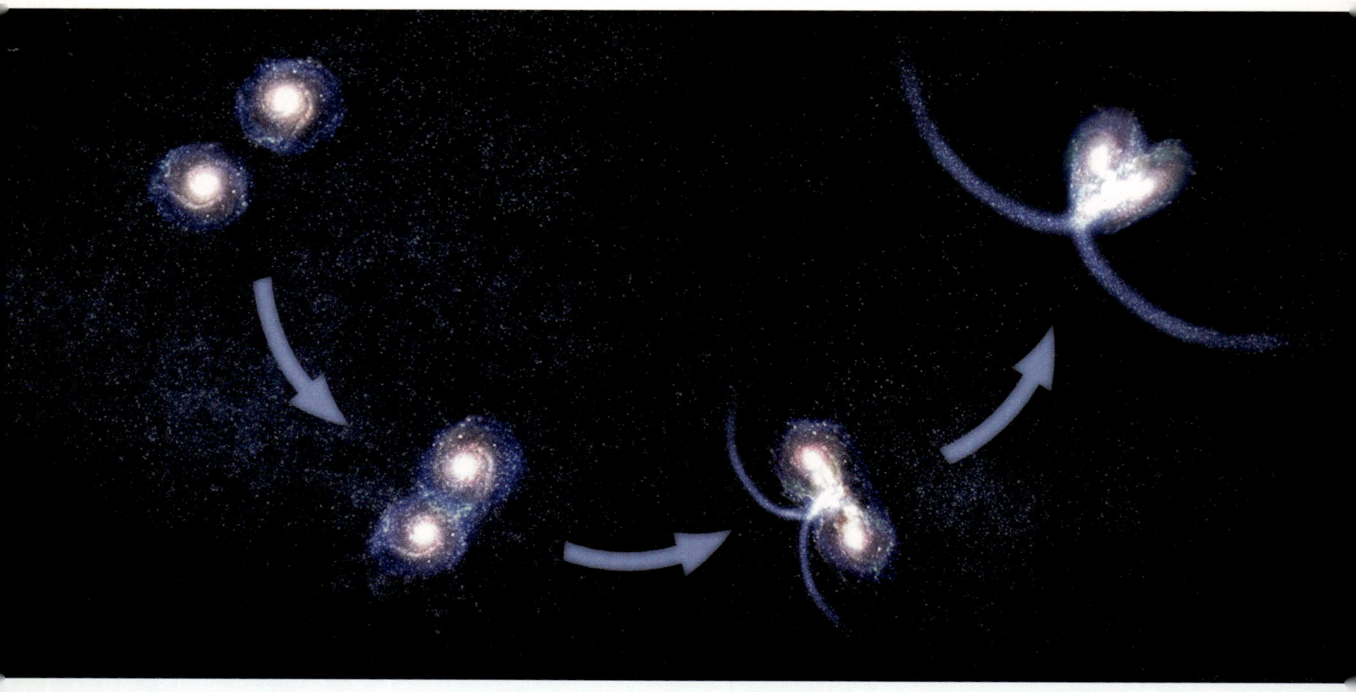

Comment former des antennes célestes

La simulation numérique de la rencontre de deux galaxies montre que d'immenses bras de gaz et d'étoiles sont expulsés par les marées avant la fusion. L'image réelle des Antennes en visible (étoiles jaunes et blanches) et en radio (gaz en fausse couleur bleue) illustre parfaitement le phénomène. Le gaz est souvent projeté beaucoup plus loin que les étoiles et il se recondense, notamment au bout des antennes, pour former de nouvelles galaxies.

ont commencé à s'interpénétrer. Les immenses projections ensemencent les espaces intergalactiques de gaz pour de futures galaxies.

Les images à très haute résolution de la page suivante nous révèlent de nombreux détails de 15 années-lumière de dimension dans les parties centrales. En y adjoignant les différentes couleurs vues en infrarouge et rayons X, on peut reconstituer ce qui s'est passé et comment le gaz interstellaire des deux galaxies d'origine s'est comprimé pour livrer un véritable feu d'artifice de nouvelles étoiles. Celui-ci se propage dans toute la « crosse » reliant les deux anciens cœurs un peu jaunes des galaxies. Des myriades d'étoiles bleues se sont déjà dégagées de leurs nuages parents, d'autres ont enflammé le gaz alentour qui, ionisé, scintille en rose. Les régions les plus poussiéreuses et sombres qui luisent en infrarouge ne sont pas en reste, la dernière génération y est en préparation. Les observations en rayons X révèlent un immense halo de gaz porté à des millions de degrés par les ondes de choc de la collision, mais aussi par les toutes récentes explosions des étoiles les plus massives qui ont déjà fini leur vie. L'essaim de points brillants témoigne de trous noirs et d'étoiles à neutrons entourés de disques chauds de matière en train de tomber sur eux. De riches dépôts de néon, fer, magnésium et silicium, matières premières pour de nouvelles générations d'étoiles et d'environnements stellaires, ont aussi été détectés dans les Antennes.

Visible

Infrarouge

Infrarouge proche

Rayons X

Cœur des Antennes dans toutes les lumières

POT-POURRI DE COLLISIONS

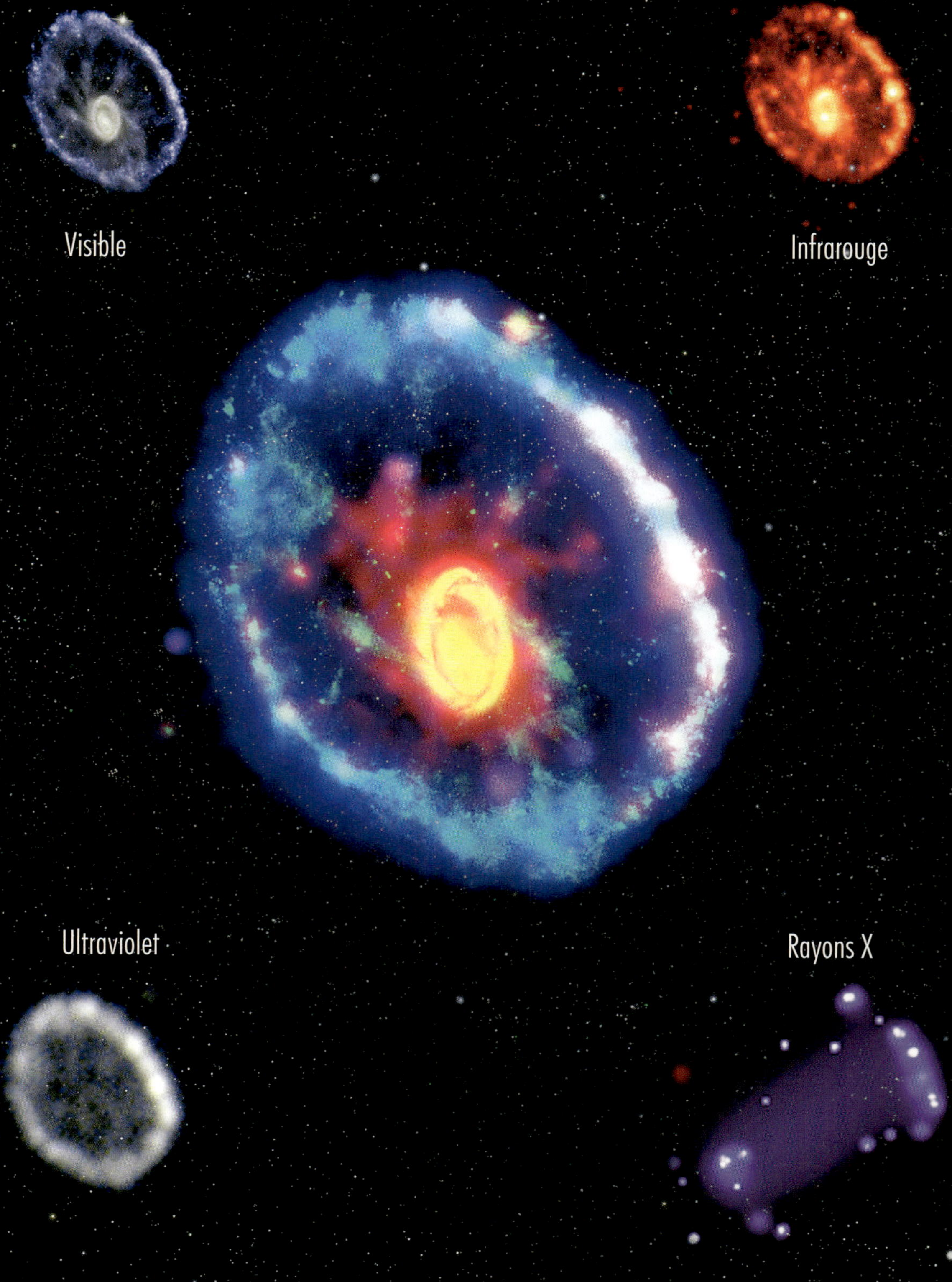

◀ La Roue de charrette

À environ 500 millions d'années-lumière dans la constellation du Sculpteur, cette galaxie d'un diamètre de 100 000 années-lumière a été heurtée de plein fouet par une plus petite. Elle a été dénoyautée comme une olive. La coupable l'a traversée et s'est enfuie hors de l'image en laissant derrière elle des « ronds dans l'eau » où l'onde de compression a provoqué une flambée de formation d'étoiles brillantes.

Un pipeline intergalactique

Ces deux galaxies, NGC 1410 et NGC 1409, interagissent de manière étonnante. Elles sont reliées par un « pipeline » de matière sombre sur une longueur de plus de 20 000 années-lumière mais une largeur de seulement 500 années-lumière. Sa silhouette se détache sur un fond lumineux d'étoiles comme un long ruban sombre et poussiéreux qui s'échappe de NGC 1410 et s'enroule autour de NGC 1409. Ces deux galaxies, situées à plus de 300 millions d'années-lumière dans la constellation du Taureau, ont fabriqué cette fine traînée de matériau en s'approchant d'un peu trop près. La collision a aussi déclenché une flambée de formation d'étoiles, en bleu, dans NGC 1410 tandis que NGC 1409 ne semble pas encore connaître le même phénomène malgré la pluie de matière qu'elle reçoit.

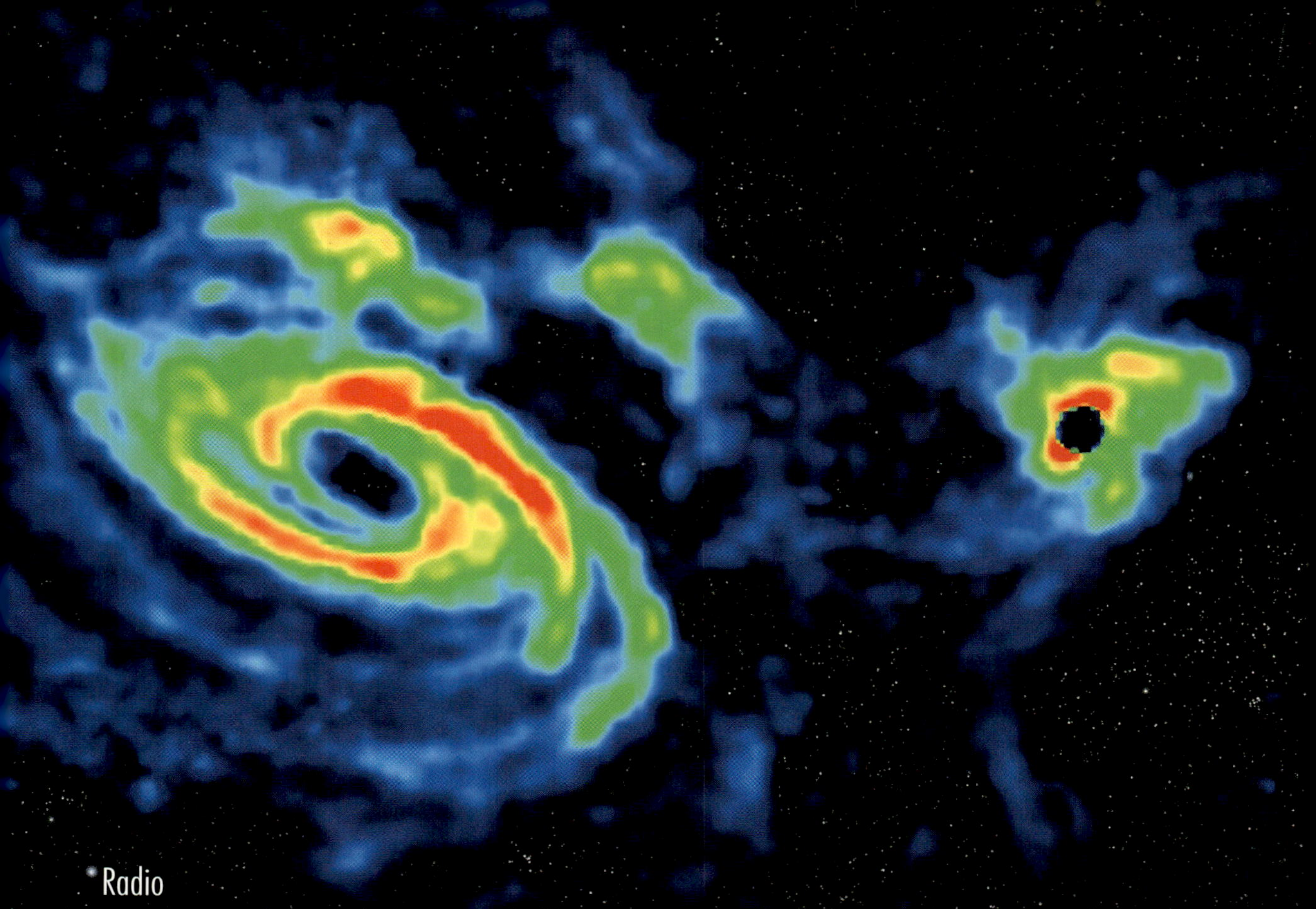
Radio

Visible

Guerre galactique dans la Grande Ourse

Les deux galaxies, M 82 et M 81, ont subi une série de rencontres violentes depuis plusieurs milliards d'années. L'image radio nous montre des ponts de gaz d'hydrogène invisibles en optique entre les deux galaxies. La galaxie spirale M 81, située dans la Grande Ourse à 11,8 millions d'années-lumière, est l'une des plus brillantes du ciel. L'image composite en ultraviolet (bleu), visible (jaune) et infrarouge (rouge) fait ressortir les étoiles bleutées de moins de 100 millions d'années qui entourent les étoiles orangées les plus vieilles du noyau. Les nuages parents brillent en infrarouge.

Infrarouge

Rayons X

La fumée du cigare

Les collisions répétées avec M 81 ont donné à la galaxie M 82 cette forme de cigare. Le taux de natalité stellaire est dix fois supérieur à celui de notre Voie Lactée. Les vents stellaires des jeunes étoiles massives se combinent à des explosions de supernovæ pour créer un spectaculaire vent qui fuse hors du disque de la galaxie. L'immense poche de vent brûlant, porté à des millions de degrés, brille en rayons X. Elle s'échappe à plus de 20 000 années-lumière du disque des étoiles qui lui ont donné naissance. Dans le visible, le vent rouge d'hydrogène refroidit dans l'espace intergalactique tout en s'effilochant. Il a entraîné avec lui d'immenses nuages froids riches en hydrocarbures, qui apparaissent en infrarouge. Les nombreux points brillants vus en rayons X dans le disque galactique correspondent à des restes de supernova et à des couples d'étoiles échangeant de la matière.

Hoola-Hop

Un coup d'œil rapide donne l'impression que deux galaxies se trouvent sur la même ligne de visée ou qu'elles se sont mélangées. Il n'en est rien. Il s'agit du nouvel anneau d'étoiles qu'arbore NGC 4650 A après une collision. Les simulations numériques montrent que cette structure est due à une interaction à distance et non à une collision frontale. La mesure de la vitesse de rotation des étoiles révèle que l'anneau tourne beaucoup trop vite pour être retenu par les seules étoiles visibles, ce qui implique la présence de matière noire non lumineuse. La matière noire participe elle aussi aux collisions !

Un immense disque chaud en rayons X

La galaxie elliptique NGC 1700 située à 160 millions d'années-lumière dans la constellation d'Éridan. Son observation en lumière X a révélé la présence d'un immense disque chaud en rotation de plus de 90 000 années-lumière de diamètre et de plusieurs millions de degrés de température. Il semble que nous assistions là au résultat de la coalescence de deux galaxies.

MÉNAGE À TROIS ET PLUS SI AFFINITÉS

Infrarouge

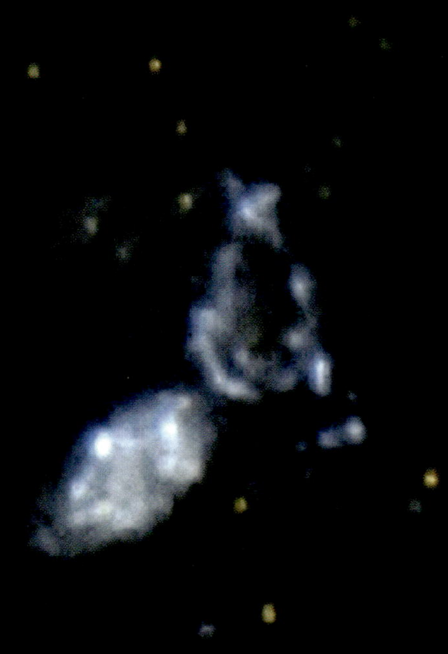

Ultraviolet

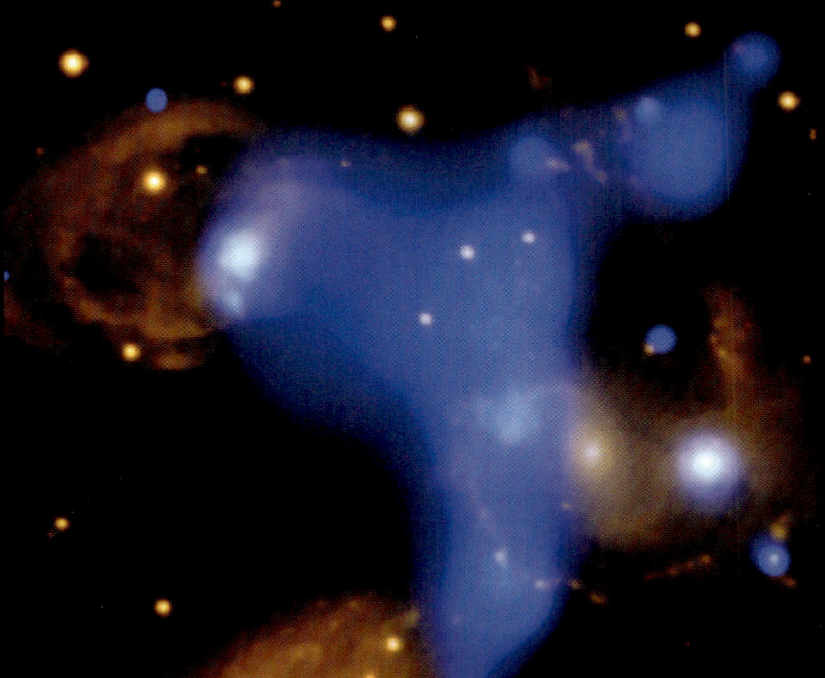

Rayons X

Visible

Le quintet de Stephan

Situées à 280 millions d'années-lumière dans la constellation de Pégase, les trois galaxies à cœur jaune du haut de l'image vivent une rencontre titanesque. La grande galaxie centrale en bas est une intruse sur la photographie, car elle est dix fois plus près de nous que celles du groupe. Mais la spirale en haut à gauche cause un remue-ménage exceptionnel en plongeant vers le couple très serré déjà visiblement en forte interaction. Beaucoup de gaz d'hydrogène (au moins autant que dans toute la Voie Lactée) avait été précédemment arraché du couple et la plongée à Mach 100 du troisième larron dans ce gaz crée une formidable onde de choc, aussi vaste qu'une galaxie, qui chauffe le gaz (visible en rayons X et ultraviolets) et excite ses molécules (en infrarouge).

L'amas de la Vierge ▶

Cet amas de galaxies, le plus proche de notre Voie Lactée, s'étend sur plus de 5 degrés dans le ciel, soit dix fois le diamètre de la pleine Lune. L'image visible montre le centre de l'amas baignant dans un gaz chaud de 30 millions de degrés, lumineux en rayons X. La partie la plus brillante couvre environ 1 million d'années-lumière. Elle est centrée sur la galaxie elliptique géante M 87. La masse totale de ce gaz est cinq fois plus grande que celle des galaxies visibles, mais elle ne suffit pourtant pas à maintenir les galaxies en orbite dans l'amas. Il faut donc imaginer qu'il existe de grandes quantités de matière, non lumineuse et de nature jusqu'ici inconnue, appelée « matière noire ».

▲ Lumière tamisée dans l'amas de la Vierge

Pendant deux mois, des centaines de clichés de 15 minutes de temps de pose chacun, ont été pris avec un télescope à grand-angle de façon à faire apparaître les lumières visibles les plus faibles de cet amas. Les étoiles proches situées sur le trajet de la lumière ont été effacées (gros points noirs). On aperçoit ainsi d'énormes halos de lumière autour des galaxies les plus brillantes et des alignements d'étoiles reliant les galaxies entre elles. Cette image illustre bien que les interactions entre les galaxies et les échanges de matière sont permanents.

Visible

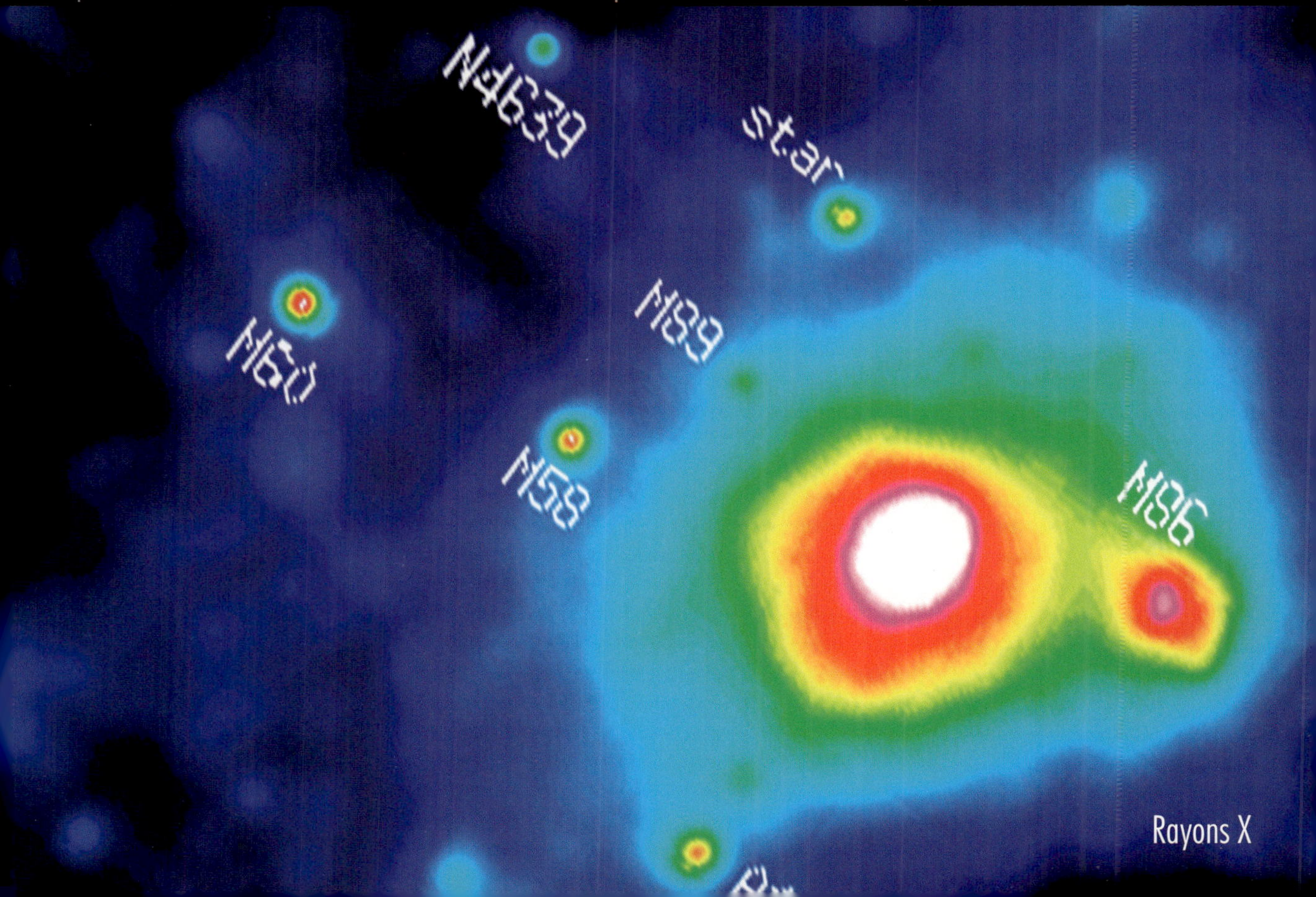
N4639
star
M89
M60
M58
M86
Rayons X

LES AMAS DE GALAXIES

Un petit nombre de galaxies peut se rassembler en groupe serré, comme dans le quintet de Stephan, et ses membres peuvent éventuellement fusionner en quelques milliards d'années. Les grands amas de dizaines, voire de milliers de galaxies, sont plus désordonnés mais, dans un espace assez réduit par rapport au volume des galaxies, les rencontres peuvent être nombreuses et commander l'évolution de l'amas. Les collisions sont plus fréquentes dans les régions centrales où la densité d'objets est plus grande. On y trouve en effet souvent des galaxies elliptiques géantes qui se sont formées à la faveur d'une série de coalescences. Elles ont perdu quasiment tout leur gaz et sont stériles en termes de formation d'étoiles. Les effets des nombreuses interactions sont également sensibles par le déshabillage des galaxies. D'ordinaire, les galaxies spirales baignent dans d'immenses halos de gaz plusieurs fois plus grands que leur disque d'étoiles. Or celles qui gravitent près du centre d'un amas sont déshabillées de leur halo alors que celles de la périphérie l'ont conservé. Les effets de marée provoquent de vrais strip-teases galactiques qui recyclent du gaz dans le milieu intergalactique pour de futures galaxies.

L'amas le plus proche de notre petit groupe de galaxies est celui de la Vierge. Il contient environ 2 000 entités de tout type et de toute taille. Des spirales côtoient des elliptiques, des irrégulières croisent des spirales barrées. Toutes ces galaxies s'attirent, se perturbent, se frôlent, se cognent, se traversent, se détruisent et se reconstruisent, s'embrassent et se mélangent. Ce ballet incessant rend ce monde très vivant. La masse de l'amas est si considérable qu'il perturbe et attire très fortement notre Galaxie et ses compagnes. Nous sommes en train de nous précipiter inexorablement vers l'amas de la Vierge à plus de 1 000 kilomètres par seconde !

Les galaxies sont faites d'étoiles, mais existe-t-il des étoiles sans galaxie ? La réponse est oui. Les astronomes ont trouvé récemment plus de 600 étoiles géantes rouges se déplaçant dans l'espace intergalactique de l'amas de la Vierge. Elles ont probablement été éjectées lors de collisions. On peut imaginer le spectacle du ciel nocturne sur une planète en orbite autour d'une telle étoile. Contrairement au ciel terrestre éclairé par la Voie Lactée et des milliers d'étoiles proches, le ciel là-bas serait très noir avec de rares nébulosités à peine discernables vers les autres galaxies de l'amas.

Ce serait peut-être formidable pour observer les confins de l'Univers sans lumières parasites ni milieu interstellaire gênant, mais d'une infinie tristesse et solitude, sans espoir de rencontre avant la fin de la nuit des temps !

Collision de sumos

La collision des deux entités les plus grosses qu'on puisse imaginer, deux amas de galaxies, est vue sur cette image composite en lumière visible et rayons X de 1E 0657-56, connu sous le nom de « Nuage de la Balle de fusil ». Le gaz chaud, détecté en lumière X, est colorié en rose. L'image optique montre les galaxies en orange et en blanc. La partie bleue montre où se trouve l'essentiel de la masse, bien plus importante que celle répertoriée en lumières variées mais dont les effets gravitationnels sont sensibles. Cette masse est donc essentiellement noire.

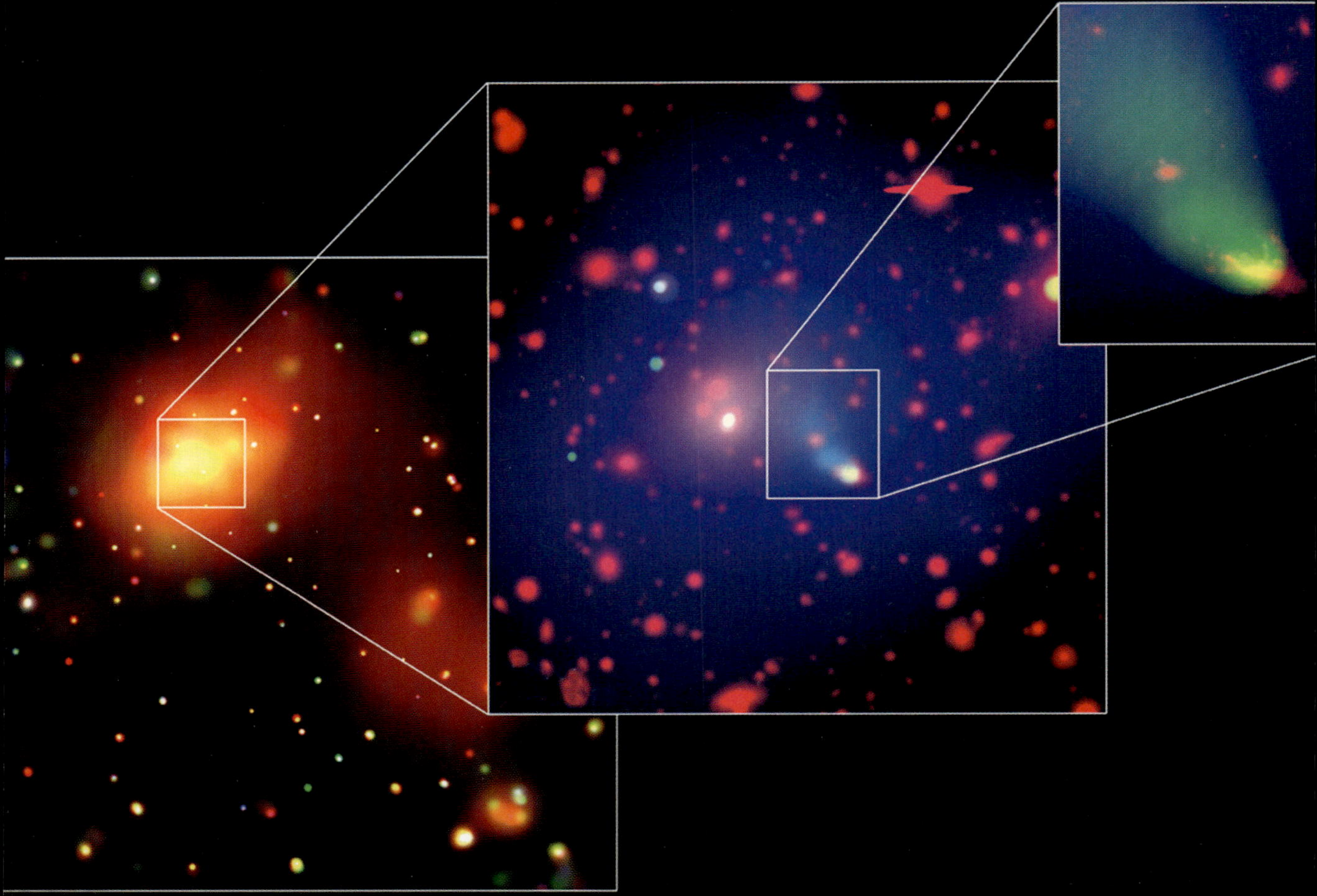

La plongée d'un kamikaze

Un spectacle d'une rare violence s'est déroulé à 3 milliards d'années-lumière de la Terre quand la galaxie C 153 a plongé dans l'amas d'Abell 2125 à une vitesse de plus de 8 millions de kilomètres par heure. C 153 était probablement à l'origine une galaxie spirale comme la nôtre, mais la traversée rapide du gaz intergalactique chaud dans les régions centrales de l'amas l'a complètement tordue et dépouillée d'une grande partie de son matériau, en particulier des régions de formation stellaire. Ce qui reste de C 153 est une queue de gaz brillant, ressemblant à une queue de comète, mais d'une longueur de 200 000 années-lumière. D'autres galaxies ont subi le même sort. Le gaz chaud de l'amas est enrichi en éléments lourds provenant des flambées de formation d'étoiles.

LA POULE ET L'ŒUF
LA COULEUR ET LE NOIR

De gigantesques galaxies se séparent-elles en plus petites ou bien de petites galaxies se rassemblent-elles pour en fabriquer de plus grosses ? En d'autres termes, qui est arrivé le premier : la poule ou l'œuf ? Les astronomes se demandaient depuis longtemps si les galaxies se formaient, comme les étoiles, par effondrement d'une énorme entité sous son propre poids, ou bien comme la Terre, par accumulation de corps plus petits. La première approche a été privilégiée pendant des décennies jusqu'aux années 2000. Il faut maintenant se rendre à l'évidence : toutes les observations dans toutes les lumières et dans toutes les directions favorisent l'idée que tout a commencé avec un grand nombre de galaxies naines primordiales, c'est-à-dire ne contenant pratiquement que de l'hydrogène et de l'hélium, sans avoir eu le temps de former des éléments plus lourds. Ces naines et leurs étoiles se seraient ensuite accumulées pour former les galaxies que nous connaissons à coups de collisions. Qu'il s'agisse de systèmes planétaires ou de grandes galaxies spirales ou elliptiques, les collisions s'avèrent donc un mécanisme essentiel pour façonner l'Univers à partir de petites briques beaucoup plus simples.

Le problème n'est pas résolu pour autant. Nous ne trouvons pas autant de naines primitives que nous le devrions, notamment autour de la Voie Lactée. Ces naines sont, par leur nature même, difficiles à détecter. Elles semblent pourtant détenir la clé de la formation des galaxies. Un autre problème majeur est apparu. Il faut faire appel à de la matière invisible, appelée « matière noire », pour comprendre les mouvements et les collisions des galaxies actuelles, pour former les premières naines 1 milliard d'années après le Grand Boum, et les faire coalescer en grandes galaxies en 3 ou 4 milliards d'années supplémentaires. L'analyse approfondie de toutes les couleurs de l'Univers depuis quelques décennies nous aurait-elle révélé que la solution est du côté du noir ?

Grâce à la lumière et à toutes ses manifestations, un petit coin de voile s'est levé sur d'immenses espaces et sur une foule de faits nouveaux. Mais la lumière est loin de livrer tous les secrets de l'Univers. Quelques mesures indirectes suggèrent la présence de phénomènes inconnus. À l'écart des dogmes immuables et non vérifiés, la science avance grâce à une perpétuelle remise en cause : c'est ce qui fait sa beauté et sa vitalité.

Le flot des récentes découvertes nous permet de suivre la naissance, la vie et la mort des étoiles et des galaxies dans cet Univers né il y a 13,7 milliards d'années. Nous sommes pourtant loin du but. Les astronomes soupçonnent actuellement la présence de matière sombre, appelée « matière noire », qui n'émet pas de lumière détectable. Ils pensent aussi que l'Univers baigne dans une colossale forme d'énergie de nature inconnue et appelée « énergie noire ». Tout ce que nous montre la lumière représenterait en fait moins de 5 % des formes d'énergie de l'Univers. Le reste ne serait qu'énergie et matière noires.

« Vous arrivez devant la nature avec des théories,
la nature flanque tout par terre... »

Auguste Renoir

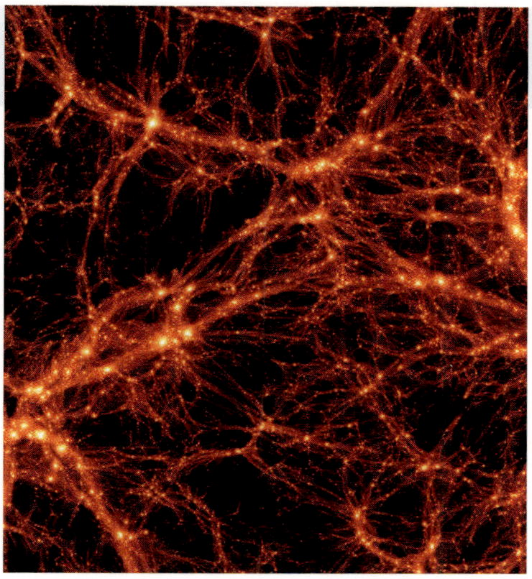

Conclusion

AU BOUT DE LA COULEUR… LE NOIR ?

Matière noire, énergie noire… les énigmes du XXIe siècle ?

« Ce que nous connaissons est peu de chose,
ce que nous ignorons est immense. »

Pierre Simon de Laplace

Cette promenade dans l'Univers nous a révélé que la richesse et la diversité y régnaient en maîtres. Quelle que soit la direction dans laquelle nous regardons, nos télescopes nous dévoilent des mondes bouillonnants, actifs et en perpétuelle évolution. Mais nous avons envie d'en savoir encore plus car de nombreuses questions se posent depuis longtemps. À quoi l'Univers ressemble-t-il ? Comment la matière se répartit-elle dans l'espace ? L'Univers est-il fini ou infini ? Est-il en expansion pour toujours ou bien va-t-il un jour s'effondrer sur lui-même ? Est-il là pour l'éternité et depuis toujours ?

Le seul moyen de répondre est d'observer le plus de choses possible et le plus loin possible. Au moment même où nous pourrions nous émerveiller de la multitude de découvertes inattendues et des extraordinaires progrès réalisés depuis quelques décennies, nous sommes en train de constater qu'une grande partie de l'Univers se dérobe encore à nos yeux et à nos instruments. Il semblerait que la lumière ne puisse pas tout révéler. Quelques mesures indirectes suggèrent la présence de phénomènes inconnus et, plus nous avançons, plus nous découvrons que le chemin à parcourir se rallonge. Énumérons quelques-unes des grandes énigmes que la plus ancienne des sciences s'emploie à résoudre.

UN JEUNE UNIVERS

Nous savons, depuis la fin des années 1920 et les observations de Edwin Hubble, que l'Univers est en expansion. Toutes les galaxies s'éloignent les unes des autres et d'autant plus vite qu'elles sont plus éloignées. Il semblait *a priori* facile de trouver la date du début de l'expansion en « rejouant le film à l'envers ». Les premières estimations étaient peu satisfaisantes à cause de la difficulté de mesurer avec suffisamment de précision la distance des objets les plus lointains et de la possibilité que le taux d'expansion ait varié dans le passé. Certains même trouvaient un âge inférieur à celui des étoiles les plus anciennes ! Après des décennies de controverses, plusieurs articles scientifiques ont scellé un accord le 12 février 2003 sur l'âge de l'Univers et sur son évolution depuis le Grand Boum. Tout un faisceau de mesures convergeait vers une valeur comprise entre 13,56 et 13,86 milliards d'années. Cet âge est celui du début de l'expansion.

Il reste maintenant à décrire la succession des événements qui ont permis de passer du Grand Boum initial au monde que nous connaissons. Puisque l'Univers est en expansion et en train de refroidir, il était très chaud aux premiers instants. Il était même tellement chaud que seul le rayonnement existait. De cette fournaise initiale subsiste un discret rayonnement fossile d'une température de seulement 2,7 degrés au-dessus du zéro absolu. Ce signal montre que l'Univers était extrêmement homogène dans toutes les directions aux premiers instants. Une analyse détaillée des observations a tout de même révélé de minuscules fluctuations d'intensité de quelques unités pour cent mille. Tout se passe comme si l'on repérait des ondulations de centièmes de millimètre de hauteur sur une mare d'eau d'un mètre de profondeur !

Les galaxies ne sont pas également réparties dans l'espace. Il existe des régions très riches en forme de filaments, de nappes ou de murs qui entourent de vastes zones beaucoup plus pauvres. À très grande échelle, l'Univers ressemble à une gigantesque éponge. Les galaxies bougent le long de ces structures et des amas se forment aux confluents de ces filaments ou rivières. Ce sont des structures jeunes dont beaucoup sont encore en cours de construction. Mais comment passer d'une soupe initiale presque parfaitement homogène à une grande éponge en si peu de temps ? C'est la question à laquelle s'attellent les astronomes aujourd'hui.

Si un grand pas a été fait dans la compréhension de la formation des planètes et des étoiles, il n'en est pas de même des galaxies. À chaque fois qu'une théorie semble prendre le dessus, des faits embarrassants s'ingénient à la remettre à cause. Les galaxies se sont-elles principalement construites par le jeu des collisions et fusions ou grossissent-elles surtout en s'appropriant du gaz intergalactique... ou les deux ? Nous ne pouvons pas encore trancher.

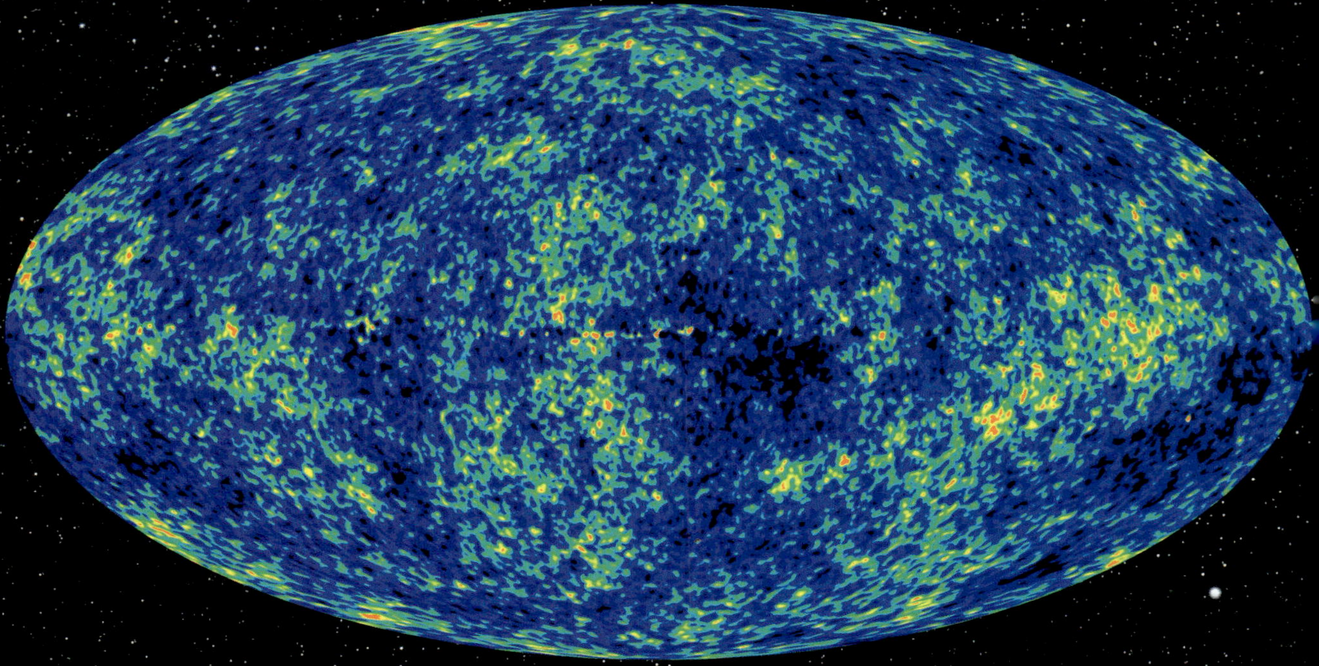

La plus vieille photographie du monde

La découverte du rayonnement fossile de la fournaise initiale a permis de cartographier le ciel 380 000 ans seulement après le début de l'expansion. Les toutes petites fluctuations visibles ici sont à l'origine des étoiles, galaxies et grandes structures contemporaines.

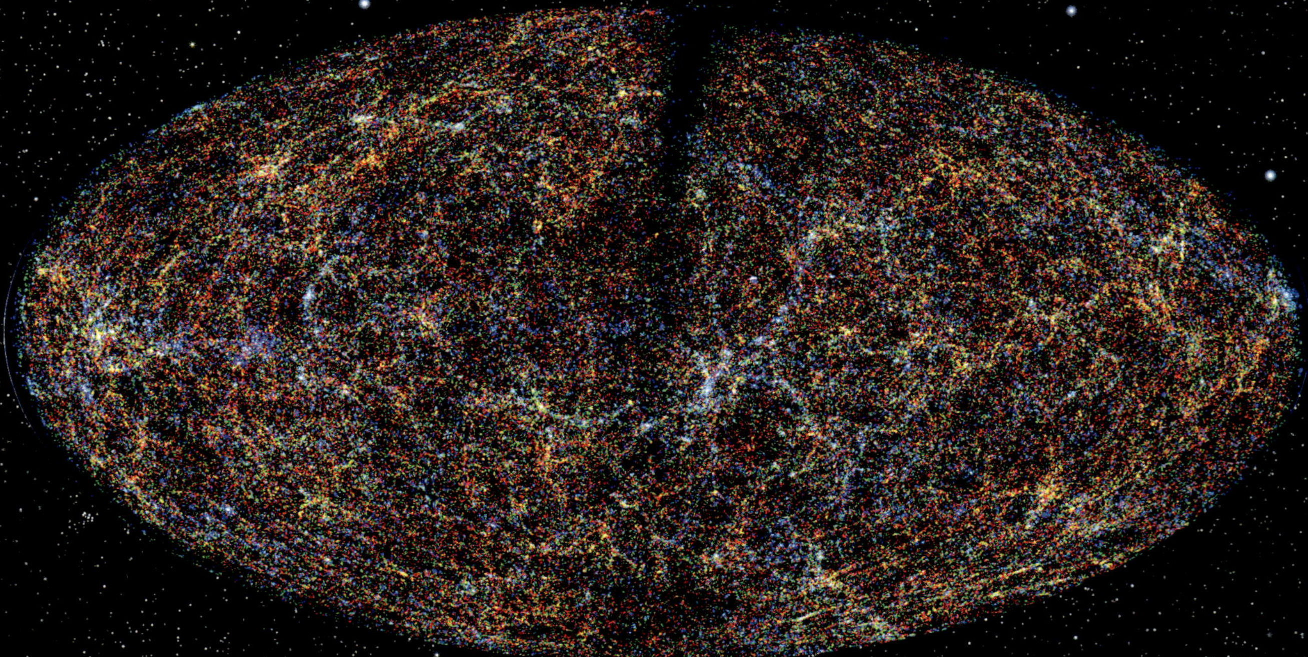

L'Univers aujourd'hui

Chacun des 1 600 000 points sur cette image est une galaxie connue. Les plus brillantes sont colorées en bleu, les plus faibles en rouge. Elles se rassemblent le long de filaments et de nappes qui donnent à l'Univers l'allure d'une gigantesque éponge.

LE TRIOMPHE DU NOIR !

Depuis la fin des années 1930, les scientifiques soupçonnent la présence de matière sombre de nature inconnue. L'astronome suisse Fritz Zwicky, qui a introduit cette idée, fut d'abord considéré comme un original jusqu'au moment où il a fallu se rendre à l'évidence. Tout est parti de la mesure de la masse des astres. On peut le faire de deux manières. La première consiste à mesurer leur luminosité et leur distance, ce que les astronomes savent bien faire depuis le XXe siècle. Connaissant la quantité de lumière qui nous parvient, on peut remonter à celle émise par l'objet, puis à sa masse car il existe une relation bien établie entre ces deux quantités, les étoiles et galaxies les plus massives étant plus lumineuses que les plus légères. La seconde méthode consiste à estimer le mouvement des astres en mesurant leurs vitesses et positions. En appliquant les lois de la gravitation que nous pensons bien connaître, on trouve la quantité de matière responsable du mouvement observé.

En effectuant ces mesures dans un grand nombre d'amas de galaxies, on constate qu'elles tournent trop vite. Il faut ajouter une masse invisible, de 4 à 6 fois plus importante que la masse brillante, pour que la force centrifuge ne les fasse pas voler hors de l'amas. De la même manière, les galaxies tournent bizarrement sur elles-mêmes. Tout se passe comme si elles baignaient dans un halo de matière environ dix fois plus grand et plus massif que la partie visible.

De nombreuses observations convergent aujourd'hui vers un petit nombre de paramètres physiques pour décrire l'expansion de l'Univers. Ce modèle, dit de « concordance », conduit à une estimation de la masse totale de l'Univers bien supérieure à celle des objets visibles. Tout se passe comme si nous ne voyions que 17 % de la matière dans les meilleurs cas. Le reste est détecté par son influence gravitationnelle, mais ne nous envoie aucune lumière, visible ou invisible. Les suggestions les plus diverses ont été avancées telles qu'une foule de planètes obscures, des essaims de trous noirs, des armadas de naines blanches, une multitude de particules élémentaires exotiques, etc. Plusieurs, comme les planètes, sont incompatibles avec les dernières observations. L'énigme reste entière.

Mais il y a pire ! Depuis la découverte de l'expansion de l'Univers, les astronomes se demandaient si elle était éternelle ou temporaire. Toutes les galaxies

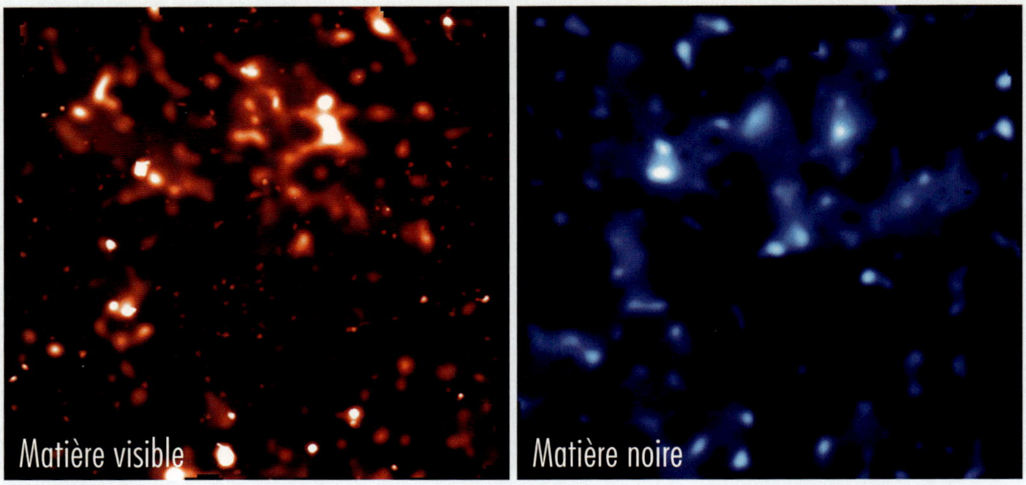

Comment voir le noir ?

La lumière des galaxies lointaines ne nous parvient pas en ligne droite, mais elle est déviée par la quantité totale de matière rencontrée sur son trajet, ce qui déforme un peu leurs images. On peut ainsi cartographier la distribution de la matière noire (par déformation) et des galaxies visibles. On constate que les deux cartes se ressemblent comme si la matière lumineuse n'était que la partie émergée de l'iceberg.

s'attirant les unes les autres, la gravitation ne pouvait que ralentir l'expansion. Les mesures successives de la densité d'énergie dans l'Univers ont conduit à proposer tour à tour une expansion ralentie, mais éternelle, ou un retour vers le Grand Effondrement. Tout a changé à la fin des années 1990 avec la mesure de la distance de supernovæ lointaines. Il semble que l'expansion accélère depuis 4 milliards d'années ! Il faut donc une source d'énergie inconnue, baptisée énergie noire, pour forcer l'Univers à gonfler malgré le frein de la gravitation. En se souvenant que, d'après Einstein, matière et énergie sont deux aspects de la même réalité, on peut faire le bilan des densités d'énergie dans l'Univers. On ne trouve que 4 à 5 % de matière normale pour environ 22 % de matière noire et 72 % d'énergie noire.

Les scientifiques sont partis à la chasse de tous ces « noirs ». Certains, au grand dam de leurs collègues, tentent de changer la loi de la gravitation à très grande échelle pour expliquer les observations. Comme pour nos prédécesseurs qui se souciaient du mouvement des planètes, faudra-t-il des millénaires pour trouver la solution ou bien émergera-t-elle dans quelques mois? Nous n'en savons rien. Mais nous prenons conscience du fait que la matière qui nous est familière n'est qu'une toute petite partie d'un Univers qui conserve beaucoup d'inconnues. Nous sommes bien loin de mettre un point final au Grand Livre de l'Univers !

Table des matières

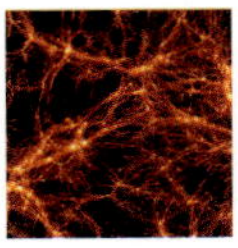

Crédits photographiques

Avant-propos

Page 8 : Observatoire européen austral (ESO), VLT. Page 9 : Spitzer Space Telescope, NASA, JPL, California Institute of Technology. Page 10 : Spitzer Space Telescope, NASA, JPL, California Institute of Technology. Page 11 : Image composite à partir de documents Télescope spatial, NASA, ESA, Spitzer Space Telescope, NASA, JPL, California Institute of Technology et Chandra X ray Observatory, NASA. Pages 12 et 13 : Télescope spatial, NASA, ESA.

Chapitre I

Page 19 : Miloslav Druckmuller (Université de Technologie de Brno). Page 18 : Photographies Isabelle Grenier et Frédéric Durillon. Page 20 : Beatus de Saint-Sever, vers 1050-1072, Paris, BnF, Manuscrits, Lat. 8878, f° 121v°-122v° et 141. Thierry Lombry, site Luxorion. Page 21 : Vincent Van Gogh, *La Nuit étoilée sur le Rhône*, 1886, Musée d'Orsay, Paris, © DR. *Cyprès*, Saint Rémy, 1889, The Museum of Modern Art, New York, © DR. Page 22 : Musée de Mexico, © DR. Page 23 : British Museum ; British Library London (Oriental and India Office Collections). Chinese dunhuang chart, British Library, Londres, © DR. Page 26 : Montage Frédéric Durillon. Page 29 : Observatoire européen austral (ESO), VLT. Page 30 : Dessin de Grandville (1843-1847). Page 31 : Document NASA, ESA, mission Cassini-Huygens. Page 33 : Document NASA. Page 34 : Dessin Frédéric Durillon. Page 35 : Gravure sur bois d'Albrecht Dürer, *Imagines coeli meridionales*, Paris, BnF, Estampes, Ca 8b Rés. Page 38 : Dessin Frédéric Durillon. Nicole Oresme, *Livre du Ciel et du Monde*, 1377, Parchemin, Paris, BnF, Manuscrits, Fr 565, f° 69. Page 39 : Nasir al-Din al-Tusi, *Mémoire sur l'Astronomie*, 1389, Paris, BnF, Manuscrits, Arabe 2509, f° 41. Dessin Frédéric Durillon. Page 40 : Johann Kepler, *Mysterium Cosmographicum*, 1596. Page 41 : René Descartes, *Principia Philosophiae*, Amsterdam, chez L. Elzevier, 1644, In-4°. Paris, BnF, Département histoire, philosophie, sciences de l'homme, R 6602, p. 129. Fontenelle, *Entretiens sur la pluralité des mondes*, 1686. Page 43 : Télescope spatial, NASA, ESA. Dessin Frédéric Durillon. Page 45 : Photographies Télescope spatial, NASA, ESA. Pages 47 à 51 : Schémas Frédéric Durillon.

Chapitre II

Page 57 : Photographie Frédéric Durillon. Photographie Isabelle Grenier. Page 59 : Photographie et montage Isabelle Grenier. Page 60 : Schéma Isabelle Grenier et Frédéric Durillon. Page 62 : Photographies Frédéric Durillon. Page 63 : Vassily Kandinsky, *Herbsklandschaft mit booken*, 1908, © ADAGP, Paris 2008. Page 64 : source Trotski, © DR. Page 65 : Télescope spatial, NASA, ESA, D. Maoz, Université de Tel-Aviv. Page 66 : Document NASA. Page 67 : Montage Frédéric Durillon à partir de documents ESA, NASA. Page 69 : Télescope spatial, E. Olszewski (Université d'Arizona), NASA, ESA. Page 70 : Télescope Canada-France-Hawaii. Page 71 : Télescope spatial, NASA, ESA. Page 72 : Télescope spatial, NASA, ESA. Page 73 : Spitzer Space Telescope, NASA, JPL, California Institute of Technology. Page 75 : Montage Isabelle Grenier à partir de spectres de l'Université d'Oregon. Page 76 : Télescope spatial, NASA, ESA, B. D. Moore et J.-J. Hester, Arizona State University. Télescope spatial, NASA, ESA, C. R. O'Dell, Rice University. Page 77 : Spitzer Space Telescope, NASA, JPL, California Institute of Technology. Page 79 : Montage Frédéric Durillon. Page 80 : Document NASA. Page 81 : Observatoire européen austral (ESO), VLT. APOD 2/2/01. Projet 2MASS, IPAC, California Institute of Technology, Université du Massachusetts. Page 82 : Télescope Canada-France-Hawaii. Projet 2MASS, IPAC, California Institute of Technology, Université du Massachusetts. Page 83 : Télescope Canada-France-Hawaii. Projet 2MASS, IPAC, California Institute of Technology, Université du Massachusetts. Page 84 : Photographie Rodolphe Gomberg. Page 85 : APOD 2/2/01. INTEGRAL, ESA. Pages 86 et 87 : Montage Isabelle Grenier à partir de documents Ch. Nieten *et al.*, 2006 ; Spitzer Space Telescope, NASA, JPL, California Institute of Technology ; Télescope spatial, NASA, ESA ; GALEX, NASA et Chandra X ray Observatory, NASA. Pages 88 à 91 : Réalisation Isabelle Grenier. Page 92 : Dessin Frédéric Durillon. Page 93 : Dessin Frédéric Durillon. Pages 94 et 95 : Montage Isabelle Grenier à partir de documents NRAO, VLA ; SEST, Observatoire européen austral (ESO), VLT ; Spitzer Space Telescope, NASA, JPL, California Institute of Technology ; Observatoire européen austral (ESO), VLT ; GALEX, NASA ; XMM, ESA et GRO, NASA.

Chapitre III

Page 97 : Télescope spatial, NASA, ESA. Page 99 : Dessin Frédéric Durillon John Flamsteed, *Atlas coelestis*, Londres, 1729. Page 100 : Dessin Frédéric Durillon. Page 102 : W. H. Wang, NRAO, Observatoire européen austral (ESO), VLT. Page 103 : Satellite AKARI, ISAS, JAXA, ESA. Carte Isabelle Grenier. Spitzer Space Telescope, NASA, JPL, California Institute of Technology. Page 108 : Télescope Canada-France-Hawaii. Satellite infrarouge ISO, ESA. Page 109 : Réalisation Isabelle Grenier à partir des données du Centre de données astronomiques de Strasbourg (CDS). Projet 2MASS, IPAC, California Institute of Technology, Université du Massachusetts. Page 113 : NOAO/AURA/NSF/A. Block/R. Steinberg. Page 114 : Projet 2MASS, IPAC, California Institute of Technology, Université du Massachusetts. Page 115 : Spitzer Space Telescope, NASA, JPL, California Institute of Technology. Page 116 : Observatoire européen austral (ESO), VLT ; Télescope spatial, NASA, ESA ; Télescope spatial, NASA, ESA, NICMOS, NASA, ESA et Chandra X ray Observatory, NASA. Page 120 : Observatoire européen austral (ESO), VLT. Observatoire européen austral (ESO), VLT. Télescope Subaru, Observatoire astronomique national du Japon. Page 121 : Observatoire européen austral (ESO), VLT. Télescope Gemini, AURA, NSF. Page 123 : Télescope spatial, NASA, ESA. Page 124 : Télescope spatial, NASA, ESA. Page 125 : Télescope spatial, NASA, ESA. Page 128 : Télescope spatial, NASA, ESA. Dessin Frédéric Durillon. Page 129 : Spitzer Space Telescope, NASA, JPL, California Institute of Technology, JPL-California Institute of Technology, S. T. Megeath, University of Toledo, Ohio. Spitzer Space Telescope, NASA, JPL, California Institute of Technology, JPL-California Institute of Technology, A. Noriega-Crespo. Page 130 : Télescope spatial, NASA, ESA, NICMOS, B. Reipurth, CASA, Université du Colorado. Télescope spatial, NASA, ESA, NICMOS. Page 132 : Télescope Canada-France-Hawaii. Spitzer Space Telescope, NASA, JPL, California Institute of Technology. Page 133 : Spitzer Space Telescope, NASA, JPL, California Institute of Technology, JPL-California Institute of Technology, J. Rho. Page 134 :

Télescope spatial, NASA, ESA, WFPC2, J. Hester, Arizona State University. Page 135 : Lise de Harveng. Page 137 : NOAO, AURA, NSF, Nathan Smith. Page 138 : NOAO, AURA, NSF, Nathan Smith. Page 139 : Spitzer Space Telescope, NASA, JPL, California Institute of Technology. Pages 140 et 141 : Télescope spatial, NASA, ESA. Page 142 : Télescope spatial, NASA, ESA. Page 143 : Télescope Canada-France-Hawaii. Page 144 : Télescope spatial, NASA, ESA. Page 146 : Télescope spatial, NASA, ESA. Télescope spatial, NASA, ESA.

Chapitre IV

Page 149 : Photographie Frédéric Durillon. Page 152 : Dessin Frédéric Durillon. Page 153 : Satellite AKARI, ISAS, JAXA, ESA Satellite MSX, NASA. Page 154 : Composé pour le CGPS par Jayanne English, CGPS, Université du Manitoba, avec l'aide d'A. R. Taylor, CGPS, Université de Calgary. Page 155 : MGPS/IRAS/Gaensler. Page 157 : Télescope spatial, NASA, ESA. Observatoire européen austral (ESO), VLT. Page 158 : Télescope Canada-France-Hawaii. Page 159 : Télescope spatial, NASA, ESA. Page 160 : POSS. Observatoire européen austral (ESO), NTT. Spitzer Space Telescope, NASA, JPL, California Institute of Technology. Page 161 : Image composite infrarouge (Spitzer Space Telescope, NASA, JPL, California Institute of Technology) et optique (SuperCOSMOS Hα), Zavagno et de Harveng, 2006. Page 162 : IAC 2006, L. Chinarro et F. Martin. Projet 2MASS, IPAC, California Institute of Technology, Université du Massachusetts. Page 163 : Télescope spatial, NASA, ESA, WFPC2. Page 166 : Satellite AKARI, ISAS, JAXA, ESA. Chandra X ray Observatory, NASA. Page 167 : Télescope spatial, NASA, ESA. Page 168 : Télescope spatial, NASA, ESA, NICMOS. Page 169 : Télescope spatial, NASA, ESA. IRAM, H. Olafsson *et al.* Page 170 : Observatoire européen austral (ESO), VLT IRAS, ESA. Page 171 : Télescope spatial, NASA, ESA. Page 172 : Image composite Spitzer Space Telescope, NASA, JPL, California Institute of Technology, IRAC et Télescope spatial, NASA, ESA, ACS. Page 173 : Télescope spatial, NASA, ESA, WFPC2. Page 174 : Télescope spatial, NASA, ESA. Page 175 : Télescope spatial, NASA, ESA. Page 176 : Télescope spatial, NASA, ESA, WFPC2. Chandra X ray Observatory, NASA. Page 177 : Tycho Brahé : *De Stella nova*, 1573. Page 180 : Télescope spatial, NASA, ESA. Chandra X ray Observatory, NASA. Page 183 : Satellite Swift, Goddard Space Sciences Center, NASA. Page 186 : optique : Nelson Liember, Memorial Observatory ; radio : NRAO, VLBI. Page 187 : Montage à partir des données NRAO, NSF ; Spitzer Space Telescope, NASA, JPL, California Institute of Technology ; Télescope spatial, NASA, ESA et Chandra X ray Observatory NASA. Page 188 : Image composite à partir des données Spitzer Space Telescope, NASA, JPL, California Institute of Technology ; Télescope spatial, NASA, ESA, ACS et Chandra X ray Observatory, NASA. Télescope spatial, NASA, ESA. Page 189 : Chandra X ray Observatory, NASA. Page 191 : NRAO, NSF ; Spitzer Space Telescope, NASA, JPL, California Institute of Technology ; Télescope spatial, NASA, ESA et Chandra X ray Observatory, NASA. Page 194 : Image composite à partir des données Spitzer Space Telescope, NASA, JPL, California Institute of Technology ; Télescope spatial, NASA, ESA, ACS et Chandra X ray Observatory, NASA. Page 195 : Chandra X ray Observatory, NASA. Page 196 : Digitized Sky Survey, Skyfactory, Davide de Martin. Page 197 : Télescope Canada-France-Hawaii. Satellite ROSAT, ESA. HESS. Page 199 : Télescope spatial, NASA, ESA. Chandra X ray Observatory, NASA.

Chapitre V

Page 203 : Spitzer Space Telescope, NASA, JPL, California Institute of Technology. Page 205 : Projet 2MASS, IPAC, California Institute of Technology, Université du Massachusetts. Page 207 : NRAO, NSF. Spitzer Space Telescope, NASA, JPL, California Institute of Technology, Chandra, NASA. Integral, ESA. Page 208 : Télescope spatial, NASA, ESA, D. Figer *et al.* (STScI). Page 210 : Chandra, NASA. Page 211 : NRAO, NSF. Page 212 : Christopher *et al.*, 2005. NRAO, NSF. Page 213 : Observatoire européen austral, VLT. Galactic Center Group, Université de Cologne. Page 214 : Chandra, NASA. Page 216 : Observatoire européen austral, VLT. NRAO, NSF. Page 219 : Chandra, NASA. Télescope spatial, NASA, ESA. Page 220 : Chandra, NASA. Télescope spatial, NASA, ESA. Page 223 : Illustration de « descente dans le maelström » d'Edgar Poe Dessin Frédéric Durillon. Page 224 : Télescope Canada-France-Hawaii. Télescope spatial, NASA, ESA. Page 225 : NRAO, NSF. Chandra, NASA. Page 227 : Schémas Frédéric Durillon. Page 228 : Télescope spatial, NASA, ESA. NRAO, NSF. Page 229 : NRAO, NSF. Chandra, NASA. Page 231 : Chandra, NASA. Télescope spatial, NASA, ESA. Spitzer Space Telescope, NASA, JPL, California Institute of Technology. Page 232 : Image composite à partir des observations NRAO, NSF ; Chandra, NASA et Télescope spatial, NASA, ESA. Page 233 : NRAO, NSF. Chandra, NASA. Page 234 : Image composite à partir des observations NRAO, NSF ; Chandra, NASA ; Spitzer Space Telescope, NASA, JPL, California Institute of Technology et Télescope spatial, NASA, ESA. Page 235 : Chandra, NASA, A. Fabian, Université de Cambridge. Page 236 : NRAO, VLA, NSF et Chandra, NASA.

Chapitre VI

Page 239 : Télescope SUBARU, Observatoire astronomique national du Japon. Page 242 : Télescope spatial, NASA, ESA. Page 244 : Schémas de Frédéric Durillon. Page 247 : Télescope spatial, NASA, ESA. Page 248 : Télescope spatial, NASA, ESA, WFPC2. Page 249 : Spitzer Space Telescope, NASA, JPL, California Institute of Technology. Page 250 : Télescope spatial, NASA, ESA, ACS, H. Ford (JHU), G. Illingworth (UCSC/LO), M. Clampin (STScI), G. Kartig (STScI). Page 251 : Télescope spatial, NASA, ESA. Page 252 : Télescope spatial, NASA, ESA, WFPS2. Page 253 : Télescope spatial, NASA, ESA, WFPC2. Page 254 : Schéma Frédéric Durillon. Page 255 : Télescope spatial, NASA, ESA et NRAO. Page 256 : Télescope spatial, NASA, ESA. Page 257 : Spitzer Space Telescope, NASA, JPL, California Institute of Technology ; Télescope spatial, NASA, ESA et Chandra X ray Observatory, NASA. Page 258 : Spitzer Space Telescope, NASA, JPL, California Institute of Technology ; Télescope spatial, NASA, ESA, GALEX, NASA et Chandra X ray Observatory, NASA. Page 259 : Télescope spatial, NASA, ESA. Page 260 : radio : NRAO. Visible : Mégacam, Télescope Canada-France-Hawaii, CEA, DAPNIA. Page 261 : Image composite : Spitzer Space Telescope, NASA, JPL, California Institute of Technology et GALEX, NASA. Page 262 : Spitzer Space Telescope, NASA, JPL, California Institute of Technology. Chandra X ray Observatory, NASA. Page 263 : Télescope SUBARU, Observatoire astronomique national du Japon. Page 264 : Télescope spatial, NASA, ESA. Page 265 : Chandra X ray Observatory, NASA. Page 266 : Spitzer Space Telescope, NASA, JPL, California Institute of Technology. GALEX, NASA. Chandra X ray Observatory, NASA. Page 267 : Télescope spatial, NASA, ESA. Page 268 : KPNO, Mihos *et al.*, 2005. Page 269 : Télescope spatial, NASA, ESA. Satellite ROSAT, ESA. Page 271 : Image composite Chandra X ray Observatory, NASA, M. Markevitch *et al.* ; Télescope spatial, NASA, ESA ; Observatoire européen austral ; Magellan, University of Arizona, D. Clowe *et al.* Page 272 : Image composite : Chandra X ray Observatory, NASA, D. Wang *et al.* ; Télescope spatial, NASA, ESA, University of Alabama, W. Keel ; Gemini Observatory, M. Ledlow ; NRAO, F. Owen.

Conclusion

Page 275 : Projet 2MASS, IPAC, California Institute of Technology, Université du Massachusetts. Page 278 : WMAP, NASA. Projet 2MASS, IPAC, California Institute of Technology, Université du Massachusetts. Page 280 : Projet COSMOS, HST, NASA, ESA, R. Massey CVLTech. Page 281 : Dessin Frédéric Durillon.

Du même auteur

Enfants du Soleil, Odile Jacob, 1999 ; Poches Odile Jacob, 2000.

Achevé d'imprimer en janvier 2008
sur les presses de l'imprimerie Clerc
(Saint-Amand-Montrond, Cher)

Ouvrage publié
sous la responsabilité éditoriale
de Gérard Jorland

N° d'édition : 7381.1343.X
N° d'impression : 9634
Dépôt légal : février 2008

Imprimé en France